新视野电子电气科技丛书

# DESIGN ON
# SWITCHING CONVERTERS

# 开关变换器设计

王 瑶 / 主 编

王 燕 王一帆 徐利梅 / 副主编

清华大学出版社

北 京

## 内 容 简 介

全书共 8 章,主要内容包括非隔离型和隔离型开关变换器拓扑、开关变换器控制方法、开关变换器功率因数校正技术、软开关技术、开关 DC-DC 变换器状态空间平均建模和时间平均等效电路建模。本书紧扣开关变换器基础理论知识和基本分析方法,由浅入深、循序渐进地介绍开关变换器常用拓扑、控制、建模和设计。

本书适合作为电气工程类、自动化类、电子信息类等专业的本科生、研究生教材,也可供相关工程技术人员和研究人员参考。

**图书在版编目 (CIP) 数据**

开关变换器设计 / 王瑶主编. -- 北京 :清华大学出版社,2025.8.
(新视野电子电气科技丛书). -- ISBN 978-7-302-70202-3

Ⅰ. TN624

中国国家版本馆 CIP 数据核字第 2025UG2578 号

责任编辑:文 怡 李 晔
封面设计:王昭红
责任校对:韩天竹
责任印制:曹婉颖

出版发行:清华大学出版社
　　　　　网　　　址:https://www.tup.com.cn,https://www.wqxuetang.com
　　　　　地　　　址:北京清华大学学研大厦 A 座　　　邮　　编:100084
　　　　　社 总 机:010-83470000　　　　　　　　　邮　　购:010-62786544
　　　　　投稿与读者服务:010-62776969,c-service@tup.tsinghua.edu.cn
　　　　　质量反馈:010-62772015,zhiliang@tup.tsinghua.edu.cn
　　　　　课件下载:https://www.tup.com.cn,010-83470236
印 装 者:三河市龙大印装有限公司
经　　销:全国新华书店
开　　本:185mm×260mm　　印　　张:12.25　　　　字　　数:309 千字
版　　次:2025 年 8 月第 1 版　　　　　　　　　　　印　　次:2025 年 8 月第 1 次印刷
印　　数:1~1500
定　　价:49.00 元

产品编号:111926-01

# 前 言

资源下载

开关变换器（Switching Converter）是电力电子技术、电能变换技术的核心组成部分，也是各类开关电源、新能源发电与储能系统、电动汽车充电系统、LED驱动等的重要组成单元，广泛应用于电力能源、电子通信、交通运输、工业控制、航空航天等领域。

本书内容主要包括非隔离型和隔离型开关变换器拓扑、开关变换器控制方法、开关变换器功率因数校正技术、软开关技术、开关DC-DC变换器状态空间平均建模和时间平均等效电路建模，紧扣开关变换器基础理论知识和基本分析方法，由浅入深、循序渐进地介绍开关变换器常用拓扑、控制、建模和设计。本书适合作为电气工程类、自动化类、电子信息类等专业的本科生、研究生教材，也可供相关工程技术人员和研究人员参考。

全书共8章。第1章主要讲述开关DC-DC变换器的分类及其主电路元器件的基本特性，以及开关变换器稳态分析的基本原理。第2章详细介绍3种基本的非隔离型开关变换器的电路拓扑、工作模式、稳态特性以及电路参数设计，简要介绍Cuk变换器、Sepic变换器和Zeta变换器的电路拓扑和稳态特性。第3章详细分析反激和正激变换器的电路拓扑、工作模式、稳态特性以及电路参数设计；系统分析推挽、全桥和半桥变换器的电路拓扑、工作模式和稳态特性。第4章介绍开关变换器的基本调制方法和多种控制方法的分类与联系，详细描述电压型控制、电流型控制、电荷型与磁通型控制、$V^2$型控制等常用控制方法的原理与特点。第5章重点介绍有源功率因数校正变换器（APFC）基本原理与控制方法，以及典型单级APFC变换器的电路拓扑、工作原理和集成控制器。第6章首先阐述软开关的基本概念与软开关变换器分类，简要介绍7种典型软开关变换器的拓扑结构和工作原理，详细介绍3类谐振变换器的拓扑结构、工作原理和增益特性。第7章阐述开关DC-DC变换器状态空间平均法的本质和成立的前提条件，详细介绍Buck、Boost和Buck-Boost变换器的状态空间平均建模分析过程。第8章采用开关DC-DC变换器的时间平均等效电路方法，分别建立Buck变换器、Boost变换器和Buck-Boost变换器的时间平均等效电路，并进行直流稳态和交流小信号分析。

本书的出版得到了四川省研究生教育教学改革项目（YJGXM24-B009）的支持。本书在编写过程中，学习并引用了国内外相关优秀专著、教材和文献，在此表示衷心感谢。

王瑶撰写本书第2章、第4～8章内容以及第3章部分内容，并对全书内容进行规划、统稿和审核；王燕撰写第1章内容和第3章部分内容；王一帆和徐利梅分别对第6章和第7章内容进行文字修订。

编者水平有限，书中难免会有疏漏与不足之处，恳请广大读者批评指正。

编　者

2025年6月

# 目 录

第 1 章　绪论 ……………………………………………………………………………… 1

1.1　开关变换器与开关电源 …………………………………………………………… 1

　　1.1.1　开关变换器 ………………………………………………………………… 1

　　1.1.2　线性稳压电源 ……………………………………………………………… 2

　　1.1.3　开关电源 …………………………………………………………………… 2

1.2　开关 DC-DC 变换器的基本分类 ………………………………………………… 3

1.3　主电路元器件及其特性 …………………………………………………………… 5

　　1.3.1　开关器件 …………………………………………………………………… 5

　　1.3.2　电感 ………………………………………………………………………… 6

　　1.3.3　电容 ………………………………………………………………………… 7

1.4　稳态分析的基本原理 ……………………………………………………………… 8

　　1.4.1　小纹波近似 ………………………………………………………………… 8

　　1.4.2　伏秒平衡原理和安秒平衡原理 …………………………………………… 8

1.5　发展与应用 ………………………………………………………………………… 9

第 2 章　非隔离型开关变换器 ………………………………………………………… 12

2.1　Buck 变换器 ……………………………………………………………………… 12

　　2.1.1　电路拓扑与工作模式 ……………………………………………………… 12

　　2.1.2　连续导电模式 ……………………………………………………………… 12

　　2.1.3　断续导电模式 ……………………………………………………………… 14

　　2.1.4　电路参数设计 ……………………………………………………………… 15

2.2　Boost 变换器 ……………………………………………………………………… 17

　　2.2.1　电路拓扑与工作模式 ……………………………………………………… 17

　　2.2.2　连续导电模式 ……………………………………………………………… 18

　　2.2.3　断续导电模式 ……………………………………………………………… 19

　　2.2.4　电路参数设计 ……………………………………………………………… 21

2.3　Buck-Boost 变换器 ……………………………………………………………… 22

　　2.3.1　电路拓扑与工作模式 ……………………………………………………… 22

　　2.3.2　连续导电模式 ……………………………………………………………… 23

　　2.3.3　断续导电模式 ……………………………………………………………… 24

　　2.3.4　电路参数设计 ……………………………………………………………… 26

2.4　Cuk 变换器 ································································· 28

2.5　Sepic 变换器 ······························································ 29

2.6　Zeta 变换器 ······························································· 30

第 3 章　隔离型开关变换器 ················································· 32

3.1　反激变换器 ································································· 32

3.1.1　电路拓扑 ··························································· 32

3.1.2　CCM 反激变换器工作原理 ···································· 33

3.1.3　DCM 反激变换器工作原理 ···································· 34

3.1.4　电路参数设计 ····················································· 36

3.2　正激变换器 ································································· 38

3.2.1　电路拓扑 ··························································· 38

3.2.2　CCM 正激变换器工作原理 ···································· 39

3.2.3　DCM 正激变换器工作原理 ···································· 41

3.2.4　电路参数设计 ····················································· 42

3.3　推挽变换器 ································································· 44

3.3.1　电路拓扑 ··························································· 44

3.3.2　CCM 推挽变换器工作原理 ···································· 45

3.3.3　DCM 推挽变换器工作原理 ···································· 47

3.4　全桥变换器 ································································· 49

3.4.1　电路拓扑 ··························································· 49

3.4.2　CCM 全桥变换器工作原理 ···································· 49

3.4.3　DCM 全桥变换器工作原理 ···································· 51

3.5　半桥变换器 ································································· 53

3.5.1　电路拓扑 ··························································· 53

3.5.2　CCM 半桥变换器工作原理 ···································· 54

3.5.3　DCM 半桥变换器工作原理 ···································· 56

3.6　磁性元器件工作特性 ···················································· 58

第 4 章　开关变换器控制方法 ··············································· 61

4.1　开关变换器调制方法 ····················································· 61

4.1.1　PWM 调制 ························································· 61

4.1.2　PFM 调制 ·························································· 62

4.1.3　PWM/PFM 混合调制 ··········································· 63

4.2　开关变换器控制方法分类 ··············································· 64

4.2.1　传统分类方式 ····················································· 64

4.2.2　新型分类方式 ····················································· 65

4.3　电压型控制 ································································· 67

4.3.1　电压型 PWM 控制 ··············································· 67

        4.3.2  电压型 PFM 控制 ······················· 68
    4.4  电流型控制······························· 70
        4.4.1  峰值电流控制 ······················· 70
        4.4.2  谷值电流控制 ······················· 71
        4.4.3  平均电流控制 ······················· 72
    4.5  电荷型与磁通型控制······················ 72
        4.5.1  电荷型控制 ························· 72
        4.5.2  磁通型控制 ························· 73
    4.6  $V^2$ 型控制 ···························· 74
        4.6.1  峰值 $V^2$ 型控制 ····················· 74
        4.6.2  谷值 $V^2$ 型控制 ····················· 75

第 5 章  开关变换器功率因数校正技术 ·················· 77

    5.1  概述···································· 77
        5.1.1  功率因数校正概述 ··················· 77
        5.1.2  单相有源功率因数校正分类 ············· 77
    5.2  功率因数基本概念······················· 78
        5.2.1  功率因数定义 ······················· 78
        5.2.2  开关电源功率因数 ··················· 80
    5.3  APFC 基本原理与控制方法 ················· 80
        5.3.1  APFC 基本原理 ····················· 80
        5.3.2  Boost APFC 电路工作原理 ·············· 81
        5.3.3  APFC 控制方法 ····················· 81
    5.4  APFC 集成控制器························· 83
        5.4.1  UC3854 工作原理 ··················· 83
        5.4.2  UC3854 引脚功能 ··················· 85
        5.4.3  基于 UC3854 的 APFC 电路 ············· 85
    5.5  单级 APFC 变换器························ 88
        5.5.1  典型单级 APFC 变换器 ················ 88
        5.5.2  单级 APFC 变换器工作原理 ············· 89
        5.5.3  常见单级 APFC 变换器电路拓扑 ·········· 91

第 6 章  软开关技术 ····························· 94

    6.1  软开关技术概述·························· 94
        6.1.1  软开关基本概念 ····················· 94
        6.1.2  软开关变换器分类 ··················· 96
        6.1.3  谐振变换器基本概念 ················· 97
    6.2  典型软开关变换器······················· 99
        6.2.1  零电压开关准谐振变换器 ·············· 99

6.2.2 移相全桥型零电压开关 PWM 变换器 ·············· 102

6.2.3 零电压转换 PWM 变换器 ·············· 104

6.2.4 有源钳位正激式变换器 ·············· 108

6.2.5 有源钳位反激式变换器 ·············· 112

6.2.6 软开关 PWM 三电平直流变换器 ·············· 115

6.3 LC 串联谐振变换器 ·············· 117

6.3.1 $f_s<0.5f_r$ 时的工作原理 ·············· 117

6.3.2 $0.5f_r<f_s<f_r$ 时的工作原理 ·············· 120

6.3.3 $f_s>f_r$ 时的工作原理 ·············· 121

6.3.4 增益特性 ·············· 122

6.4 LC 并联谐振变换器 ·············· 124

6.4.1 $f_s<0.5f_r$ 时的工作原理 ·············· 125

6.4.2 $0.5f_r<f_s<f_r$、$f_s>f_r$ 时的工作原理 ·············· 127

6.4.3 增益特性 ·············· 128

6.5 LLC 谐振变换器 ·············· 129

6.5.1 $f_m<f_s<f_r$ 时的工作原理 ·············· 130

6.5.2 $f_s>f_r$ 时的工作原理 ·············· 132

6.5.3 增益特性 ·············· 134

6.6 LCC 谐振变换器 ·············· 136

6.6.1 $f_s>f_r$ 时的工作原理 ·············· 136

6.6.2 $f_r<0.5f_s$ 时的工作原理 ·············· 138

6.6.3 增益特性 ·············· 142

第 7 章 开关 DC-DC 变换器状态空间平均建模 ·············· 144

7.1 CCM 开关 DC-DC 变换器状态空间平均建模 ·············· 144

7.1.1 状态空间平均模型 ·············· 144

7.1.2 直流稳态和交流小信号方程 ·············· 145

7.1.3 交流小信号传递函数 ·············· 147

7.2 DCM 开关 DC-DC 变换器状态空间平均建模 ·············· 148

7.2.1 状态空间平均模型 ·············· 148

7.2.2 直流稳态和交流小信号方程 ·············· 148

7.3 Buck 变换器状态空间平均建模 ·············· 150

7.3.1 CCM Buck 变换器状态空间平均建模 ·············· 150

7.3.2 DCM Buck 变换器状态空间平均建模 ·············· 154

7.4 Boost 变换器状态空间平均建模 ·············· 156

7.4.1 CCM Boost 变换器状态空间平均建模 ·············· 156

7.4.2 DCM Boost 变换器状态空间平均建模 ·············· 160

7.5 Buck-Boost 变换器状态空间平均建模 ·············· 161

7.5.1 CCM Buck-Boost 变换器状态空间平均建模 ·············· 162

7.5.2　DCM Buck-Boost 变换器状态空间平均建模 ……………………… 165

**第 8 章　开关 DC-DC 变换器时间平均等效电路建模** ……………………………… 168

8.1　开关 DC-DC 变换器时间平均等效电路原理 ………………………………… 168

8.2　Buck 变换器时间平均等效电路建模 ………………………………………… 169

8.2.1　CCM Buck 变换器时间平均等效电路建模 ……………………… 169

8.2.2　DCM Buck 变换器时间平均等效电路建模 ……………………… 172

8.3　Boost 变换器时间平均等效电路建模 ………………………………………… 174

8.3.1　CCM Boost 变换器时间平均等效电路建模 ……………………… 175

8.3.2　DCM Boost 变换器时间平均等效电路建模 ……………………… 177

8.4　Buck-Boost 变换器时间平均等效电路建模 …………………………………… 180

8.4.1　CCM Buck-Boost 变换器时间平均等效电路建模 ………………… 180

8.4.2　DCM Buck-Boost 变换器时间平均等效电路建模 ………………… 182

**参考文献** ……………………………………………………………………………… 186

# 第1章

# 绪　　论

## 1.1　开关变换器与开关电源

### 1.1.1　开关变换器

"电",其实是能量的一种形态,由另一种形态的能量转变而来。人们要开发与利用电能就必须有相应的技术途径、方法与设备。广义上讲,凡是能够为用电者提供电能的装置就可以称为电源。电源如人体的心脏,是所有设备的动力源。电源可以分为直接电源和间接电源两大类。

人类所使用的一些电源通过机械能、热能、化学能等转换而来,这种通过其他能源转换而得到的电源称为直接电源。人们接触最多的直接电源是公用电网所提供的电源。日常接触的另一种直接电源是电化学电源,其中的典型代表是干电池和蓄电池。虽然蓄电池和某些可充电干电池所贮存的化学能是靠电源的充电得到,但因其在利用(放电)时的电能是由化学能直接转变而来,因此其提供的电源仍然属于直接电源。除此之外,从柴油发电机、风力发电机及太阳能电池得到的电源,也属于直接电源。

多数情况下,直接电源需要经过变换,由粗电炼为精电,才符合使用要求。此电能形态的变换可以是交流电和直流电之间的变换,也可以是电压或电流幅值的变换,或是交流电的频率、相数等的变换,某些场合下可能仅是稳定精度的提高或性能的改进。这种输入和输出都是电能的电源,称为间接电源。本书所研究的开关电源,其输入和输出均为电能,属于间接电源。

开关电源分为直流(DC)开关电源和交流(AC)开关电源,前者输出质量较高的直流电,后者输出质量较高的交流电。开关电源的核心是电力电子变换器(开关变换器)。开关变换器是应用电力电子器件将一种电能变换为另一种或多种形式电能的装置,按转换电能的种类或按电力电子电路的种类,可分为 4 种类型,即

(1) AC-DC 变换器,将交流电转换为直流电的电能变换器;

(2) DC-DC 变换器,将一种直流电转换为另一种或多种直流电的电能变换器,可以变换的主要对象是电压和电流;

(3) DC-AC 变换器,将直流电转换为交流电的电能变换器;

（4）AC-AC 变换器,将一种频率交流电转换为另一种恒定频率或可变频率交流电的电能变换器。

电路中的电力电子器件工作在开关状态,将一种电能形态转换为另一种电能形态的主电路称为开关变换器电路;转换时基于自动控制原理实现闭环稳定输出则称为开关电源。开关电源主要组成部分是开关 DC-DC 变换器,因为它是转换的核心。

### 1.1.2　线性稳压电源

开关电源的前身是线性稳压电源。在开关电源出现之前,许多电子装置、电气控制设备的工作电源都采用线性稳压电源(简称线性电源)。线性电源指电路中的电力电子器件工作在线性状态,且保持一定的管压降的电源。线性电源主要包括工频变压器、整流滤波环节和控制电路,其原理图如图 1.1 所示。

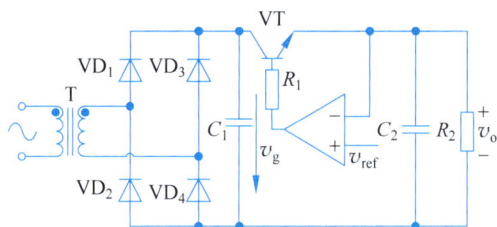

图 1.1　线性稳压电源的原理图

由图 1.1 可知,线性电源的工作原理为:对工频变压器 T 进行合理的匝比设计,通过工频变压器 T、二极管整流和电容滤波环节使直流输入电压 $v_g$ 高出输出电压 $v_o$ 一个合适的值,确保调整管 VT 工作在线性放大状态。线性电源工作时检测输出电压 $v_o$,$v_o$ 与给定参考电压 $v_{ref}$ 比较,比较误差对调整管 VT 的基极电流进行负反馈控制,通过调节调整管 VT 的管压降使输出电压 $v_o$ 稳定。当输入电压或负载变化引起输出电压 $v_o$ 减小时,误差电压增大,调整管 VT 驱动电流增大,调整管 VT 的管压降减小,则输出电压 $v_o$ 增大;反之,$v_o$ 增大时,误差电压减小,调整管 VT 驱动电流减小,调整管 VT 的管压降增大,则输出电压 $v_o$ 减小,从而稳定输出电压 $v_o$。

线性电源具有如下主要特点:

（1）调整管 VT 工作在线性放大状态,损耗较大,电源效率较低,输出电压纹波小。

（2）通过对工频变压器匝比的合理设计,使 $v_g$ 比 $v_o$ 高出一个合适的值,确保调整管 VT 工作在线性放大状态。

（3）采用工频变压器使输出电压和交流输入电压实现电气隔离,电源体积大、笨重、频率低。

（4）由于调整管 VT 管压降的影响,只对输入电压进行降压变换。

### 1.1.3　开关电源

随着计算机等电子设备的高度集成化,其功能不断增强,体积逐渐缩小,因此对效率高、体积小、重量轻、性能好的新型电源的需求变得越来越迫切,这成为开关电源技术发展的强大动力。新型电力电子器件和电路制造工艺水平所取得的突破性进展使得高工作频率的开关电源得以问世。开关电源从线性电源发展而来,克服了线性电源的不足。典型的开关电源主要包括输入整流滤波器、逆变器、高频变压器、输出整流滤波器和控制电路。图 1.2 是开关电源的典型结构。

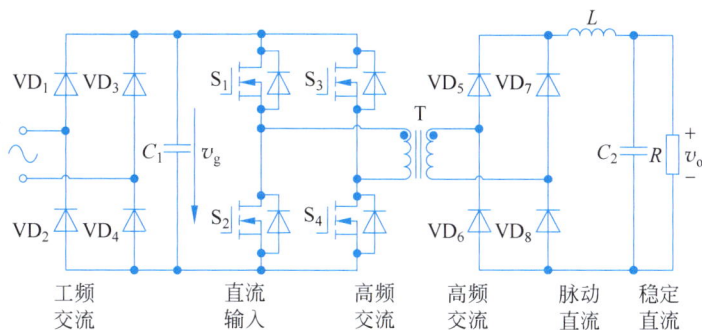

图 1.2 开关电源的典型结构

在图 1.2 中,二极管整流电路(由 $VD_1 \sim VD_4$ 组成)和电容 $C_1$ 共同构成输入整流滤波器,可将 50Hz 的工频交流电压变换为直流电压 $v_g$。直流电压 $v_g$ 经过 $S_1 \sim S_4$ 组成的逆变器得到 20kHz 以上的高频交流方波电压。高频交流方波电压经过高频变压器 T 隔离并变换成幅值适当的高频交流电压,再经过输出整流滤波后获得所需的直流电压 $v_o$。当交流输入电压、负载变化时,直流输出电压 $v_o$ 随之变化,可以通过控制电路调节开关管 $S_1 \sim S_4$ 的占空比,使直流输出电压 $v_o$ 保持稳定。

开关电源具有如下主要特点:

(1) 电力电子器件工作在开关状态,损耗小,转换效率高,输出纹波较大。

(2) 不需要工频变压器,电路中高频变压器起隔离和电压变换作用,其工作频率多为 20kHz 以上。因为高频变压器的体积可以做得很小,从而使整个电源的体积小,重量轻。

(3) 可对输入电压进行降压、升压和反压变换。

表 1.1 比较了开关电源与线性电源的性能。由于开关电源在绝大多数性能指标上优于线性电源,因此除了对直流输出电压纹波要求极高的场合外,开关电源已全面取代了线性电源。

表 1.1 开关电源与线性电源的性能比较

| 种类 | 器件工作状态 | 工作频率 | 体积 | 重量 | 效率 | 输出纹波 |
|---|---|---|---|---|---|---|
| 线性电源 | 线性放大 | 低 | 大 | 重 | 低 (30%~40%) | 极小 |
| 开关电源 | 开关状态 | 高 | 小 | 轻 | 高 (70%~85%) | 较大 |

# 1.2 开关 DC-DC 变换器的基本分类

开关 DC-DC 变换器根据输入与输出间是否有电气隔离及电路的结构形式,可以按图 1.3 进行分类。

在非隔离型 DC-DC 变换器中,降压型(Buck)和升压型(Boost)变换器最基础,另外的

开关DC-DC变换器

非隔离型 | 隔离型

非隔离型：降压型、升压型、升/降压型、Cuk、Sepic、Zeta

隔离型：正激式、反激式、推挽式、半桥型、全桥型

**图 1.3　开关 DC-DC 变换器的基本分类（按输入与输出间是否有电气隔离）**

升/降压型（Buck-Boost）、Cuk 型、Sepic 型和 Zeta 型变换器是由降压型和升压型变换器派生的。隔离型 DC-DC 变换器通常采用变压器实现输入与输出间的电气隔离，主要分为正激式、反激式、推挽式、半桥型和全桥型变换器。变压器本身具有变压的功能，有利于扩大变换器的应用范围，还便于实现多路不同电压或多路相同电压的输出。非隔离型 DC-DC 变换器比隔离型 DC-DC 变换器结构简单、成本低，有不少的应用；但多数应用需要开关电源的输入端与输出端隔离，或需要多组相互隔离的输出，所以隔离型 DC-DC 变换器的应用较广泛。

　　根据能量流动方向分类，开关 DC-DC 变换器有单向和双向两种。具有双向功能的变换器在电源正常时向电池充电，一旦电源中断，它就将电池电能返回电网，向电网短时间应急供电。根据输出支路的数量分类，有单路和多路开关 DC-DC 变换器。

　　根据开关管的开关条件，开关 DC-DC 变换器可以按图 1.4 进行分类，分为软开关 DC-DC 变换器和硬开关 DC-DC 变换器。软开关 DC-DC 变换器按传统的分类方式有谐振软开关变换器、准谐振软开关变换器、多谐振软开关变换器和 PWM 软开关变换器。其中，准谐振软开关变换器包括零电压和零电流开关准谐振软开关变换器；PWM 软开关变换器包括零开关、零转换和移相全桥型控制零电压开关 PWM 变换器。

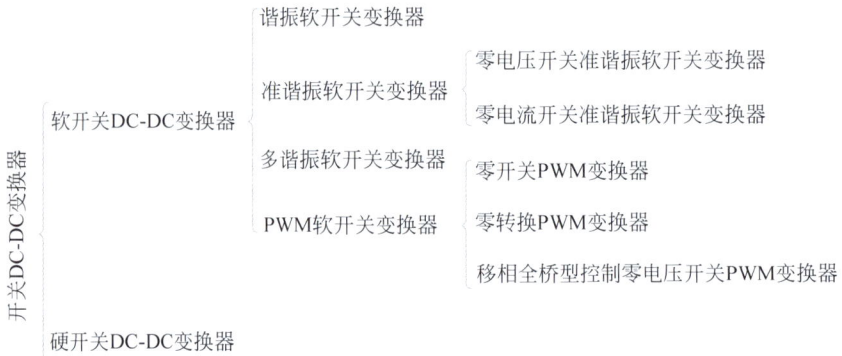

开关DC-DC变换器

软开关DC-DC变换器
　谐振软开关变换器
　准谐振软开关变换器
　　零电压开关准谐振软开关变换器
　　零电流开关准谐振软开关变换器
　多谐振软开关变换器
　PWM软开关变换器
　　零开关PWM变换器
　　零转换PWM变换器
　　移相全桥型控制零电压开关PWM变换器

硬开关DC-DC变换器

**图 1.4　开关 DC-DC 变换器的基本分类（按开关管的开关条件）**

　　硬开关 DC-DC 变换器的开关器件是在承受电压或流过电流的情况下导通或关断，故在导通或关断过程中存在开关损耗。开关频率越高，其开关损耗越大，同时开关过程中还会激起电路分布电感和寄生电容的振荡，带来附加损耗；因此硬开关 DC-DC 变换器的开关频率不能太高。软开关 DC-DC 变换器的开关器件在导通或关断过程中，使加于其上的电压为 0 或是通过的电流为 0，即零电压开关（Zero Voltage Switching，ZVS）或零电流开关（Zero Current Switching，ZCS），可以显著减小开关损耗和开关过程中激起的振荡，有效提高开关频率，为变换器的小型化和模块化创造了条件。

# 1.3 主电路元器件及其特性

开关 DC-DC 变换器主回路使用的元器件主要是开关器件、电感和电容。开关器件有导通和关断两种状态，两种状态的切换速度很快。开关器件的每次开关动作都能有效断开输入，但输出始终需要连续的能量流，因此需要在开关 DC-DC 变换器中的某些位置引入储能元器件电感和电容，来保持稳定的输出。本节主要针对开关器件、电感和电容的相关理论进行介绍。

## 1.3.1 开关器件

早期大部分电源的开关器件使用双极型晶体管(BJT)，主要有 NPN 和 PNP 两种类型。现代 DC-DC 变换器中更多采用场效应管(MOSFET)，最常用的是 N 沟道和 P 沟道增强型 MOSFET。在电源的开关器件选用中，MOSFET 往往比 BJT 更受青睐，主要原因如下：

(1) 开关特性方面。BJT(流控型)的基极需要较大的驱动电流使晶体管进入饱和导通状态，这一过程存在时间延迟，且关断时需要时间释放存储电荷，导致 BJT 开关速度相对较慢，开关损耗较大，限制了其在高频开关电源中的应用。MOSFET(压控型)输入阻抗高，驱动功率小，开关速度快，开关损耗低，因此其能在较高频率下工作，适合高频开关电源应用场合，有助于实现电源的小型化和轻量化。

(2) 导通特性方面。BJT 导通时存在饱和压降，导通损耗相对较高，限制了其在低电压、大电流应用场合中的效率。小功率 MOSFET 导通电阻较低，可低至毫欧级别，在低电压、大电流应用场合中，导通损耗小，能有效提高电源效率。

(3) 热稳定性方面。温度升高容易引发 BJT 热击穿，因此 BJT 需要复杂的散热和温度补偿措施来保证其稳定工作。MOSFET 具有一定的热自稳定能力，不易出现热失控现象，热稳定性较好。

(4) 驱动电路复杂性方面。BJT 需要较大的基极驱动电流来控制其导通和关断，这使得驱动电路结构复杂，增加了设计难度和成本。MOSFET 只需提供合适的栅源电压即可控制其导通与关断，驱动电路相对简单，易于集成。

因此，BJT 常用于成本敏感、大电流、低频率开关的电源应用场合，而 MOSFET 在各种高频率、中小功率的开关电源场合表现出色。

为了兼顾 MOSFET 和 BJT 的优势，科学家们又发明了一种绝缘栅型双极晶体管(IGBT)，这是一种结合了 MOSFET 的电压驱动特性和 BJT 的大电流低导通压降特性的复合器件。IGBT 具有较好的热稳定性，其开关速度比 MOSFET 稍慢，但比 BJT 快很多，主要适用于中高频率、高功率的开关电源。表 1.2 比较了开关器件 BJT、MOSFET 和 IGBT 的性能。

**表 1.2 开关器件 BJT、MOSFET 和 IGBT 的性能比较**

| 开关器件 | 开关速度 | 导通特性 | 热稳定性 | 驱动电路 | 成本 | 应用场景 |
|---|---|---|---|---|---|---|
| BJT | 慢 | 导通压降低 | 较差 | 复杂<br>(电流驱动) | 中等 | 低频、大电流 |
| MOSFET | 快 | 导通电阻较低(小功率 MOSFET) | 较好 | 简单<br>(电压驱动) | 较低(小功率 MOSFET) | 高频、低压、中小功率 |

| 开关器件 | 开关速度 | 导通特性 | 热稳定性 | 驱动电路 | 成本 | 应用场景 |
|---|---|---|---|---|---|---|
| IGBT | 较快 | 导通压降低 | 较好 | 简单<br>（电压驱动） | 较高 | 中高频、高压、大电流、高功率 |

### 1.3.2 电感

电感 $L$ 作为开关 DC-DC 变换器的储能元器件之一,扮演着储存和释放电能的重要角色。当电感 $L$ 中有电流流过时,其内部会产生磁场,进而在电感两端感应出电压,它对电流的变化起阻碍作用,所以电感电流不能突变,电感 $L$ 可用于平滑电流。电感 $L$ 的充放电过程如图 1.5 所示。

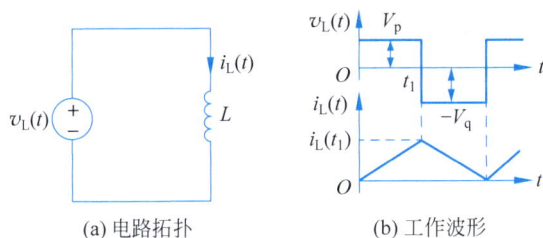

(a) 电路拓扑　　　(b) 工作波形

图 1.5　电感的充放电过程

电感电压表达式为

$$v_L(t) = L\frac{\mathrm{d}i_L(t)}{\mathrm{d}t} \tag{1.1}$$

由式(1.1)可知,只要电感电压 $v_L(t)$ 变化,电感电流变化率 $\frac{\mathrm{d}i_L(t)}{\mathrm{d}t}$ 就会变化。

如图 1.5 所示,当电感 $L$ 两端施加正向电压 $V_p$ 时,电感 $L$ 充电,将电感电压 $v_L(t) = V_p$ 代入式(1.1),可得

$$\mathrm{d}i_L(t) = \frac{V_p}{L}\mathrm{d}t \tag{1.2}$$

式(1.2)对时间积分,得到电感电流表达式为

$$i_L(t) = \int_0^t \mathrm{d}i_L(t) = \int_0^t \frac{V_p}{L}\mathrm{d}t = i_L(0) + \frac{V_p}{L}t \tag{1.3}$$

式中,$i_L(0)$ 为电感充电阶段的电感电流初始值。

当电感 $L$ 两端施加反向电压 $-V_q$ 时,电感 $L$ 放电,将电感电压 $v_L(t) = -V_q$ 代入式(1.1),可得

$$\mathrm{d}i_L(t) = \frac{-V_q}{L}\mathrm{d}t \tag{1.4}$$

式(1.4)对时间积分,有

$$i_L(t) = \int_{t_1}^t \mathrm{d}i_L(t) = \int_{t_1}^t \frac{-V_q}{L}\mathrm{d}t = i_L(t_1) - \frac{V_q}{L}t \tag{1.5}$$

式中,$i_L(t_1)$ 为 $t_1$ 时刻电感电流值,即电感放电阶段的电感电流初始值,其值可通过将 $t =$

$t_1$ 代入式(1.3)求得。

分别由式(1.3)和式(1.5)可知,电感承受正向电压时,电感 $L$ 充电,电感电流从初始值线性上升;电感承受反向电压时,电感 $L$ 放电,电感电流线性下降。

### 1.3.3 电容

电容 $C$ 也是开关 DC-DC 变换器的储能元器件之一,它对电压的变化起阻碍作用,所以电容电压不能突变,主要用于吸收电压纹波、平滑电压波形。

电容 $C$ 的充放电过程如图 1.6 所示。

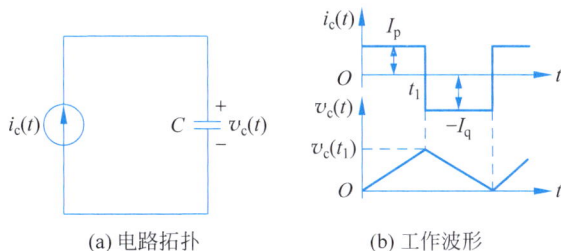

(a) 电路拓扑　　　　(b) 工作波形

图 1.6　电容的充放电过程

电容电流表达式为

$$i_c(t) = C\frac{\mathrm{d}v_c(t)}{\mathrm{d}t} \tag{1.6}$$

由式(1.6)可知,只要电容电流 $i_c(t)$ 变化,电容电压变化率 $\dfrac{\mathrm{d}v_c(t)}{\mathrm{d}t}$ 就会变化。

当电容 $C$ 流过正向电流 $I_p$ 时,电容 $C$ 充电,将电容电流 $i_c(t)=I_p$ 代入式(1.6),可得

$$\mathrm{d}v_c(t) = \frac{I_p}{C}\mathrm{d}t \tag{1.7}$$

式(1.7)对时间积分,得到电容电压表达式为

$$v_c(t) = \int_0^t \mathrm{d}v_c(t) = \int_0^t \frac{I_p}{C}\mathrm{d}t = v_c(0) + \frac{I_p}{C}t \tag{1.8}$$

式中,$v_c(0)$ 为电容充电阶段的电容电压初始值。

当电容 $C$ 流过反向电流 $-I_q$ 时,电容 $C$ 放电,将电容电流 $i_c(t)=-I_q$ 代入式(1.6),可得

$$\mathrm{d}v_c(t) = \frac{-I_q}{C}\mathrm{d}t \tag{1.9}$$

式(1.9)对时间积分,有

$$v_c(t) = \int_{t_1}^t \mathrm{d}v_c(t) = \int_{t_1}^t \frac{-I_q}{C}\mathrm{d}t = v_c(t_1) - \frac{I_q}{C}t \tag{1.10}$$

式中,$v_c(t_1)$ 为 $t_1$ 时刻电容电压值,即电容放电阶段的电容电压初始值,其值可通过将 $t=t_1$ 代入式(1.8)求得。

分别由式(1.8)和式(1.10)可知,电容通入正向电流时,电容充电,电容电压从初始值线性上升;电容通入反向电流时,电容放电,电容电压线性下降。

## 1.4 稳态分析的基本原理

### 1.4.1 小纹波近似

下面以 Buck 变换器为例，介绍稳态分析中用到的小纹波近似、伏秒平衡原理和安秒平衡原理。图 1.7(a)所示为 Buck 变换器的电路拓扑，图 1.7(b)所示为其输出电压 $v(t)$ 的实际波形，由输出直流量 $V_o$ 和输出电压纹波 $\Delta V$ 两部分组成。对于正常工作的 Buck 变换器，其输出电压纹波远小于输出直流量，即 $\Delta V \ll V_o$。因此，可以忽略输出电压纹波，得到输出电压的近似波形：

$$v(t) \approx V_o \tag{1.11}$$

此为小纹波近似，这种方法可极大地简化变换器的波形分析。

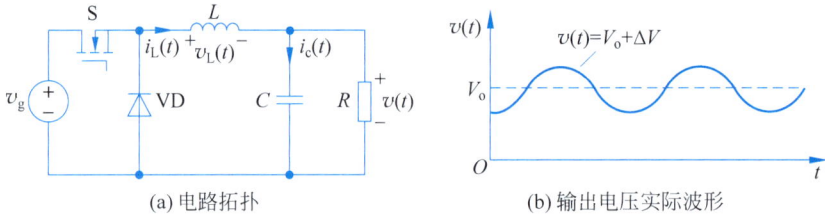

图 1.7 Buck 变换器及输出电压实际波形

### 1.4.2 伏秒平衡原理和安秒平衡原理

图 1.8(a)和(b)分别为 Buck 变换器在开关管 S 导通与关断时对应的两种工作模式。由图 1.8(a)可知，当 S 导通时，由基尔霍夫电压定律可得电感电压为

$$v_L(t) = v_g - v(t) \tag{1.12}$$

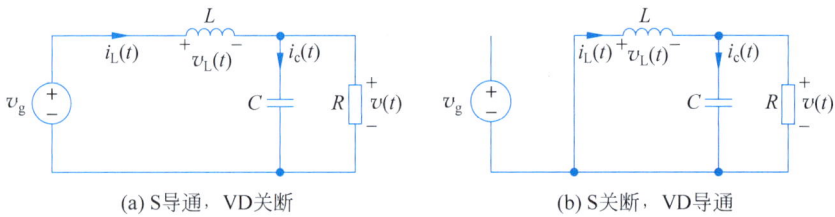

图 1.8 Buck 变换器的两种工作模式

由小纹波近似可得

$$v_L(t) \approx v_g - v_o \tag{1.13}$$

将电感电压表达式 $v_L(t) = L\dfrac{di_L(t)}{dt}$ 代入式(1.13)，得到 S 导通时电感电流的变化率：

$$\frac{di_L(t)}{dt} \approx \frac{v_g - v_o}{L} \tag{1.14}$$

类似地，由图 1.8(b)可知，当 S 关断时，由基尔霍夫电压定律可得电感电压为

$$v_L(t) = -v(t) \tag{1.15}$$

由小纹波近似可得

$$v_{\mathrm{L}}(t) \approx - v_{\mathrm{o}} \tag{1.16}$$

将电感电压表达式 $v_{\mathrm{L}}(t) = L\dfrac{\mathrm{d}i_{\mathrm{L}}(t)}{\mathrm{d}t}$ 代入式(1.16),得到 S 关断时电感电流的变化率:

$$\frac{\mathrm{d}i_{\mathrm{L}}(t)}{\mathrm{d}t} \approx - \frac{v_{\mathrm{o}}}{L} \tag{1.17}$$

由上述分析可得,稳态时电感电压波形和电感电流波形如图 1.9 所示。

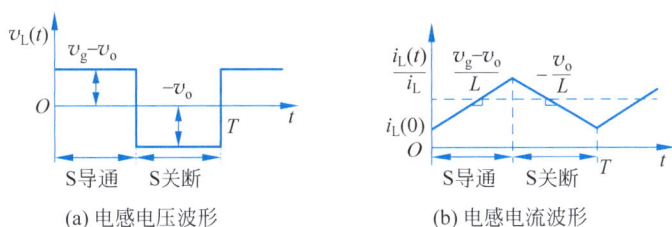

(a) 电感电压波形　　　　　　　(b) 电感电流波形

图 1.9　稳态时电感电压波形和电感电流波形

由图 1.9(b)可知,在周期性稳态中,电感电流的变化量为 0,结合电感电流公式(见式(1.3)和式(1.5)),有

$$\int_0^T v_{\mathrm{L}}(t)\mathrm{d}t = 0 \tag{1.18}$$

结合式(1.18)和图 1.9(a)可知,在一个稳态开关周期内,电感电压波形的总面积(即伏秒值)为 0;或者表述为:在一个稳态开关周期内,电感电压平均值为 0;此称为伏秒平衡原理。则式(1.18)的等效表达式为

$$\bar{v}_{\mathrm{L}} = \frac{1}{T}\int_0^T v_{\mathrm{L}}(t)\mathrm{d}t = 0 \tag{1.19}$$

同理,在一个稳态开关周期内,电容不储存能量,即电容电压的变化量等于 0,则有

$$v_{\mathrm{c}}(T) - v_{\mathrm{c}}(0) = \frac{1}{T}\int_0^T i_{\mathrm{c}}(t)\mathrm{d}t = 0 \tag{1.20}$$

式(1.20)说明,在一个稳态开关周期内,电容电流波形的总面积(即安秒值)为 0;或者表述为:在一个稳态开关周期内,电容电流平均值为 0;此称为安秒平衡原理。则式(1.20)的等效表达式为

$$\bar{i}_{\mathrm{c}} = \frac{1}{T}\int_0^T i_{\mathrm{c}}(t)\mathrm{d}t = 0 \tag{1.21}$$

# 1.5　发展与应用

20 世纪 80 年代前开关电源的工作频率为 20~50kHz。20 世纪 80 年代以来,功率半导体器件、软开关技术、控制技术、有源功率因数校正技术、高频磁元器件及电源智能化技术等的发展推动了开关电源技术的快速发展与革新。目前开关电源的工作频率一般为 200~500kHz,其动态响应提高、单位体积功率增大。开关电源发展至今已取得了巨大的经济和社会效益,在许多领域都得到了广泛应用。

（1）工业自动化领域。工业自动化系统的核心控制器如 PLC（可编程逻辑控制器）对电源的电压稳定性、瞬态响应速度及电磁兼容性有着极高的要求。开关电源以其高精度、高效率的电能变换能力，可为核心控制器提供稳定可靠的电源支持，确保控制系统指令的准确执行和生产的顺利进行。传感器是工业自动化系统中采集和转换各种物理量的重要设备，需要稳定、精确的电源供电，以确保测量数据的准确性和可靠性。开关电源通过提供低纹波、低噪声的直流电源，可满足传感器对电源质量的高要求。执行器是工业自动化系统中实现各种动作和控制的关键部件，往往需要较大的电流和较高的电压来驱动。开关电源通过其高效的电能变换能力和大电流输出能力，可为执行器提供稳定可靠的电源支持，确保生产线上各种动作的准确执行和高效运行。同时，开关电源的模块化设计也方便了设备的维护和升级。

（2）通信设备领域。基站、光端机、交换机及路由器等网络设备负责数据的传输、路由、过滤等关键任务，开关电源以其高功率密度、高效率、低噪声和优异的电磁兼容性，为这些通信设备提供了稳定可靠的电源支持，还促进了通信设备的小型化、高效化发展，提升了通信质量和节能环保水平。

（3）计算机领域。开关电源以其高效节能、低噪声、可智能化管理等特点，为服务器、工作站、个人计算机等设备提供了稳定可靠的电源保障，确保了计算任务的顺利执行和数据的安全存储。

（4）家电设备领域。从智能电视、冰箱、洗衣机到空气净化器、电饭煲等小家电，越来越多的家电产品采用开关电源进行供电，这不仅提高了设备的能效比，还延长了设备的使用寿命。

（5）医疗设备领域。开关电源的应用有时甚至关乎患者的生命安全和治疗效果。例如，相比传统手术刀，高频开关电源驱动的高频电刀在手术临床诊疗活动中能够明显减少切口出血量，降低感染率，极大地提高手术成功率。

（6）新能源汽车领域。伴随着电动汽车的普及和电池技术的不断进步，开关电源的应用主要体现在车载充电系统和电池管理系统中，可为新能源汽车提供安全、快速、高效的充电解决方案，确保电池系统的稳定运行和长寿命。

（7）安防监控领域。开关电源可为摄像头、报警器、门禁系统等设备提供稳定可靠的电源支持，确保安防监控系统的稳定运行和数据的实时传输。

（8）LED照明领域。开关电源通过为LED灯具提供稳定的直流电源，不仅可以有效抑制LED灯具的闪烁现象，保证照明效果的稳定和舒适，而且可以减少LED灯具因电源波动而引起的热应力和电流冲击，从而延长LED灯具的使用寿命。同时开关电源还集成了智能控制功能，通过与控制系统相连，可以根据环境光线、人体活动等多种因素自动调节LED灯具的亮度和色温，实现个性化照明需求，提升用户体验。开关电源还具有过压保护、过流保护、短路保护等功能，能够在异常情况发生时迅速切断电源或调整输出电压和电流，保护LED灯具不受损坏。

开关电源除了在上述工业自动化、通信设备、计算机、家电设备、医疗设备、新能源汽车、安防监控及LED照明等多个领域得到广泛应用外，还在航空航天、军事装备、交通运输等领域发挥着重要作用。随着科技的不断进步和市场需求的变化，开关电源的应用领域还将不断拓展和深化。

开关电源设备的发展要受电力电子技术、设备制造技术、市场需求、制造成本与利润等多方面因素的影响，其发展趋势主要集中在以下几方面：

（1）高频化和小型化。提高开关电源的工作频率，可显著减小开关电源设备的体积和重量，进而实现电源设备的小型化和轻量化，并有助于减小电磁干扰，增加单位体积功率密度，改善动态响应特性。高频化和小型化作为开关电源设备的重要发展趋势，引领着开关电源技术的发展方向。未来开关电源技术将致力于开发新型高频功率半导体器件、高频磁技术、软开关技术、控制技术等，以便在实现高频化和小型化的同时保持高效能和低损耗。

（2）标准化和模块化。开关电源的标准化，是指在开关电源的设计、生产、测试及应用过程中，遵循一系列统一的技术规范、性能指标、接口标准以及安全认证要求等，以实现电源产品的互换性、兼容性和可靠性。其中，接口的标准化主要包括接口的物理结构、接线方式、输出的路数、输入/输出电能形式、电压等级、功率等级及其他内容的标准化。开关电源标准化可以降低生产成本，提高产品质量，促进市场健康发展，使科研、生产和使用者之间的关系更协调。开关电源的模块化是将开关电源的功能模块划分出来，单独做成通用模块，使之具有标准化的结构和接口，整个开关电源设备通过各个功能模块的系统集成或"积木式"的叠加构成。开关电源模块化具有如下几方面优势：一是可以根据不同需求灵活组合功能模块，快速定制符合特定要求的开关电源产品，提高设计灵活性；二是当开关电源某个模块出现故障时，可单独更换故障模块，无须整体更换，降低维修成本和时间，提高维护便捷性；三是提高生产效率，降低生产成本；四是通过增加或升级模块，便于扩展开关电源系统的功能和容量。

（3）数字化和智能化。开关电源的数字化是指利用数字技术，以数字信号代替传统模拟信号，完成指定操作和预定功能的过程。控制技术是开关电源设备中必不可少的关键技术之一，目前主要以模拟控制方式为主，因为这种方式响应速度快、实现方便，但存在着抗干扰能力不强和容易畸变失真的弊端。而数字控制方式便于计算机处理控制，可以在很大程度上避免模拟信号面临的畸变失真问题，显著提高控制电路的抗干扰能力，便于故障自诊断和容错等技术的植入，但目前在电能变换的全过程中实现数字控制还存在一定困难。因此，开关电源的控制技术从模拟迈向数字化发展的过程还需要很长一段时间。物联网、大数据和人工智能技术的发展，使得开关电源设备或系统的智能化呈现出强劲的发展势头，如在开关电源设备或系统中实现远程监控、故障自诊断、预先报警管理等功能。

（4）隐身化和绿色化。开关电源的隐身化主要是指通过采取一些隐身技术，降低电源设备的可见性、可探测性和可识别性，以达到隐蔽或伪装的目的。开关电源应用于军事领域时，其隐身性往往是一个必须考虑的课题。开关电源的绿色化主要是指在设计和制造过程中，采用绿色技术、环保材料，优化能源利用效率，减少能源消耗和废弃物排放，以降低对环境的不利影响。

（5）多功能化。开关电源的多功能化可通过将功率因数校正、过压保护、过流保护、短路保护等多种功能集成到开关电源设备中，更好地满足市场的多样化需求，提升产品的竞争力。同时，根据特定应用场景的需求，开发具有如快速充电、无线充电、动态电压调节等特殊功能的电源设备也是多功能化发展的重要方向。

# 第2章

# 非隔离型开关变换器

本章详细介绍 3 种基本的非隔离型开关变换器(Buck 变换器、Boost 变换器和 Buck-Boost 变换器)的电路拓扑、工作模式、稳态特性以及电路参数设计,简要介绍工作于连续导电模式的 Cuk 变换器、Sepic 变换器和 Zeta 变换器的电路拓扑和稳态特性。

## 2.1　Buck 变换器

### 2.1.1　电路拓扑与工作模态

Buck 变换器也称为降压变换器,用于将较高直流输入电压变换为较低直流输出电压。Buck 变换器电路拓扑如图 2.1 所示,它由输入电源 $v_g$、开关管 S、二极管 VD、电感 $L$、电容 $C$ 和负载电阻 $R$ 构成。在图 2.1 中,$i_s$、$i_L$、$i_c$ 和 $i_o$ 分别为开关管电流、电感电流、电容电流和输出电流,$v_L$、$v_c$ 和 $v_o$ 分别为电感电压、电容电压和输出电压。

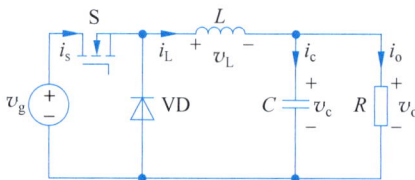

图 2.1　Buck 变换器电路拓扑

根据开关管 S 和二极管 VD 的导通或者关断状态,在一个开关周期内,Buck 变换器可能存在如图 2.2 所示的 3 种工作模态:

(1) 工作模态 Ⅰ: 开关管 S 导通,二极管 VD 关断;

(2) 工作模态 Ⅱ: 开关管 S 关断,二极管 VD 导通;

(3) 工作模态 Ⅲ: 开关管 S 关断,二极管 VD 关断。

### 2.1.2　连续导电模式

根据电感电流波形是否连续,Buck 变换器的工作模式分为连续导电模式(Continuous Conduction Mode,CCM)和断续导电模式(Discontinuous Conduction Mode,DCM)。

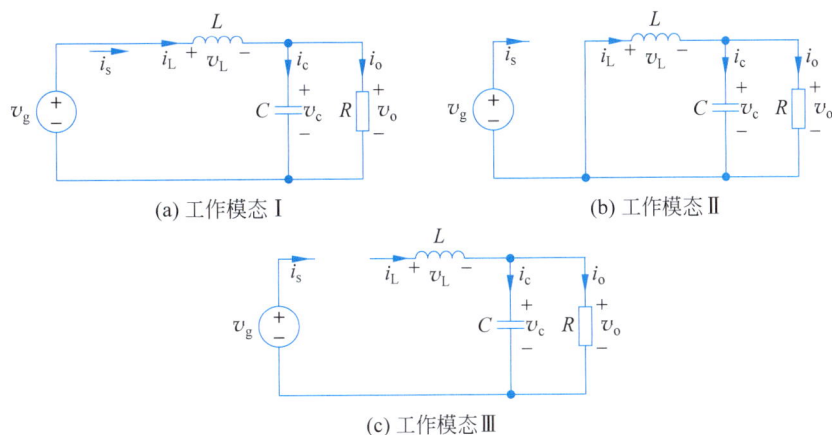

(a) 工作模态 Ⅰ

(b) 工作模态 Ⅱ

(c) 工作模态 Ⅲ

图 2.2　Buck 变换器工作模态

当电感电流波形连续时,Buck 变换器工作于 CCM。在一个开关周期内,CCM Buck 变换器有两种工作模态:工作模态 Ⅰ 和工作模态 Ⅱ,其工作波形如图 2.3 所示。由图 2.2(a)和(b)可知:

(1) 工作模态 Ⅰ:开关管 S 导通、二极管 VD 关断,输入电源 $v_g$ 为电感 $L$、电容 $C$、负载电阻 $R$ 供电。由基尔霍夫电压定律可知,电感电压 $v_L = v_g - v_o > 0$,电感电流 $i_L$ 线性上升,电感充电;开关管电流 $i_s = i_L$,二极管电流 $i_D = 0$。

(2) 工作模态 Ⅱ:开关管 S 关断、二极管 VD 导通,电感 $L$ 通过二极管 VD 续流。电感电压 $v_L = -v_o$,电感电流 $i_L$ 线性下降,电感放电;二极管电流 $i_D = i_L$,开关管电流 $i_s = 0$。

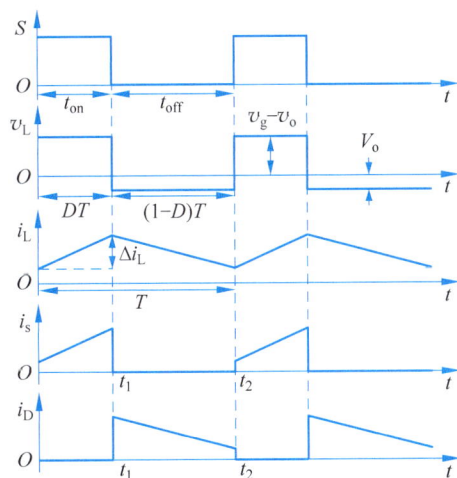

图 2.3　CCM Buck 变换器工作波形

需要说明的是,开关周期结束时刻电感电流 $i_L$ 刚好下降至 0 时,是一种特殊的 CCM 工作模式,此工作模式称为电感电流临界连续导电模式(Boundary Conduction Mode,BCM)。

如图 2.3 所示,在一个开关周期 $T$ 内,CCM Buck 变换器开关管 S 的导通时间 $t_{on} = DT$,关断时间 $t_{off} = (1-D)T$,$0 < D < 1$。

由电感伏秒平衡原理可知,在一个开关周期 $T$ 内,电感电压平均值为 0,即

$$\overline{v}_L = D(v_g - v_o) - v_o(1-D) = 0 \tag{2.1}$$

由式(2.1)可得，CCM Buck 变换器的电压增益为

$$M = \frac{v_o}{v_g} = D \tag{2.2}$$

由于 $0<D<1$，式(2.2)表明输出电压 $v_o$ 始终小于输入电压 $v_g$，CCM Buck 变换器实现降压变换；此外，输入电压 $v_g$ 变化时，通过调节占空比 $D$，保持输出电压 $v_o$ 稳定。

### 2.1.3  断续导电模式

当电感电流波形断续时，Buck 变换器工作于 DCM。在一个开关周期内，DCM Buck 变换器有 3 种工作模式：工作模式 Ⅰ、工作模式 Ⅱ 和工作模式 Ⅲ，其工作波形如图 2.4 所示。由图 2.2 可知：

(1) 工作模式 Ⅰ：开关管 S 导通、二极管 VD 关断，输入电源 $v_g$ 为电感 L、电容 C、负载电阻 R 供电。由基尔霍夫电压定律得电感电压 $v_L = v_g - v_o$，电感电流 $i_L$ 从 0 开始线性上升，电感充电；开关管电流 $i_s = i_L$，二极管电流 $i_D = 0$。

(2) 工作模式 Ⅱ：开关管 S 关断、二极管 VD 导通，电感 L 通过二极管 VD 续流。电感电压 $v_L = -v_o$，电感电流 $i_L$ 线性下降，电感放电；二极管电流 $i_D = i_L$，开关管电流 $i_s = 0$。

(3) 工作模式 Ⅲ：电感电流 $i_L$ 下降至 0，开关管 S 和二极管 VD 同时处于关断状态，电容 C 为负载电阻 R 供电；电感电压 $v_L$、开关管电流 $i_s$ 和二极管电流 $i_D$ 均为 0，直至开关周期结束。

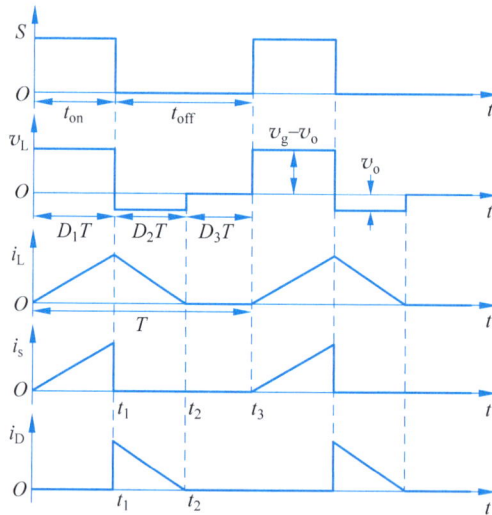

图 2.4  DCM Buck 变换器工作波形

如图 2.4 所示，在一个开关周期 $T$ 内，开关管 S 导通时间为 $t_{on} = D_1 T$，电感电流 $i_L$ 下降阶段时间为 $D_2 T$，电感电流保持为 0 的时间为 $D_3 T$，开关管 S 关断时间为 $t_{off} = (D_2 + D_3)T$。

由电感伏秒平衡原理可得

$$\overline{v}_L = D_1(v_g - v_o) - v_o D_2 = 0 \tag{2.3}$$

化简式(2.3)可得 DCM Buck 变换器的电压增益为

$$M = \frac{v_o}{v_g} = \frac{D_1}{D_1 + D_2} \tag{2.4}$$

如图 2.1 所示，在电感 $L$、电容 $C$ 和负载电阻 $R$ 相交的节点处，由基尔霍夫电流定律可知，电感电流平均值等于输出电流平均值与电容电流平均值的和，即

$$\overline{i}_L = \overline{i}_o + \overline{i}_c \tag{2.5}$$

由安秒平衡原理可知 $\overline{i}_c = 0$，则

$$\overline{i}_L = \overline{i}_o \tag{2.6}$$

采用面积平均法，对图 2.4 中一个开关周期内的电感电流求平均值得

$$\overline{i}_L = \frac{1}{T} \left[ \frac{1}{2}(D_1 + D_2)T \cdot \frac{v_g - v_o}{L} D_1 T \right] \tag{2.7}$$

因为

$$\overline{i}_o = \frac{v_o}{R} \tag{2.8}$$

联立式(2.4)、式(2.6)~式(2.8)，得

$$D_2^2 + D_1 D_2 - K = 0 \tag{2.9}$$

其中，$K = \dfrac{2L}{RT}$。

由式(2.9)可解得

$$D_2 = \frac{D_1}{2} \left( \sqrt{1 + \frac{4K}{D_1^2}} - 1 \right) \tag{2.10}$$

将式(2.10)代入式(2.4)，可得 DCM Buck 变换器的电压增益 $M$ 为

$$M = \frac{2}{1 + \sqrt{1 + \dfrac{4K}{D_1^2}}} \tag{2.11}$$

由式(2.11)可知，DCM Buck 变换器的电压增益不仅与占空比有关，还与电路参数相关。

### 2.1.4　电路参数设计

#### 1. 电感电流纹波和输出电压纹波

开关变换器的纹波一般指电感电流纹波和输出电压纹波，反映的是电感电流或输出电压的变换量。电感电流变化量为电感电流峰值与谷值间的差，电感电流纹波为电感电流变化量的一半；输出电压纹波为输出电容的充电和放电导致输出电容电压的变化量。

由图 2.3 可知，Buck 变换器的电感电流变化量为

$$\Delta i_L = \frac{v_g - v_o}{L} DT \tag{2.12}$$

则 CCM Buck 变换器的电感电流纹波为

$$\frac{1}{2} \Delta i_L = \frac{v_g - v_o}{2L} DT \tag{2.13}$$

## 2. 电感参数设计

电感量的大小影响 Buck 变换器的工作模式,随着电感量的减小,Buck 变换器从 CCM 进入 DCM,期间经历 BCM,因此需对电感参数进行合理设计。在一个开关周期内,CCM Buck 变换器、BCM Buck 变换器和 DCM Buck 变换器的电感电流波形分别如图 2.5(a)、(b)和(c)所示。由图 2.5 可知,CCM Buck 变换器电感电流平均值依次大于 BCM Buck 变换器电感电流平均值和 DCM Buck 变换器电感电流平均值,即 $\bar{i}_{L1} > \bar{i}_{L2} > \bar{i}_{L3}$。

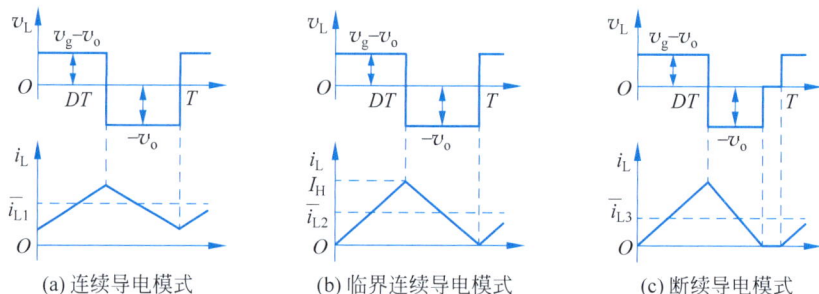

(a) 连续导电模式　　　　(b) 临界连续导电模式　　　　(c) 断续导电模式

图 2.5　不同模式下,电感电流工作波形

定义工作于 CCM、BCM、DCM 的 Buck 变换器的输出电流平均值分别为 $\bar{i}_{o1} = \bar{i}_{o2} = \bar{i}_{o3}$。由安秒平衡原理可知:Buck 变换器的电感电流平均值均等于输出电流平均值,则有 $(\bar{i}_{L1} = \bar{i}_{o1}) > (\bar{i}_{L2} = \bar{i}_{o2}) > (\bar{i}_{L3} = \bar{i}_{o3})$。因此,Buck 变换器的连续导电模式、断续导电模式和临界连续导电模式的判据为:

(1) 当输出电流平均值大于临界连续导电模式的电感电流平均值,即 $I_o > \bar{i}_{L2}$ 时,Buck 变换器工作于 CCM;

(2) 当输出电流平均值小于临界连续导电模式的电感电流平均值,即 $I_o < \bar{i}_{L2}$ 时,Buck 变换器工作于 DCM;

(3) 当输出电流平均值等于临界连续导电模式的电感电流平均值,即 $I_o = \bar{i}_{L2}$ 时,Buck 变换器工作于 BCM。

由图 2.5(b)中电感电流波形可知,BCM Buck 变换器的电感电流峰值 $I_H$ 和电感电流平均值 $\bar{i}_{L2}$ 分别为

$$I_H = \frac{(v_g - v_o)}{L_c} DT \tag{2.14}$$

$$\bar{i}_{L2} = \frac{1}{2} I_H = \frac{(v_g - v_o)}{2L_c} DT \tag{2.15}$$

式中,$L_c$ 为 Buck 变换器工作于 BCM 时的电感,即临界电感。

又因为输出电流平均值为

$$I_o = \frac{v_o}{R} \tag{2.16}$$

由临界连续导电模式判据可知,当 Buck 变换器工作于 BCM 时,有

$$\frac{(v_g - v_o)}{2L_c}DT = \frac{v_o}{R} \tag{2.17}$$

由式(2.17)解得临界电感为

$$L_c = \frac{1}{2}R(1-D)T \tag{2.18}$$

因此,若 Buck 变换器工作于 CCM,则需设计电感 $L > L_c = \frac{1}{2}R(1-D)T$;若 Buck 变换器工作于 DCM,则需设计电感 $L < L_c = \frac{1}{2}R(1-D)T$。

### 3. 电容参数设计

电容的主要作用是对输出电压滤波,即减小输出电压纹波。由图 2.6 所示电容电流波形可得电容的充电电荷量或放电电荷量为

$$\Delta Q = \frac{1}{2} \cdot \frac{1}{2}T \cdot \frac{1}{2}\Delta i_L = \frac{1}{8}T\Delta i_L \tag{2.19}$$

则 Buck 变换器的输出电压纹波为

$$\Delta V = \frac{\Delta Q}{C} = \frac{v_g - v_o}{8LC}DT^2 \tag{2.20}$$

根据式(2.20),结合 Buck 变换器的输出电压纹波值,可设计电容参数。

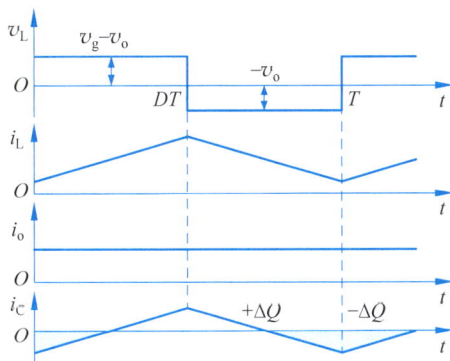

图 2.6　Buck 变换器电容电流波形

## 2.2　Boost 变换器

### 2.2.1　电路拓扑与工作模式

Boost 变换器也称为升压变换器,用于将较高直流输入电压变换为较低直流输出电压。Boost 变换器电路拓扑如图 2.7 所示,它由输入电源 $v_g$、开关管 S、二极管 VD、电感 $L$、电容 $C$ 和负载电阻 $R$ 构成。在图 2.7 中,$i_s$、$i_L$、$i_c$ 和 $i_o$ 分别为开关管电流、电感电流、电容电流和输出电流,$v_L$、$v_c$ 和 $v_o$ 分别为电感电压、电容电压和输出电压。

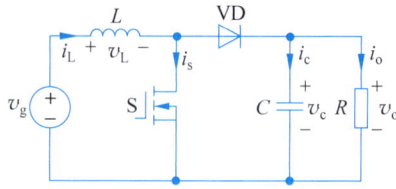

图 2.7　Boost 变换器电路拓扑

根据开关管 S 和二极管 VD 的导通或者关断状态，在一个开关周期内，Boost 变换器可能存在如图 2.8 所示的 3 种工作模态。

（1）工作模态Ⅰ：开关管 S 导通，二极管 VD 关断；

（2）工作模态Ⅱ：开关管 S 关断，二极管 VD 导通；

（3）工作模态Ⅲ：开关管 S 关断，二极管 VD 关断。

(a) 工作模态Ⅰ　　　　　　　　(b) 工作模态Ⅱ

(c) 工作模态Ⅲ

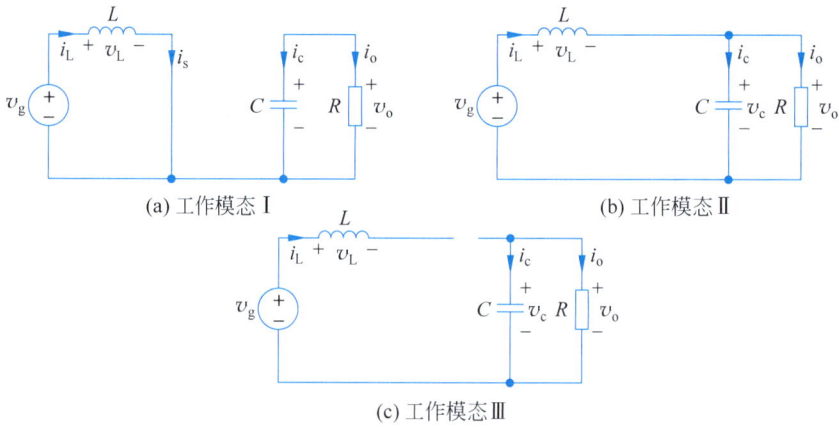

图 2.8　Boost 变换器工作模态

## 2.2.2　连续导电模式

根据电感电流波形是否连续，Boost 变换器的工作模式分为连续导电模式（CCM）和断续导电模式（DCM）。

当电感电流波形连续时，Boost 变换器工作于 CCM。CCM Boost 变换器在一个开关周期内有两种工作模态：工作模态Ⅰ和工作模态Ⅱ，其工作波形如图 2.9 所示。由图 2.8(a) 和(b)可知：

（1）工作模态Ⅰ：开关管 S 导通、二极管 VD 关断，输入电源 $v_g$、电感 $L$ 与开关管 S 构成回路，电容 $C$ 与负载电阻 $R$ 构成回路。电感电压 $v_L = v_g$，电感电流 $i_L$ 线性上升，电感充电；开关管电流 $i_s = i_L$，二极管电流 $i_D = 0$。

（2）工作模态Ⅱ：开关管 S 关断、二极管 VD 导通，输入电源 $v_g$ 和电感 $L$ 一起为负载端供电。电感电压 $v_L = v_g - v_o$，电感电流 $i_L$ 线性下降，电感放电；二极管电流 $i_D = i_L$，开关管电流 $i_s = 0$。

如图 2.9 所示，在一个开关周期 $T$ 内，CCM Boost 变换器开关管 S 的导通时间 $t_{on} = DT$，关断时间 $t_{off} = (1-D)T$。

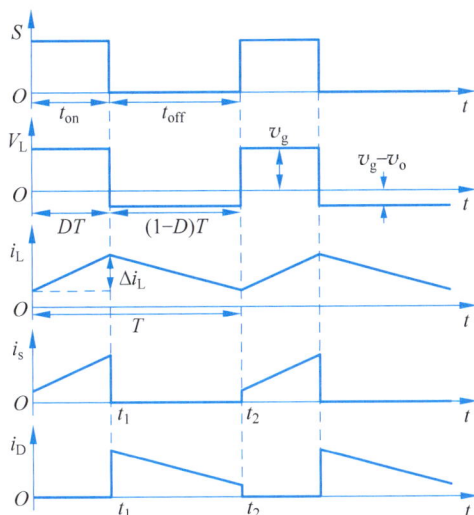

图 2.9　CCM Boost 变换器工作波形

由电感伏秒平衡原理可知,在一个开关周期 $T$ 内,电感电压平均值为 0,即

$$\bar{v}_L = DV_g + (1-D)(v_g - v_o) = 0 \tag{2.21}$$

由式(2.21)可得,CCM Boost 变换器的电压增益为

$$M = \frac{v_o}{v_g} = \frac{1}{1-D} \tag{2.22}$$

由于 $0 < D < 1$,式(2.22)表明输出电压 $v_o$ 始终大于输入电压 $v_g$,CCM Boost 变换器实现升压变换;此外,输入电压 $v_g$ 变化时,通过调节占空比 $D$,保持输出电压 $v_o$ 稳定。

### 2.2.3　断续导电模式

当电感电流波形断续时,Boost 变换器工作于 DCM。在一个开关周期内,DCM Boost 变换器有 3 种工作模式:工作模式 Ⅰ、工作模式 Ⅱ 和工作模式 Ⅲ,其工作波形如图 2.10 所示。由图 2.8 可知,

(1) 工作模式 Ⅰ:开关管 S 导通、二极管 VD 关断,输入电源 $v_g$、电感 $L$ 与开关管 S 构成回路,电容 $C$ 与负载电阻 $R$ 构成回路。电感电压 $v_L = v_g$,电感电流 $i_L$ 从 0 开始线性上升,电感充电;开关管电流 $i_s = i_L$,二极管电流 $i_D = 0$。

(2) 工作模式 Ⅱ:开关管 S 关断、二极管 VD 导通,输入电源 $v_g$ 和电感 $L$ 一起为负载端供电。电感电压 $v_L = v_g - v_o$,电感电流 $i_L$ 线性下降,电感放电;二极管电流 $i_D = i_L$,开关管电流 $i_s = 0$。

(3) 工作模式 Ⅲ:电感电流 $i_L$ 下降至 0,开关管 S 和二极管 VD 同时处于关断状态,电容 $C$ 为负载电阻 $R$ 供电;电感电压 $v_L$、开关管电流 $i_s$ 和二极管电流 $i_D$ 均为 0,直至开关周期结束。

如图 2.10 所示,在一个开关周期 $T$ 内,DCM Boost 变换器开关管 S 的导通时间 $t_{on} = D_1 T$,电感电流 $i_L$ 下降阶段时间为 $D_2 T$,电感电流保持为 0 的时间为 $D_3 T$,开关管 S 的关断时间 $t_{off} = (D_2 + D_3) T$。

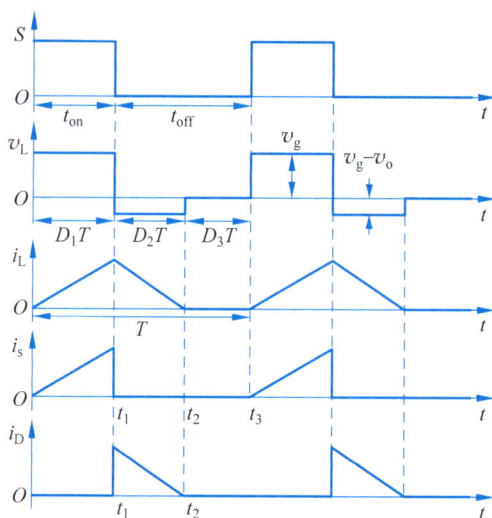

图 2.10 DCM Boost 变换器工作波形

由电感伏秒平衡原理可得

$$\bar{v}_L = D_1 v_g + D_2(v_g - v_o) = 0 \tag{2.23}$$

化简式(2.23)得到 DCM Boost 变换器的电压增益为

$$M = \frac{v_o}{v_g} = 1 + \frac{D_1}{D_2} \tag{2.24}$$

如图 2.8 所示，在二极管 VD、电容 $C$ 和负载电阻 $R$ 相交的节点处，由基尔霍夫电流定律可知，二极管电流平均值等于电容电流平均值与输出电流平均值的和，即

$$\bar{i}_D = \bar{i}_o + \bar{i}_c \tag{2.25}$$

由安秒平衡原理可知 $\bar{i}_c = 0$，则

$$\bar{i}_D = \bar{i}_o \tag{2.26}$$

采用面积平均法，对图 2.10 中一个开关周期内的二极管电流求平均值，有

$$\bar{i}_D = \frac{1}{T}\left[\frac{1}{2}D_2 T \cdot \frac{v_g}{L}D_1 T\right] \tag{2.27}$$

因为

$$\bar{i}_o = \frac{v_o}{R} \tag{2.28}$$

联立式(2.24)、式(2.26)～式(2.28)得

$$D_1 D_2^2 - KD_2 - KD_1 = 0 \tag{2.29}$$

其中，$K = \dfrac{2L}{RT}$。

由式(2.29)可解得

$$D_2 = \frac{K + \sqrt{K^2 + 4KD_1}}{2D_1} \tag{2.30}$$

将式(2.30)代入式(2.24)，可得 DCM Boost 变换器的电压增益 $M$ 为

$$M = 1 + \frac{2D_1^2}{K + \sqrt{K^2 + 4KD_1}} \tag{2.31}$$

由式(2.31)可知,DCM Boost 变换器的电压增益不仅与占空比有关,还与电路参数相关。

### 2.2.4 电路参数设计

#### 1. 电感参数设计

在一个开关周期内,CCM Boost 变换器、BCM Boost 变换器和 DCM Boost 变换器的二极管电流波形分别如图 2.11(a)、(b)和(c)所示。由图 2.11 可知,CCM Boost 变换器二极管电流平均值依次大于 BCM Boost 变换器二极管电流平均值和 DCM Boost 变换器二极管电流平均值,即 $\bar{i}_{D1} > \bar{i}_{D2} > \bar{i}_{D3}$。

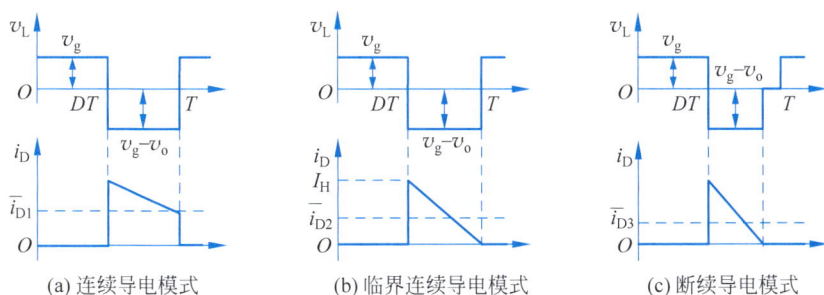

图 2.11 不同模式下,二极管电流工作波形

定义 Boost 变换器工作于 CCM、BCM、DCM 的输出电流平均值分别为 $\bar{i}_{o1} = \bar{i}_{o2} = \bar{i}_{o3}$。由安秒平衡原理可知:Boost 变换器的二极管电流平均值均等于输出电流平均值,则有 $(\bar{i}_{D1} = \bar{i}_{o1}) > (\bar{i}_{D2} = \bar{i}_{o2}) > (\bar{i}_{D3} = \bar{i}_{o3})$。因此,Boost 变换器的连续导电模式、断续导电模式和临界连续导电模式的判据为:

(1) 当输出电流平均值大于临界连续导电模式下的二极管电流平均值,即 $I_o > \bar{i}_{D2}$ 时,Boost 变换器工作于 CCM;

(2) 当输出电流平均值小于临界连续导电模式下的二极管电流平均值,即 $I_o < \bar{i}_{D2}$ 时,Boost 变换器工作于 DCM;

(3) 当输出电流平均值等于临界连续导电模式下的二极管电流平均值,即 $I_o = \bar{i}_{D2}$ 时,Boost 变换器工作于 BCM。

由图 2.11(b)中二极管电流波形可知,BCM Boost 变换器的二极管电流峰值 $I_H$ 和二极管电流平均值 $\bar{i}_{D2}$ 分别为

$$I_H = \frac{v_g}{L_c} DT \tag{2.32}$$

$$\bar{i}_{D2} = \frac{1}{2} I_H (1 - D) \tag{2.33}$$

将式(2.32)代入式(2.33)得

$$\bar{i}_{D2} = \frac{v_g}{2L_c} D(1 - D) T \tag{2.34}$$

因为输出电流平均值为

$$I_\text{o} = \frac{v_\text{o}}{R} \tag{2.35}$$

由临界连续导电模式判据可知,Boost 变换器工作于 BCM 时,有

$$\frac{v_\text{g}}{2L_\text{c}} D(1-D)T = \frac{v_\text{o}}{R} \tag{2.36}$$

其中,$L_\text{c}$ 为 Boost 变换器的临界电感。由式(2.36)解得临界电感为

$$L_\text{c} = \frac{1}{2} RD(1-D)^2 T \tag{2.37}$$

因此,若 Boost 变换器工作于 CCM,则需设计电感 $L > L_\text{c} = \frac{1}{2} RD(1-D)^2 T$;若 Boost 变换器工作于 DCM,则需设计电感 $L < L_\text{c} = \frac{1}{2} RD(1-D)^2 T$。

### 2. 电容参数设计

由图 2.12 所示的电容电流波形可得电容的充电电荷量或放电电荷量为

$$\Delta Q = \frac{v_\text{o}}{R} DT \tag{2.38}$$

则 Boost 变换器的输出电压纹波为

$$\Delta V = \frac{\Delta Q}{C} = \frac{v_\text{o}}{RC} DT \tag{2.39}$$

根据式(2.39),结合 Boost 变换器所要求的输出电压纹波值,可设计电容参数。

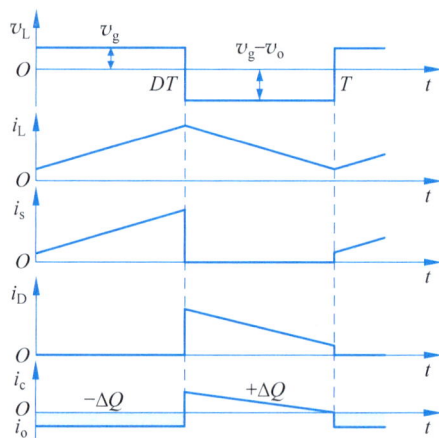

图 2.12  Boost 变换器电容电流波形

## 2.3  Buck-Boost 变换器

### 2.3.1  电路拓扑与工作模态

Buck-Boost 变换器(降/升压变换器),由于其输出电压与输入电压的极性相反,也称为

反极性开关变换器,它能够实现 Buck 变换器降压和 Boost 变换器升压,取决于开关管 S 驱动信号的占空比大小。Buck-Boost 变换器电路拓扑如图 2.13 所示,由输入电源 $v_g$、开关管 S、二极管 VD、电感 $L$、电容 $C$ 和负载电阻 $R$ 构成。图中,$i_s$、$i_L$、$i_c$ 和 $i_o$ 分别为开关管电流、电感电流、电容电流和输出电流,$v_L$、$v_c$ 和 $v_o$ 分别为电感电压、电容电压和输出电压。

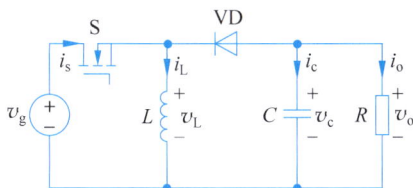

图 2.13　Buck-Boost 变换器电路拓扑

根据开关管 S 和二极管 VD 的导通或关断状态,在一个开关周期内,Buck-Boost 变换器可能存在如图 2.14 所示的 3 种工作模式。

(1) 工作模式 Ⅰ：开关管 S 导通,二极管 VD 关断;

(2) 工作模式 Ⅱ：开关管 S 关断,二极管 VD 导通;

(3) 工作模式 Ⅲ：开关管 S 关断,二极管 VD 关断。

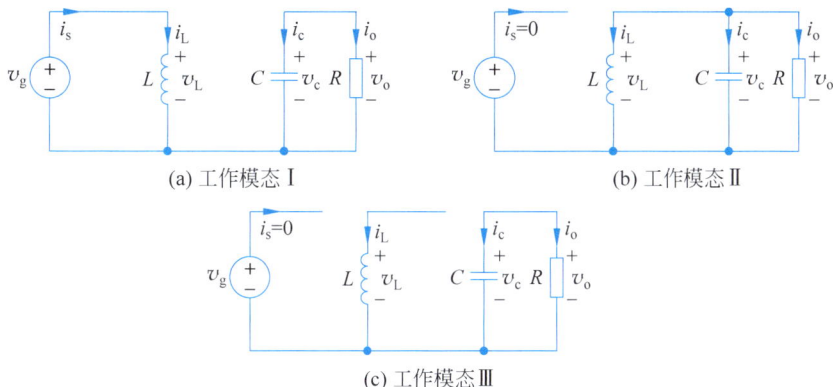

(a) 工作模式 Ⅰ

(b) 工作模式 Ⅱ

(c) 工作模式 Ⅲ

图 2.14　Buck-Boost 变换器工作模式

## 2.3.2　连续导电模式

根据电感电流波形是否连续,Buck-Boost 变换器的工作模式分为：连续导电模式(CCM)和断续导电模式(DCM)。

当电感电流波形连续时,Buck-Boost 变换器工作于 CCM。在一个开关周期内,CCM Buck-Boost 变换器有两种工作模式：工作模式 Ⅰ 和工作模式 Ⅱ,其工作波形如图 2.15 所示。由图 2.14(a)和(b)可知,

(1) 工作模式 Ⅰ：开关管 S 导通、二极管 VD 关断,输入电源 $v_g$、电感 $L$ 与开关管 S 构成回路,电容 $C$ 与负载电阻 $R$ 构成回路。电感电压 $v_L = v_g$,电感电流 $i_L$ 线性上升,电感充电；开关管电流 $i_s = i_L$,二极管电流 $i_D = 0$。

(2) 工作模式 Ⅱ：开关管 S 关断、二极管 VD 导通,电感 $L$ 通过二极管 VD 续流。电感电压 $v_L = v_o$,电感电流 $i_L$ 线性下降,电感放电；二极管电流 $i_D = i_L$,开关管电流 $i_s = 0$。

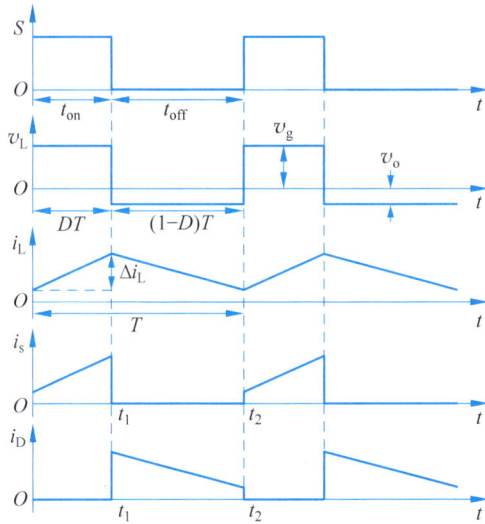

图 2.15  CCM Buck-Boost 变换器工作波形

在图 2.15 中,在一个开关周期 $T$ 内,开关管 S 的导通时间 $t_{on}=DT$,关断时间 $t_{off}=(1-D)T$。

由电感伏秒平衡原理可得

$$\bar{v}_L = Dv_g + (1-D)v_o = 0 \tag{2.40}$$

由式(2.40)可得,CCM Buck-Boost 变换器的电压增益为

$$M = \frac{v_o}{v_g} = -\frac{D}{1-D} \tag{2.41}$$

式(2.41)表明:CCM Buck-Boost 变换器为反极性输出。当输入电压 $v_g$ 变化时,通过调节占空比 $D$,保持输出电压 $v_o$ 稳定。当 $0 < D < 0.5$ 时,输出电压 $v_o$ 小于输入电压 $v_g$,CCM Buck-Boost 变换器实现降压变换;当 $0.5 < D < 1$ 时,输出电压 $v_o$ 大于输入电压 $v_g$,CCM Buck-Boost 变换器实现升压变换。

### 2.3.3  断续导电模式

当电感电流波形断续时,Buck-Boost 变换器工作于 DCM。在一个开关周期内,DCM Buck-Boost 变换器有 3 种工作模态:工作模态 Ⅰ、工作模态 Ⅱ 和工作模态 Ⅲ,其工作波形如图 2.16 所示。由图 2.14 可知,

(1)工作模态 Ⅰ:开关管 S 导通、二极管 VD 关断,输入电源 $v_g$、电感 $L$ 与开关管 S 构成回路,电容 $C$ 与负载电阻 $R$ 构成回路。电感电压 $v_L = v_g$,电感电流 $i_L$ 从 0 开始线性上升,电感充电;开关管电流 $i_s = i_L$,二极管电流 $i_D = 0$。

(2)工作模态 Ⅱ:开关管 S 关断、二极管 VD 导通,电感 $L$ 通过二极管 VD 续流。电感电压 $v_L = v_o$,电感电流 $i_L$ 线性下降,电感放电;二极管电流 $i_D = i_L$,开关管电流 $i_s = 0$。

(3)工作模态 Ⅲ:电感电流 $i_L$ 下降至 0,开关管 S 和二极管 VD 同时处于关断状态,电容 $C$ 为负载电阻 $R$ 供电;电感电压 $v_L$、开关管电流 $i_s$ 和二极管电流 $i_D$ 均为 0,直至开关周期结束。

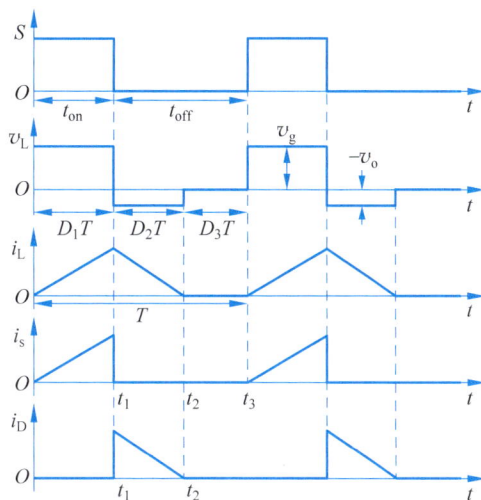

图 2.16　DCM Buck-Boost 变换器工作波形

在图 2.16 中，在一个开关周期 $T$ 内，开关管 S 的导通时间 $t_{on}=D_1T$，电感电流 $i_L$ 下降阶段时间为 $D_2T$，电感电流保持为 0 的时间为 $D_3T$，开关管 S 的关断时间 $t_{off}=(D_2+D_3)T$。

由电感伏秒平衡原理可得

$$\bar{v}_L = D_1 v_g + D_2 v_o = 0 \tag{2.42}$$

化简式(2.42)得到 DCM Buck-Boost 变换器的电压增益为

$$M = \frac{v_o}{v_g} = -\frac{D_1}{D_2} \tag{2.43}$$

式(2.43)表明：DCM Buck-Boost 变换器为反极性输出。

如图 2.13 所示，在二极管 VD、电容 $C$ 和负载电阻 $R$ 相交的节点处，由基尔霍夫电流定律可知，二极管电流平均值等于电容电流平均值与输出电流平均值的和，即

$$\bar{i}_D = \bar{i}_o + \bar{i}_c \tag{2.44}$$

由安秒平衡原理可知 $\bar{i}_c=0$，则

$$\bar{i}_D = \bar{i}_o \tag{2.45}$$

采用面积平均法，对图 2.16 中一个开关周期内的二极管电流求平均值得

$$\bar{i}_D = \frac{1}{T}\left[\frac{1}{2}D_2T \cdot \frac{v_g}{L}D_1T\right] \tag{2.46}$$

因为

$$\bar{i}_o = \frac{v_o}{R} \tag{2.47}$$

联立式(2.43)、式(2.45)~式(2.47)得

$$D_2^2 = K \tag{2.48}$$

其中，$K=\dfrac{2L}{RT}$。

由式(2.48)可解得

25

$$D_2 = \sqrt{K} \tag{2.49}$$

将式(2.49)代入式(2.43),可得 DCM Buck-Boost 变换器的电压增益 $M$ 为

$$M = -\frac{D_1}{\sqrt{K}} \tag{2.50}$$

由式(2.50)可知,DCM Buck-Boost 变换器的电压增益不仅与占空比有关,还与电路参数相关。

### 2.3.4 电路参数设计

#### 1. 电感参数设计

在一个开关周期内,CCM Buck-Boost 变换器、BCM Buck-Boost 变换器和 DCM Buck-Boost 变换器的二极管电流波形分别如图 2.17(a)、(b)和(c)所示。由图 2.17 可知,CCM Buck-Boost 变换器二极管电流平均值依次大于 BCM Buck-Boost 变换器二极管电流平均值和 DCM Buck-Boost 变换器二极管电流平均值,即 $\overline{i}_{D1} > \overline{i}_{D2} > \overline{i}_{D3}$。

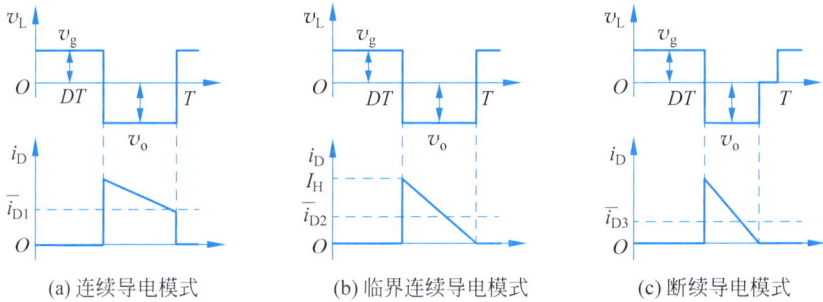

图 2.17 不同模式下,二极管电流工作波形

定义 Buck-Boost 变换器工作于 CCM、BCM、DCM 的输出电流平均值分别为 $\overline{i}_{o1} = \overline{i}_{o2} = \overline{i}_{o3}$。由安秒平衡原理可知:Buck-Boost 变换器的二极管电流平均值均等于输出电流平均值,则有 $(\overline{i}_{D1} = \overline{i}_{o1}) > (\overline{i}_{D2} = \overline{i}_{o2}) > (\overline{i}_{D3} = \overline{i}_{o3})$。因此,Buck-Boost 变换器的连续导电模式、断续导电模式和临界连续导电模式的判据为:

(1) 当输出电流平均值大于临界连续导电模式下的二极管电流平均值,即 $I_o > \overline{i}_{D2}$ 时,Buck-Boost 变换器工作于 CCM;

(2) 当输出电流平均值小于临界连续导电模式下的二极管电流平均值,即 $I_o < \overline{i}_{D2}$ 时,Buck-Boost 变换器工作于 DCM;

(3) 当输出电流平均值等于临界连续导电模式下的二极管电流平均值,即 $I_o = \overline{i}_{D2}$ 时,Buck-Boost 变换器工作于 BCM。

由图 2.17(b)中二极管电流波形可知,BCM Buck-Boost 变换器的二极管电流峰值 $I_H$ 和二极管电流平均值 $\overline{i}_{D2}$ 分别为

$$I_H = \frac{v_g}{L_c} DT \tag{2.51}$$

$$\overline{i}_{D2} = \frac{1}{2} I_H (1-D) \tag{2.52}$$

将式(2.51)代入式(2.52)得

$$\overline{i}_{L2} = \frac{v_g}{2L_c} D(1-D)T \tag{2.53}$$

又因为输出电流平均值为

$$I_o = \frac{v_o}{R} \tag{2.54}$$

由临界连续导电模式判据可知,Buck-Boost 变换器工作于 BCM 时,有

$$\frac{v_g}{2L_c} D(1-D)T = \frac{v_o}{R} \tag{2.55}$$

式中,$L_c$ 为 Buck-Boost 变换器的临界电感。由式(2.55)解得临界电感为

$$L_c = \frac{1}{2} R(1-D)^2 T \tag{2.56}$$

因此,若 Buck-Boost 变换器工作于 CCM,则需设计电感 $L > L_c = \frac{1}{2} R(1-D)^2 T$;若 Buck-Boost 变换器工作于 DCM,则需设计电感 $L < L_c = \frac{1}{2} R(1-D)^2 T$。

### 2. 电容参数设计

由图 2.18 所示的电容电流波形可得电容的充电电荷量或放电电荷量为

$$\Delta Q = \frac{v_o}{R} DT \tag{2.57}$$

则 Buck-Boost 变换器的输出电压纹波为

$$\Delta V = \frac{\Delta Q}{C} = \frac{v_o}{RC} DT \tag{2.58}$$

根据式(2.58),结合 Buck-Boost 变换器所要求的输出电压纹波值,可设计电容参数。

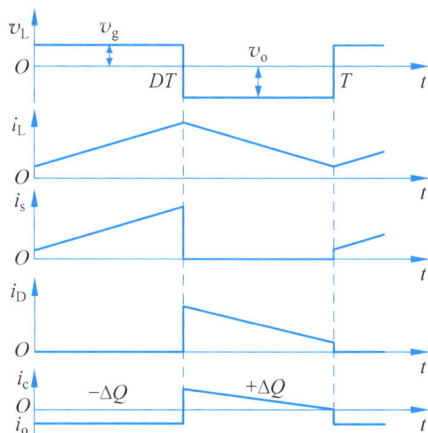

图 2.18　Buck-Boost 变换器电容电流波形

# 2.4 Cuk 变换器

Cuk 变换器又称为升/降压变换器,由 Boost 变换器和 Buck 变换器前后级联而成,其电路结构如图 2.19 所示。在一个开关周期内,工作于 CCM 的 Cuk 变换器有两种工作模态:工作模态 I 和工作模态 II,如图 2.20 所示,其工作波形如图 2.21 所示。在图 2.21 中,$i_s$、$i_1$、$i_2$ 和 $i_o$ 分别为开关管电流、电感 $L_1$ 电流、电感 $L_2$ 电流和输出电流,$v_{L1}$、$v_{L2}$、$v_{c1}$、$v_{c2}$ 和 $v_o$ 分别为电感 $L_1$ 电压、电感 $L_2$ 电压、电容 $C_1$ 电压、电容 $C_2$ 电压和输出电压。

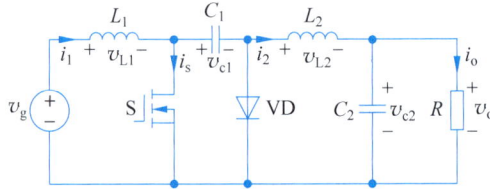

图 2.19　Cuk 变换器电路拓扑

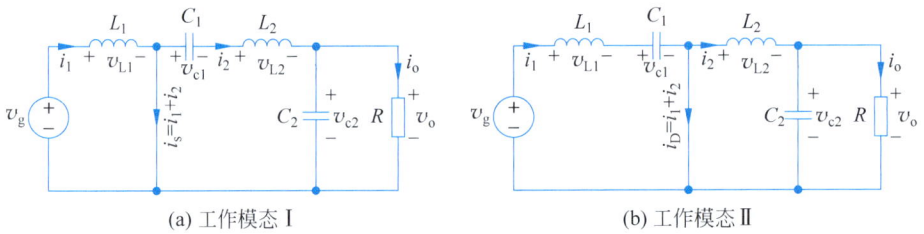

(a) 工作模态 I　　　　　(b) 工作模态 II

图 2.20　CCM Cuk 变换器工作模态

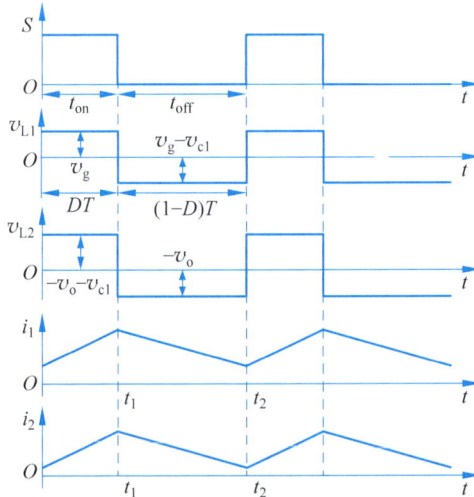

图 2.21　CCM Cuk 变换器工作波形

(1) 工作模态 I:S 导通,VD 关断,如图 2.20(a)所示。输入电源 $v_g$ 给电感 $L_1$ 充电;电容 $C_1$ 给电感 $L_2$ 充电,并给负载供电。电感电压 $v_{L1}=v_g$,电感电压 $v_{L2}=-v_o-v_{c1}$;开关管电流 $i_s=i_1+i_2$。

（2）工作模式Ⅱ：S 关断，VD 导通，如图 2.20(b)所示。电感 $L_1$ 给电容 $C_1$ 充电，同时电感 $L_2$ 的放电电流 $i_2$ 维持负载正常运行。电感电压 $v_{L1} = v_g - v_{c1}$，电感电压 $v_{L2} = -v_o$；二极管电流 $i_D = i_1 + i_2$。

由电感伏秒平衡原理得电感 $L_1$、$L_2$ 的电压平均值分别为

$$\begin{cases} \overline{v}_{L1} = v_g D + (v_g - v_{c1})(1-D) = 0 \\ \overline{v}_{L2} = (-v_o - v_{c1})D - v_o(1-D) = 0 \end{cases} \tag{2.59}$$

由式(2.59)消除 $v_{c1}$，可得 Cuk 变换器的电压增益为

$$M = \frac{v_o}{v_g} = -\frac{D}{1-D} \tag{2.60}$$

式(2.60)表明：Cuk 变换器为反极性输出。

## 2.5 Sepic 变换器

Sepic 变换器的电路结构如图 2.22 所示，由 Boost 变换器和 Buck-Boost 变换器前后级联而成。在图 2.22 中，$i_s$、$i_1$、$i_2$ 和 $i_o$ 分别为开关管电流、电感 $L_1$ 电流、电感 $L_2$ 电流和输出电流，$v_{L1}$、$v_{L2}$、$v_{c1}$、$v_{c2}$ 和 $v_o$ 分别为电感 $L_1$ 电压、电感 $L_2$ 电压、电容 $C_1$ 电压、电容 $C_2$ 电压和输出电压。Sepic 变换器工作于 CCM 时，在一个开关周期内有两种工作模式：工作模式Ⅰ和工作模式Ⅱ如图 2.23 所示，其工作波形如图 2.24 所示。

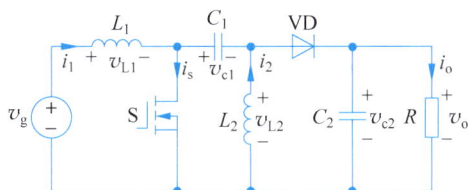

图 2.22　Sepic 变换器的电路结构

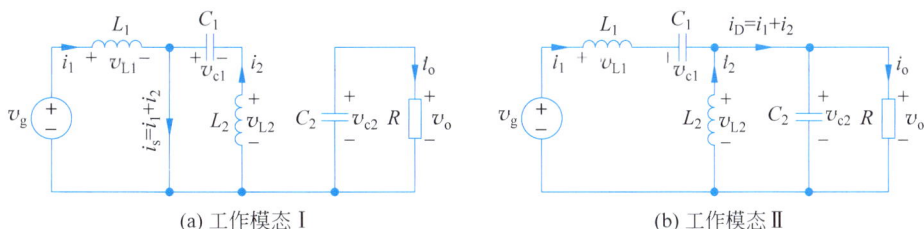

(a) 工作模式Ⅰ　　　　　　　　　　　(b) 工作模式Ⅱ

图 2.23　CCM Sepic 变换器工作模式

（1）工作模式Ⅰ：S 导通，VD 关断，如图 2.23(a)所示。输入电源 $v_g$ 给电感 $L_1$ 充电；同时电容 $C_1$ 给电感 $L_2$ 充电，电容 $C_2$ 给负载供电。电感电压 $v_{L1} = v_g$，电感电压 $v_{L2} = -v_{c1}$；开关管电流 $i_s = i_1 + i_2$。

（2）工作模式Ⅱ：S 关断，VD 导通，如图 2.23(b)所示。电感 $L_1$ 给电容 $C_1$ 充电，同时给负载供电；电感 $L_2$ 给负载供电。电感电压 $v_{L1} = v_g - v_{c1} - v_o$，电感电压 $v_{L2} = v_o$；二极管电流 $i_D = i_1 + i_2$。

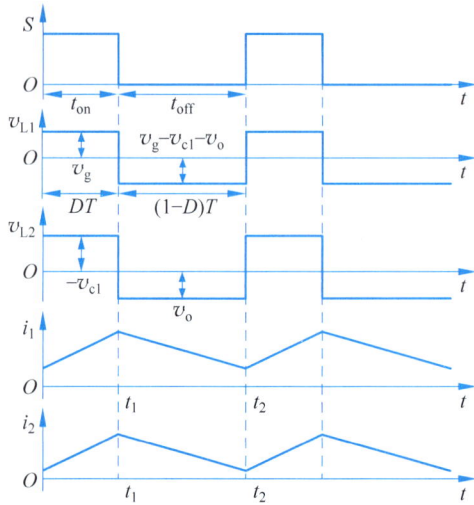

图 2.24　CCM Sepic 变换器工作波形

由电感伏秒平衡原理得电感 $L_1$、$L_2$ 的电压平均值分别为

$$\begin{cases} \bar{v}_{L1} = v_g D + (v_g - v_{c1} - v_o)(1-D) = 0 \\ \bar{v}_{L2} = -v_{c1} D + v_o(1-D) = 0 \end{cases} \qquad (2.61)$$

由式(2.61)消除 $v_{c1}$，可得 Sepic 变换器的电压增益为

$$M = \frac{v_o}{v_g} = \frac{D}{1-D} \qquad (2.62)$$

## 2.6　Zeta 变换器

　　同时交换 Sepic 变换器中开关管 S 和电感 $L_1$、二极管 VD 和电感 $L_2$ 的位置可得 Zeta 变换器，其电路结构如图 2.25 所示。从图 2.25 可以看出，Zeta 变换器由 Buck-Boost 变换器和 Buck 变换器前后级联而成，也称为 Sepic 变换器的逆电路。在图 2.25 中，$i_s$、$i_1$、$i_2$ 和 $i_o$ 分别为开关管电流、电感 $L_1$ 电流、电感 $L_2$ 电流和输出电流，$v_{L1}$、$v_{L2}$、$v_{c1}$、$v_{c2}$ 和 $v_o$ 分别为电感 $L_1$ 电压、电感 $L_2$ 电压、电容 $C_1$ 电压、电容 $C_2$ 电压和输出电压。当 Zeta 变换器工作于 CCM 时，在一个开关周期内有两种工作模式：工作模式 I 和工作模式 II，如图 2.26 所示，其工作波形如图 2.27 所示。

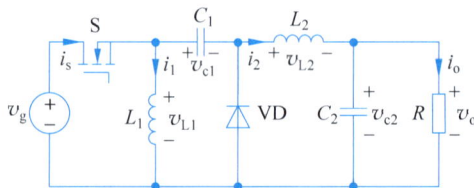

图 2.25　Zeta 变换器电路拓扑

　　(1) 工作模式 I：S 导通，VD 关断，如图 2.26(a) 所示。输入电源 $v_g$ 给电感 $L_1$ 充电；

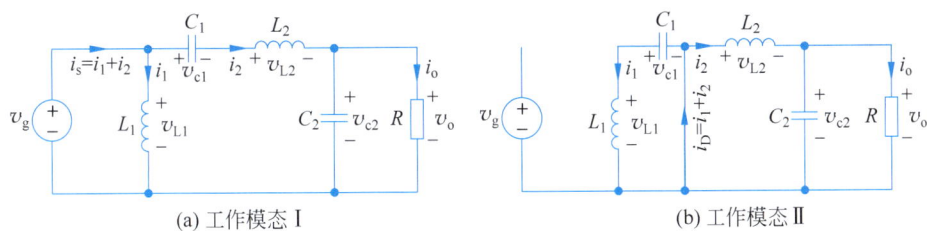

(a) 工作模态 I          (b) 工作模态 II

图 2.26　CCM Zeta 变换器工作模态

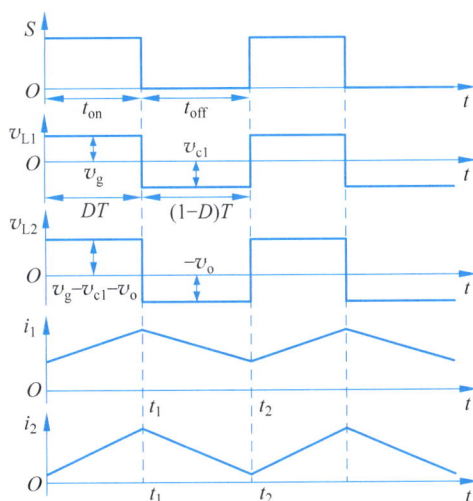

图 2.27　CCM Zeta 变换器工作波形

同时 $v_g$ 和电容 $C_1$ 共同向负载供电,并给 $L_2$ 充电。电感电压 $v_{L1} = v_g$,电感电压 $v_{L2} = v_g - v_{c1} - v_o$;开关管电流 $i_s = i_1 + i_2$。

(2) 工作模态 II:S 关断,VD 导通,如图 2.26(b)所示。电感 $L_1$ 给电容 $C_1$ 充电,电感 $L_2$ 给负载供电。电感电压 $v_{L1} = v_{c1}$,电感电压 $v_{L2} = -v_o$;二极管电流 $i_D = i_1 + i_2$。

由电感伏秒平衡原理得电感 $L_1$、$L_2$ 的电压平均值分别为

$$\begin{cases} \bar{v}_{L1} - v_g D + v_{c1}(1-D) = 0 \\ \bar{v}_{L2} = (v_g - v_{c1} - v_o)D - v_o(1-D) = 0 \end{cases} \tag{2.63}$$

由式(2.63)消除 $v_{c1}$,可得 Zeta 变换器的电压增益为

$$M = \frac{v_o}{v_g} = \frac{D}{1-D} \tag{2.64}$$

# 第3章

# 隔离型开关变换器

非隔离型开关变换器的输入部分与负载部分存在电气连接通路,当输入电源电压高于人体的安全耐压时,非隔离型开关变换器存在安全性问题。为了实现开关变换器输入部分与负载部分的电气隔离,需要在开关变换器中加入高频变压器。加入高频变压器的开关变换器称为隔离型开关变换器。隔离型开关变换器中的高频变压器主要有两个作用:

(1) 引入隔离,使电源和负载两个直流系统之间绝缘;

(2) 改变输出-输入电压传输比。

根据隔离型开关变换器中直流输入功率是从变压器原边绕组的一端输入,还是从变压器原边绕组的一端和另一端交替输入,隔离型开关变换器分为两大类:单端隔离型开关变换器和双端隔离型开关变换器。

单端隔离型开关变换器在一个开关周期内的直流输入功率只从变压器原边绕组的一端输入,其变压器磁芯只工作在 $B\text{-}H$ 平面的第一象限,磁芯不能得到充分利用。常用的单端隔离型开关变换器包括反激(Flyback)变换器、正激(Forward)变换器、双管正激变换器和双管反激变换器。

双端隔离型开关变换器在一个开关周期内的直流输入功率从变压器原边绕组的一端和另一端交替输入,其变压器磁芯工作在 $B\text{-}H$ 平面的第一和第三象限,磁芯得到了充分利用。常用的双端隔离型开关变换器包括推挽(Push-Pull)变换器、半桥(Half Bridge)变换器和全桥(Full Bridge)变换器。

本章详细分析反激变换器和正激变换器的电路拓扑、工作模式、稳态特性以及电路参数设计,系统分析推挽变换器、全桥变换器和半桥变换器的电路拓扑、工作模式和稳态特性。

## 3.1 反激变换器

### 3.1.1 电路拓扑

图 3.1 所示为反激变换器电路拓扑,由输入电源 $v_g$、变压器 T、开关管 S、二极管 VD、电容 $C$ 和负载电阻 $R$ 构成,其中 $L_m$ 表示变压器的励磁电感。该电路由 Buck-Boost 变换器推衍而来,可看成将 Buck-Boost 变换器中的电感换成变压器绕组 $N_1$ 和 $N_2$ 相互耦合的电

感而得到。反激变换器的变压器比较特殊,不仅起到隔离、变压作用,还具有储能电感的作用,称为储能变压器(或电感-变压器)。

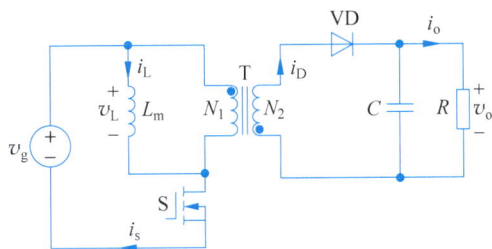

图 3.1 反激变换器电路拓扑

反激变换器不需要输出滤波电感,所用元器件少,电路简单,有利于减小体积和降低成本,常用于小功率(功率小于 300W)和多路输出开关电源。

## 3.1.2 CCM 反激变换器工作原理

当励磁电感电流波形连续时,反激变换器工作于 CCM。如图 3.2 所示,在一个开关周期内,CCM 反激变换器有工作模式 I 和工作模式 II,其工作波形如图 3.3 所示。如图 3.3 所示,在一个开关周期 $T$ 内,开关管 S 的导通时间为 $t_{on}=DT$,关断时间为 $t_{off}=(1-D)T$,$D$ 为开关管导通占空比。由图 3.2 和图 3.3 可知,

(1) 工作模式 I:S 导通、VD 关断,输入电压 $v_g$ 施加在变压器原边励磁电感 $L_m$ 两端,原边绕组 $N_1$ 两端电压 $v_1$ 的极性为上正下负。由于变压器原边绕组 $N_1$ 和副边绕组 $N_2$ 互为异名端,则 $N_2$ 两端电压 $v_2$ 的极性为上负下正,变压器副边二极管 VD 反向截止,副边绕组 $N_2$ 没有电流流过。此时变压器储能,电容放电给负载。励磁电感电流 $i_L$ 线性上升,且等于原边开关管电流 $i_s$;二极管电流 $i_D$ 等于 0。励磁电感电压 $v_L=v_1=v_g$,$N_2$ 两端电压 $v_2=-\dfrac{N_2}{N_1}v_g$。

(2) 工作模式 II:S 关断、VD 导通,$N_1$ 绕组没有电流,$N_1$ 两端电压 $v_1$ 的极性变为上负下正,副边绕组 $N_2$ 两端电压 $v_2$ 的极性变为上正下负,变压器副边二极管 VD 导通,变压器在上一个工作模式储存的能量通过 VD 释放给负载。励磁电感电流 $i_L$ 线性下降,且等于副边二极管电流 $i_D$。$N_2$ 两端电压 $v_2=v_o$,励磁电感电压 $v_L=v_1=\dfrac{N_1}{N_2}v_o$。

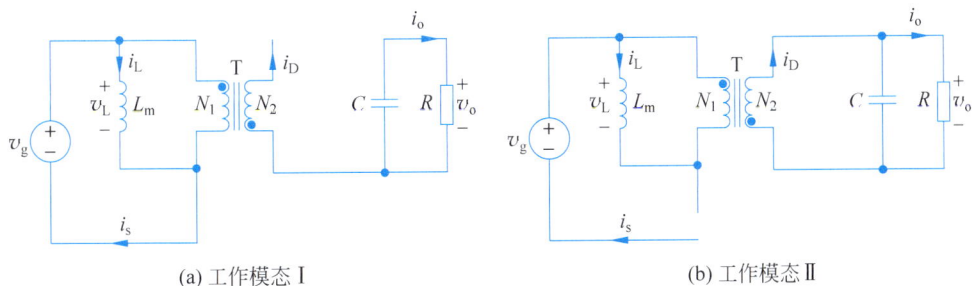

(a) 工作模式 I  (b) 工作模式 II

图 3.2 CCM 反激变换器工作模式

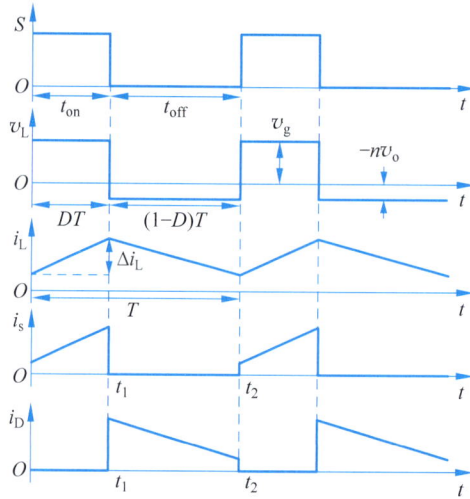

图 3.3　CCM 反激变换器工作波形

根据伏秒平衡原理,稳态时励磁电感电压平均值为 0,所以

$$\bar{v}_L = v_g D - \frac{N_1}{N_2} v_o (1-D) = 0 \tag{3.1}$$

由式(3.1)可得 CCM 反激变换器的电压增益为

$$M = \frac{v_o}{v_g} = \frac{1}{n} \cdot \frac{D}{1-D} \tag{3.2}$$

其中,变压器匝比 $n = \dfrac{N_1}{N_2}$。式(3.2)表明,CCM 反激变换器与 CCM Buck-Boost 变换器相比,电压增益多了变压器匝比的倒数关系。

### 3.1.3　DCM 反激变换器工作原理

励磁电感电流波形断续时,反激变换器工作于 DCM。如图 3.4 所示,在一个开关周期内,DCM 反激变换器有工作模式 Ⅰ、工作模式 Ⅱ 和工作模式 Ⅲ,其工作波形如图 3.5 所示。在图 3.5 中,$D_1 T$、$D_2 T$ 和 $D_3 T$ 分别为工作模式 Ⅰ、工作模式 Ⅱ 和工作模式 Ⅲ 的持续时间,开关管 S 的导通时间为 $t_{on} = D_1 T$,关断时间为 $t_{off} = (D_2 + D_3) T$。

工作模式 Ⅰ 和工作模式 Ⅱ 的工作原理与 CCM 反激变换器一致,在此不再赘述。工作模式 Ⅱ 结束时刻,变压器能量完全释放,即励磁电感电流下降至 0,DCM 反激变换器进入工作模式 Ⅲ。此时,原边绕组 $N_1$ 和副边绕组 $N_2$ 中电流均为 0,电容 C 向负载提供能量。

由励磁电感的伏秒平衡原理可得

$$\bar{v}_L = v_g D_1 - \frac{N_1}{N_2} v_o D_2 = 0 \tag{3.3}$$

化简式(3.3),得到 DCM 反激变换器的电压增益为

$$M = \frac{v_o}{v_g} = \frac{N_2}{N_1} \cdot \frac{D_1}{D_2} \tag{3.4}$$

与 DCM Buck-Boost 变换器的推导过程类似,DCM 反激变换器有

(a) 工作模态 I　　　　　　　　　　(b) 工作模态 II

(c) 工作模态 III

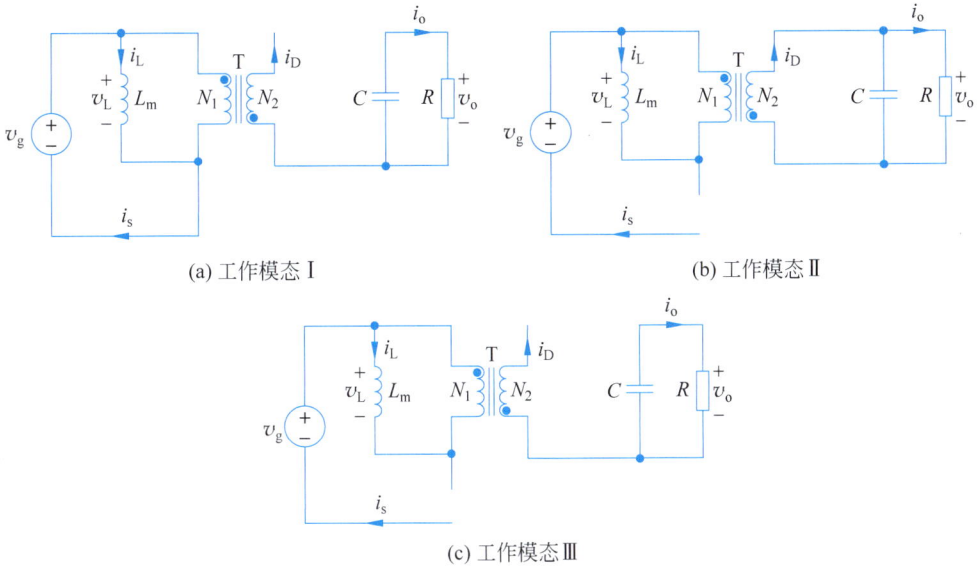

图 3.4　DCM 反激变换器工作模态

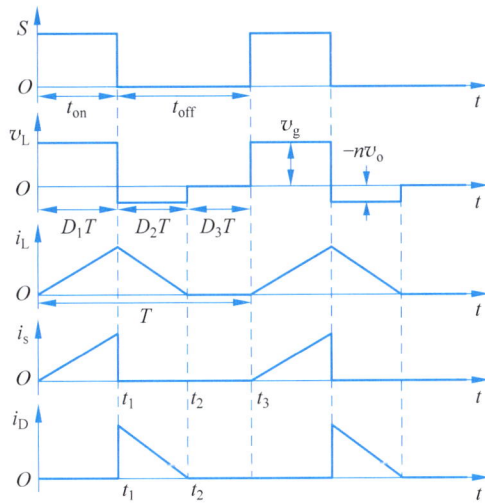

图 3.5　DCM 反激变换器工作波形

$$\bar{i}_D = \bar{i}_o \tag{3.5}$$

采用面积平均法,对图 3.5 中的二极管电流求平均值得

$$\bar{i}_D = \frac{1}{2} D_2 I_{L2} \tag{3.6}$$

其中,$I_{L2} = \dfrac{N_1}{N_2} I_{L1}$,$I_{L1}$ 为励磁电感电流峰值,$I_{L2}$ 为 $I_{L1}$ 等效到变压器副边的值。

由电感电流公式可知

$$I_{L1} = \frac{v_g}{L_m} D_1 T \tag{3.7}$$

又因为

$$\overline{i}_o = \frac{v_o}{R} \tag{3.8}$$

联立式(3.5)~式(3.8)得

$$D_2^2 = \left(\frac{N_2}{N_1}\right)^2 \frac{2L_m}{RT} \tag{3.9}$$

由式(3.9)可解得

$$D_2 = \frac{N_2}{N_1}\sqrt{\frac{2L_m}{RT}} = \sqrt{\frac{2L'_m}{RT}} \tag{3.10}$$

式中,$L'_m$为$L_m$等效到变压器副边的值。

将式(3.10)代入式(3.4),可得 DCM 反激变换器的电压增益 $M$ 为

$$M = \frac{v_o}{v_g} = \frac{1}{n} \cdot \frac{D_1}{\sqrt{K}} \tag{3.11}$$

其中,$K = \dfrac{2L'_m}{RT}$。式(3.11)表明,DCM 反激变换器与 DCM Buck-Boost 变换器相比,电压增益仍是多了变压器匝比的倒数关系。

### 3.1.4 电路参数设计

#### 1. 励磁电感参数设计

励磁电感电流波形临界连续时,反激变换器工作于 BCM。BCM 反激变换器的励磁电感电流波形如图 3.6 所示,在开关管导通阶段,励磁电感电流波形与开关管电流波形一致;在开关管关断阶段,励磁电感电流波形与二极管电流波形一致。

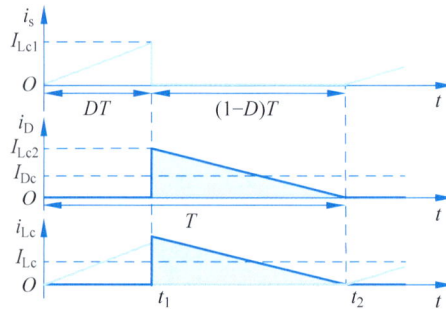

图 3.6  BCM 反激变换器的励磁电感电流波形

由图 3.6 得 BCM 反激变换器的开关管电流峰值 $I_{Lc1}$ 为

$$I_{Lc1} = \frac{1}{L_{c1}}v_g DT \tag{3.12}$$

其中,$L_{c1}$为临界电感。

根据变压器电流匝比关系,得 BCM 反激变换器的二极管电流峰值 $I_{Lc2}$ 为

$$I_{Lc2} = nI_{Lc1} = \frac{1}{L_{c1}}nv_g DT \tag{3.13}$$

其中, $n$ 为变压器匝比, $n = \dfrac{N_1}{N_2}$ 。

由图 3.6 得二极管电流平均值为

$$I_{Dc} = \frac{1}{2} I_{L2} \cdot (1-D) = \frac{1}{2L_{c1}} n v_g D (1-D) T \tag{3.14}$$

由于反激变换器输出电流平均值等于二极管电流平均值,则有

$$\frac{v_o}{R} = \frac{1}{2L_{c1}} n v_g D (1-D) T \tag{3.15}$$

式(3.15)化简得

$$L_{c1} = \frac{nRv_g}{2V_o} D (1-D) T \tag{3.16}$$

由式(3.2)得 BCM 反激变换器的占空比为

$$D = \frac{nv_o}{v_g + nv_o} \tag{3.17}$$

将式(3.17)代入式(3.16),得到临界电感为

$$L_{c1} = \frac{RTn^2 v_g^2}{2(v_g + nv_o)^2} \tag{3.18}$$

因此,若反激变换器工作于 CCM,则需设计电感 $L > L_{c1} = \dfrac{RTn^2 v_g^2}{2(v_g + nv_o)^2}$ ;若反激变换器工作于 DCM,则需设计电感 $L < L_{c1} = \dfrac{RTn^2 v_g^2}{2(v_g + nv_o)^2}$ 。

### 2. 器件选择

DCM 反激变换器应用较多,下面主要对 DCM 反激变换器的开关管和二极管进行额定电压和额定电流选择。

1) 开关管选择

由工作原理分析可知,在一个开关周期内,DCM 反激变换器的开关管电流波形 $i_s$ 如图 3.7 所示。在图 3.7 中,开关管电流峰值为

$$I_{L.max} = \frac{1}{L_m} v_g D_1 T = \frac{1}{n^2 L_m'} v_g D_1 T \tag{3.19}$$

由式(3.11)得 DCM 反激变换器的占空比 $D_1$ 为

$$D_1 = \frac{n\sqrt{K} v_o}{v_g} \tag{3.20}$$

将式(3.20)代入式(3.19)得

$$I_{L.max} = \frac{\sqrt{K} v_o T}{n L_m'} \tag{3.21}$$

考虑留有一定的裕量,开关管额定电流选为 $(1.5 \sim 2) I_{L.max}$ 。

在一个开关周期内,DCM 反激变换器的开关管漏源电压波形 $v_{ds}$ 如图 3.7 所示。在图 3.7 中,开关管最大漏源电压为

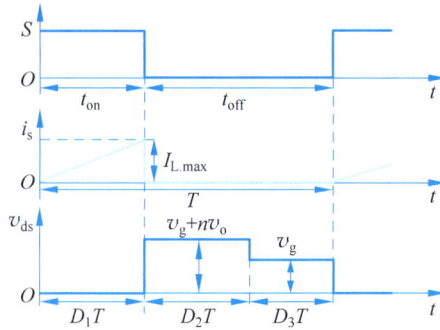

图 3.7　DCM 反激变换器开关管电流和漏源电压波形

$$v_{\mathrm{ds.\,max}} = v_{\mathrm{g}} + n v_{\mathrm{o}} \tag{3.22}$$

考虑留有一定的裕量,开关管额定电压选为$(2 \sim 3)V_{\mathrm{ds.\,max}}$。

2）二极管选择

DCM 反激变换器的二极管电流 $i_{\mathrm{D}}$ 在一个开关周期内的波形如图 3.8 所示,峰值为

$$I_{\mathrm{L2.\,max}} = n I_{\mathrm{L.\,max}} = \frac{\sqrt{K}\, v_{\mathrm{o}} T}{L'_{\mathrm{m}}} \tag{3.23}$$

考虑留有一定的裕量,二极管额定电流选为$(1.5 \sim 2)I_{\mathrm{L2.\,max}}$。

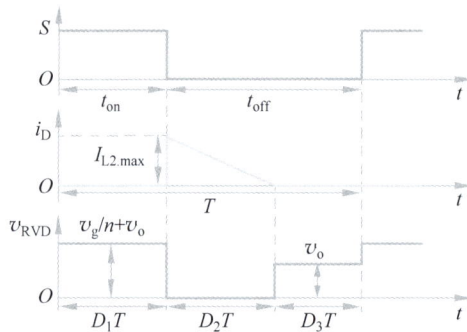

图 3.8　DCM 反激变换器二极管电流和电压波形

在一个开关周期内,DCM 反激变换器的二极管电压波形 $v_{\mathrm{RVD}}$ 如图 3.8 所示。在图 3.8 中,二极管在工作模式 I 时承受最大反向电压,有

$$v_{\mathrm{RVD.\,max}} = \frac{v_{\mathrm{g}}}{n} + v_{\mathrm{o}} \tag{3.24}$$

考虑留有一定的裕量,二极管额定电压选为$(2 \sim 3)v_{\mathrm{RVD.\,max}}$。

## 3.2　正激变换器

### 3.2.1　电路拓扑

正激变换器由 Buck 变换器推衍而来,其电路拓扑如图 3.9 所示,由输入电源 $v_{\mathrm{g}}$、变压器 T、开关管 S、二极管 $\mathrm{VD_1} \sim \mathrm{VD_3}$、电感 $L$、电容 $C$ 和负载电阻 $R$ 构成。其中,变压器 T 包

含原边绕组 $N_1$、副边绕组 $N_2$ 和磁复位绕组 $N_3$。磁复位绕组 $N_3$ 与二极管 $VD_3$ 和电源 $v_g$ 构成磁复位回路,对变压器进行磁复位,防止其进入磁饱和状态。变压器副边电路结构类似于 Buck 变换器。

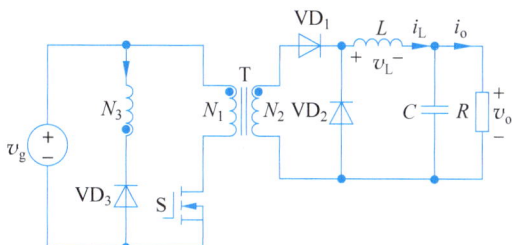

图 3.9 正激变换器电路拓扑

正激变换器的变压器工作点仅处于 $B\text{-}H$ 平面的第 I 象限,由于变压器磁芯单向磁化,仅利用了变压器磁芯的一半,磁芯没有得到充分利用;因此,同样的功率,其变压器体积、重量都较大,多用于对体积、重量、效率要求不高的场合。但正激变换器简单可靠,广泛用于功率为数百瓦到数千瓦的开关电源。

### 3.2.2 CCM 正激变换器工作原理

如图 3.10 所示,在一个开关周期内,CCM 正激变换器有工作模式 I、工作模式 II 和工作模式 III,其工作波形如图 3.11 所示。如图 3.11 所示,在一个开关周期 $T$ 内,开关管 S 的导通时间为 $t_{on}=DT$,关断时间为 $t_{off}=(1-D)T$,$D$ 为开关管导通占空比。由图 3.10 和图 3.11 可知,

(1) 工作模式 I:S 和 $VD_1$ 导通,$VD_2$ 和 $VD_3$ 关断,输入电压 $v_g$ 施加在变压器原边绕组 $N_1$ 两端,$N_1$ 两端电压 $v_1=v_g$,极性上正下负。由于变压器原边绕组 $N_1$ 和复位绕组 $N_3$ 互为异名端,则 $N_3$ 两端电压 $v_3$ 的极性为上负下正,二极管 $VD_3$ 截止,有 $v_3=-\dfrac{N_3}{N_1}v_g$。由于变压器原边绕组 $N_1$ 和副边绕组 $N_2$ 互为同名端,则 $N_2$ 两端电压 $v_2$ 的极性为上正下负,变压器副边的二极管 $VD_1$ 导通、$VD_2$ 截止,有 $v_2-\dfrac{N_2}{N_1}v_g$;变压器副边绕组 $N_2$、二极管 $VD_1$、电感 $L$ 与负载构成回路,供电给负载;电感 $L$ 储能,电感电流 $i_L$ 线性上升,电感电压 $v_L=\dfrac{N_2}{N_1}v_g-v_o$。

(2) 工作模式 II:S 和 $VD_1$ 关断,$VD_2$ 和 $VD_3$ 导通,$N_1$ 绕组没有电流,$N_1$ 两端电压 $v_1$ 的极性变为上负下正,$N_2$ 两端电压 $v_2$ 的极性变为上负下正,$N_3$ 两端电压 $v_3$ 的极性变为上正下负。输入电源 $v_g$、复位绕组 $N_3$ 和二极管 $VD_3$ 构成磁复位回路,对变压器进行去磁,此时有 $v_3=v_g$、$v_1=-\dfrac{N_1}{N_3}v_g$ 和 $v_2=-\dfrac{N_2}{N_3}v_g$。电感 $L$ 通过二极管 $VD_2$ 续流,供电给负载;电感 $L$ 释放能量,电感电流 $i_L$ 线性下降,电感电压 $v_L=-v_o$。

(3) 工作模式 III:S、$VD_1$ 和 $VD_3$ 关断,$VD_2$ 导通,磁复位过程结束,变压器的励磁电感电流下降至零,此时 $v_1=v_2=v_3=0$。电感 $L$ 继续通过二极管 $VD_2$ 向负载释放能量,电感

电流 $i_L$ 继续线性下降，电感电压 $v_L = -v_o$，直至下一个开关周期到来。

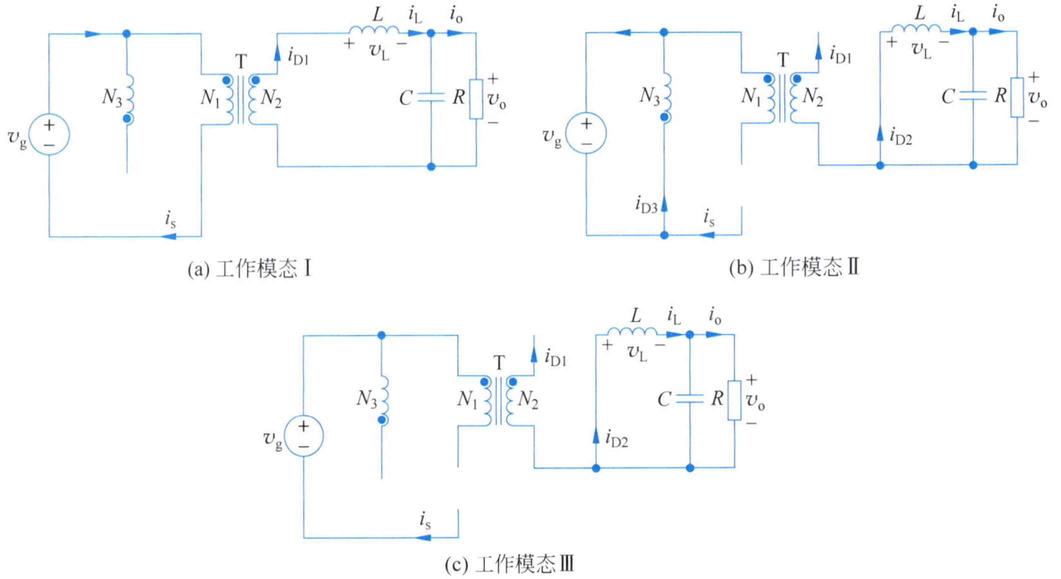

(a) 工作模态 I

(b) 工作模态 II

(c) 工作模态 III

图 3.10　CCM 正激变换器工作模态

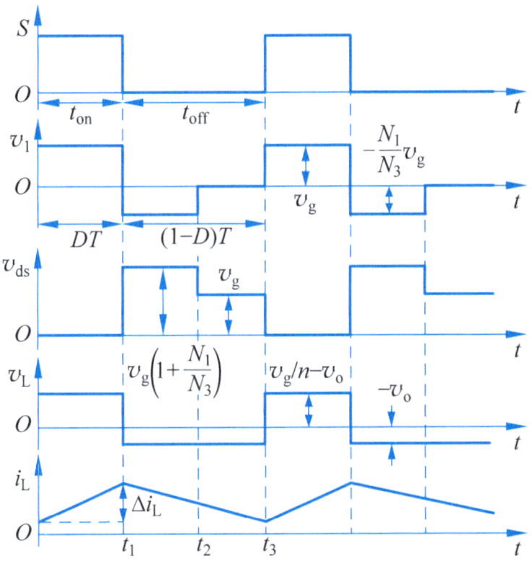

图 3.11　CCM 正激变换器工作波形

根据伏秒平衡原理，对电感 $L$ 建立伏秒平衡表达式：

$$\left(\frac{N_2}{N_1} v_g - v_o\right) D - v_o (1 - D) = 0 \tag{3.25}$$

由式(3.25)可得 CCM 正激变换器的电压增益为

$$M = \frac{v_o}{v_g} = \frac{D}{n} \tag{3.26}$$

其中，变压器匝比 $n = \dfrac{N_1}{N_2}$。式(3.26)表明，CCM 正激变换器与 CCM Buck 变换器相比，电压增益多了变压器匝比的倒数关系。

## 3.2.3 DCM 正激变换器工作原理

如图 3.12 所示,在一个开关周期内,DCM 正激变换器有工作模态 Ⅰ、工作模态 Ⅱ、工作模态 Ⅲ 和工作模态 Ⅳ,其工作波形如图 3.13 所示。图 3.13 中,$D_1T$、$D_3T$ 分别为工作模态 Ⅰ、工作模态 Ⅳ 的持续时间,$D_2T$ 为工作模态 Ⅱ 和工作模态 Ⅲ 的持续时间,开关管 S 的导通时间为 $t_{on}=D_1T$,关断时间为 $t_{off}=(D_2+D_3)T$。

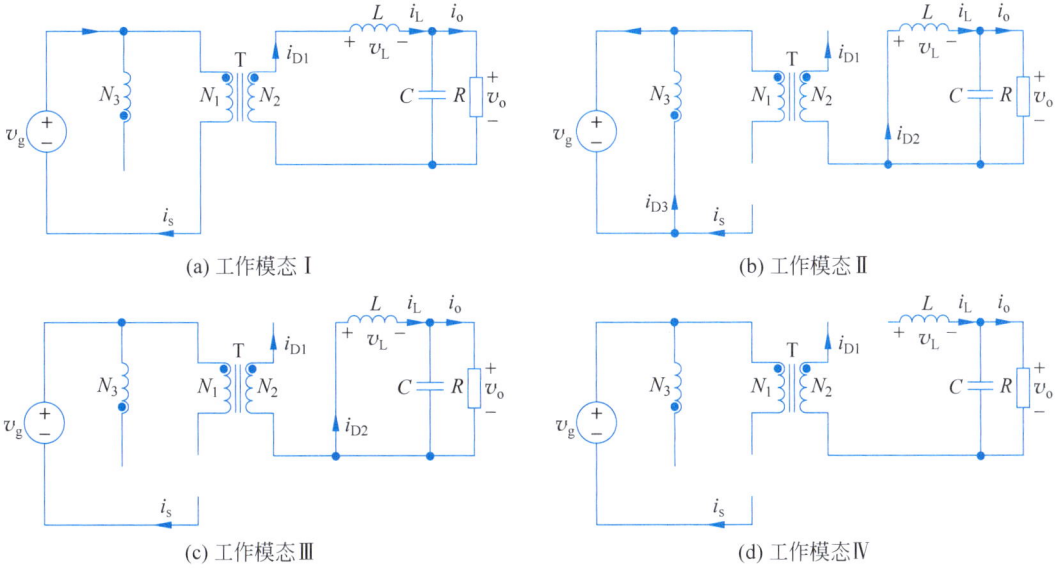

(a) 工作模态 Ⅰ  (b) 工作模态 Ⅱ  (c) 工作模态 Ⅲ  (d) 工作模态 Ⅳ

图 3.12 DCM 正激变换器工作模态

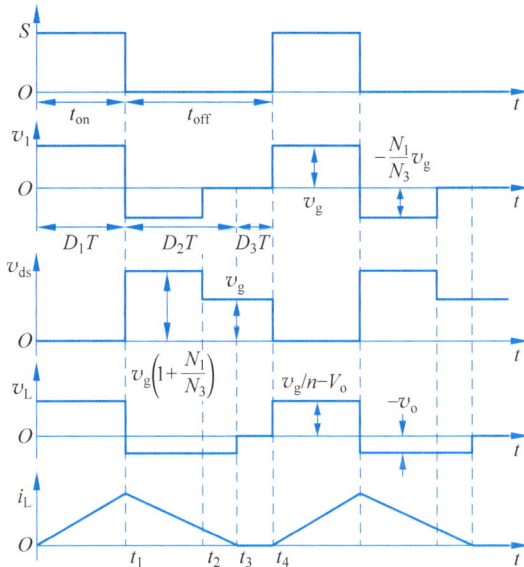

图 3.13 DCM 正激变换器工作波形

工作模态 Ⅰ、工作模态 Ⅱ 和工作模态 Ⅲ 的工作原理与 CCM 正激变换器一致,在此不再赘述。工作模态 Ⅲ 结束时刻,电感 $L$ 能量完全释放,即电感电流 $i_L$ 下降至 0,DCM 正激变换器进入工作模态Ⅳ。此时,原边绕组 $N_1$、副边绕组 $N_2$ 和磁复位绕组 $N_3$ 中的电流均为 0,电容 $C$ 向负载提供能量。

对电感 $L$ 建立伏秒平衡表达式:

$$\left(\frac{v_g}{n}-v_o\right)D_1 - v_o D_2 = 0 \tag{3.27}$$

化简上式得到 DCM 正激变换器的电压增益为

$$M = \frac{v_o}{v_g} = \frac{1}{n} \cdot \frac{D_1}{D_1 + D_2} \tag{3.28}$$

与 DCM Buck 变换器的推导过程类似,DCM 正激变换器有

$$\overline{i}_L = \overline{i}_o \tag{3.29}$$

采用面积平均法,对图 3.13 中的电感电流求平均值得

$$\overline{i}_L = \frac{1}{T}\left[\frac{1}{2}(D_1+D_2)T \cdot \frac{1}{L}\left(\frac{v_g}{n}-v_o\right)D_1 T\right] \tag{3.30}$$

又因为

$$\overline{i}_o = \frac{v_o}{R} \tag{3.31}$$

联立式(3.28)～式(3.31),得 DCM 正激变换器的电压增益 $M$ 为

$$M = \frac{v_o}{v_g} = \frac{1}{n} \cdot \frac{2}{1 + \sqrt{1 + 4K/D_1^2}} \tag{3.32}$$

其中,$K = \dfrac{2L}{RT}$。

### 3.2.4  电路参数设计

#### 1. 磁芯复位时间

正激变换器工作于工作模态Ⅰ时,变压器磁芯从原始状态被励磁(磁化),励磁电感电流线性上升。正激变换器工作于工作模态Ⅱ时,变压器进行磁芯复位,通过磁复位绕组使磁芯去磁,励磁电感电流线性下降;励磁电感电流下降到零,磁芯复位到原始状态。若无磁芯复位阶段,磁芯不断励磁,逐渐进入饱和状态,变压器不能正常工作。

正激变换器磁芯复位阶段,励磁电感电流波形和励磁电感电压波形,如图 3.14 所示。

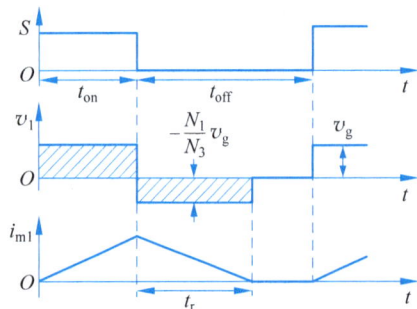

图 3.14  正激变换器磁芯复位过程

正激变换器工作于工作模态Ⅰ时,励磁电感电压 $v_{Lm} = v_1 = v_g$。正激变换器工作于工作模态Ⅱ时,励磁电感电压 $v_{Lm} = v_1 = -\dfrac{N_1}{N_3}v_g$。

由电感伏秒平衡原理得

$$v_g t_{on} - \frac{N_1}{N_3}v_g t_r = 0 \tag{3.33}$$

由式(3.33)得到磁芯复位时间为

$$t_r = \frac{N_3}{N_1}t_{on} \tag{3.34}$$

因此,开关管的关断时间 $t_{\text{off}}$ 必须大于 $t_{\text{r}}$,保证变压器磁芯可靠复位。

## 2. 器件选择

CCM 正激变换器应用较多,下面主要对 CCM 正激变换器的开关管和二极管进行额定电压和额定电流选择。

1) 开关管选择

一个开关周期内,CCM 正激变换器的电感电流波形 $i_{\text{L}}$ 如图 3.15 所示。由图 3.15 可知,电感电流变化量为

$$\Delta i_{\text{L}} = \frac{1}{L}\left(\frac{v_{\text{g}}}{n} - v_{\text{o}}\right)DT \tag{3.35}$$

则电感电流峰值为

$$I_{\text{L.max}} = I_{\text{o}} + \frac{1}{2}\Delta i_{\text{L}} = I_{\text{o}} + \frac{1}{2L}\left(\frac{v_{\text{g}}}{n} - v_{\text{o}}\right)DT \tag{3.36}$$

由式(3.26)得占空比为

$$D = n\frac{v_{\text{o}}}{v_{\text{g}}} \tag{3.37}$$

将式(3.37)代入式(3.36)得

$$I_{\text{L.max}} = I_{\text{o}} + \frac{(v_{\text{g}} - nv_{\text{o}})v_{\text{o}}}{2Lv_{\text{g}}}T \tag{3.38}$$

开关管电流峰值为

$$I_{\text{s.max}} = \frac{1}{n}I_{\text{L.max}} = \frac{I_{\text{o}}}{n} + \frac{(v_{\text{g}} - nv_{\text{o}})v_{\text{o}}}{2nLv_{\text{g}}}T \tag{3.39}$$

考虑留有一定的裕量,开关管额定电流选为 $(1.5 \sim 2)I_{\text{s.max}}$。

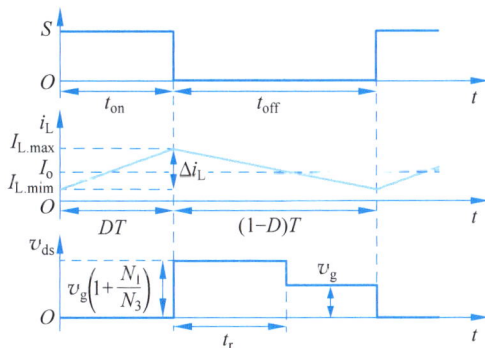

图 3.15　CCM 正激变换器电感电流和开关管漏源电压波形

一个开关周期内,CCM 正激变换器的开关管漏源电压波形 $v_{\text{ds}}$,如图 3.15 所示。由图 3.15 可知,开关管最大漏源电压为

$$v_{\text{ds.max}} = v_{\text{g}}\left(1 + \frac{N_3}{N_1}\right) \tag{3.40}$$

考虑留有一定的裕量,开关管额定电压选为 $(2 \sim 3)v_{\text{ds.max}}$。

2）二极管选择

在一个开关周期内，CCM 正激变换器的二极管电流波形 $i_D$ 如图 3.16 所示。由图 3.16 可知，流过二极管的电流最大值为电感电流峰值，即

$$I_{\mathrm{VD.max}} = I_{\mathrm{L.max}} = I_o + \frac{(v_g - nv_o)v_o}{2Lv_g}T \tag{3.41}$$

考虑留有一定的裕量，二极管额定电流选为 $(1.5 \sim 2)I_{\mathrm{L.max}}$。

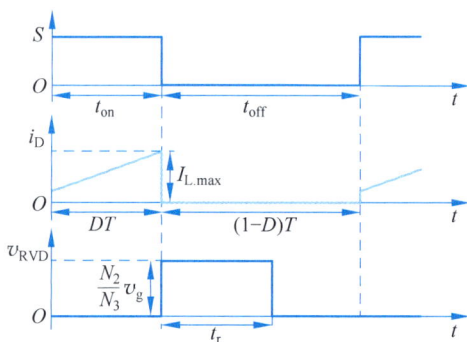

图 3.16　CCM 正激变换器二极管电流和电压波形

二极管正向导通电压一般比较小，忽略不计，考虑二极管承受的反向电压。在一个开关周期内，CCM 正激变换器的二极管电压波形 $v_{\mathrm{RVD}}$ 如图 3.16 所示。由图 3.16 可知，工作模态 Ⅱ 时，二极管承受最大反向电压，有

$$v_{\mathrm{RVD.max}} = \frac{N_2}{N_3}v_g \tag{3.42}$$

考虑留有一定的裕量，二极管额定电压选为 $(2 \sim 3)v_{\mathrm{RVD.max}}$。

# 3.3　推挽变换器

## 3.3.1　电路拓扑

推挽变换器由正激变换器推衍而来，其电路拓扑如图 3.17 所示，由输入电源 $v_g$、变压器 T、开关管 $S_1$ 和 $S_2$、开关管的反并联二极管 $VD_1$ 和 $VD_2$、整流二极管 $VD_3$ 和 $VD_4$、电感 $L$、电容 $C$ 和负载电阻 $R$ 构成。其中，变压器 T 包含原边绕组 $N_{p1}$ 和 $N_{p2}$、副边绕组 $N_{s1}$ 和 $N_{s2}$。在 $S_1$ 和 $S_2$ 关断期间，变压器的剩磁能量释放，通过原边绕组 $N_{p1}$ 和开关管 $S_1$ 的反并联二极管 $VD_1$ 馈送到电源，并通过副边绕组 $N_{s1}$ 和整流二极管 $VD_3$ 馈送到负载；或者通过原边绕组 $N_{p2}$ 和开关管 $S_2$ 的反并联二极管 $VD_2$ 馈送到电源，并通过副边绕组 $N_{s2}$ 和整流二极管 $VD_4$ 馈送到负载。

推挽变换器的开关管 $S_1$ 和 $S_2$ 如果同时处于导通状态，等同于变压器 T 原边绕组短路。因此，必须避免开关管 $S_1$ 和 $S_2$ 同时导通而造成短路损坏，则 $S_1$ 和 $S_2$ 的驱动信号占空比均不能超过 50%，并留有裕量，相位相差 180°。推挽变换器输入回路中仅有 1 个开关的通态压降，产生的通态损耗小，这对输入电压较低的电源十分有利。由于开关管承受高于

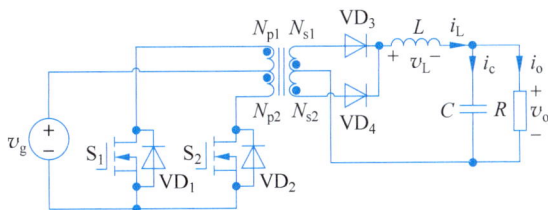

图 3.17　推挽变换器电路拓扑

两倍的输入电压,因此,推挽变换器多用于低输入电压的开关电源,功率范围为几百瓦至几千瓦。

### 3.3.2　CCM 推挽变换器工作原理

为便于分析,假设变压器 T 为理想变压器,忽略变压器剩磁复位时间。如图 3.18 所示,在一个开关周期内,CCM 推挽变换器有工作模态I～工作模态IV,其工作波形如图 3.19 所示。由图 3.18 和图 3.19 可知,

(1)工作模态 I:$S_1$ 和 $VD_3$ 导通,$S_2$ 和 $VD_4$ 关断,输入电压 $v_g$ 施加在变压器 T 原边绕组 $N_{p1}$ 两端,所有绕组"·"端电压极性为负,二极管 $VD_1$、$VD_2$ 和 $VD_4$ 截止,$VD_3$ 导通。由于变压器耦合作用,$S_2$ 漏源电压 $v_{ds2}=2v_g$。副边绕组 $N_{s1}$、二极管 $VD_3$、电感 $L$ 与负载构成回路,供电给负载;电感 $L$ 储能,电感电流 $i_L$ 线性上升。二极管 $VD_3$ 电流 $i_{D3}$ 与电感电流 $i_L$ 一致。

(2)工作模态 II:$S_1$ 和 $S_2$ 关断,$VD_3$ 和 $VD_4$ 导通,开关管 $S_1$ 和 $S_2$ 漏源电压 $v_{ds1}=v_{ds2}=v_g$。电感 $L$ 通过副边绕组和二极管 $VD_3$、$VD_4$ 续流,电感 $L$ 释放能量,电感电流 $i_L$ 线性下降。二极管 $VD_3$ 与 $VD_4$ 电流均为电感电流 $i_L$ 的一半。

(3)工作模态 III:$S_2$ 和 $VD_4$ 导通,$S_1$ 和 $VD_3$ 关断,输入电压 $v_g$ 施加在变压器 T 原边绕组 $N_{p2}$ 两端,所有绕组"·"端电压极性为正,二极管 $VD_1$、$VD_2$ 和 $VD_3$ 截止,$VD_4$ 导通。由于变压器耦合作用,$S_1$ 漏源电压 $v_{ds1}=2v_g$。副边绕组 $N_{s2}$、二极管 $VD_4$、电感 $L$ 与负载构成回路,供电给负载;电感 $L$ 储能,电感电流 $i_L$ 线性上升。二极管 $VD_4$ 电流 $i_{D4}$ 与电感电流 $i_L$ 一致。

(4)工作模态 IV:$S_1$ 和 $S_2$ 关断,$VD_3$ 和 $VD_4$ 导通,CCM 推挽变换器在工作模态 IV 和工作模态 II 的工作原理一致。

假设变压器原边绕组 $N_{p1}=N_{p2}=N_p$,副边绕组 $N_{s1}=N_{s2}=N_s$,忽略损耗和剩磁复位时间,则:在工作模态 I 中,原边绕组 $N_{p1}$ 两端电压 $v_{p1}=-v_g$,副边绕组 $N_{s1}$ 两端电压 $v_{s1}=(N_s/N_p)v_g$,电感 $L$ 两端电压 $v_L=(N_s/N_p)v_g-v_o$。在工作模态 II 中,电感 $L$ 两端电压 $v_L=-v_o$。

如图 3.19 所示,在前半个周期内,开关管 $S_1$ 的导通时间为 $t_{on}=D_1T/2$,关断时间为 $t_{off}=(1-D_1)T/2$,开关管的占空比需满足 $0<D_1<0.5$。

由电感伏秒平衡原理可知,在前半个开关周期内,电感电压平均值为 0,即

$$\left(\frac{N_s}{N_p}v_g-v_o\right)D_1-v_o(1-D_1)=0 \tag{3.43}$$

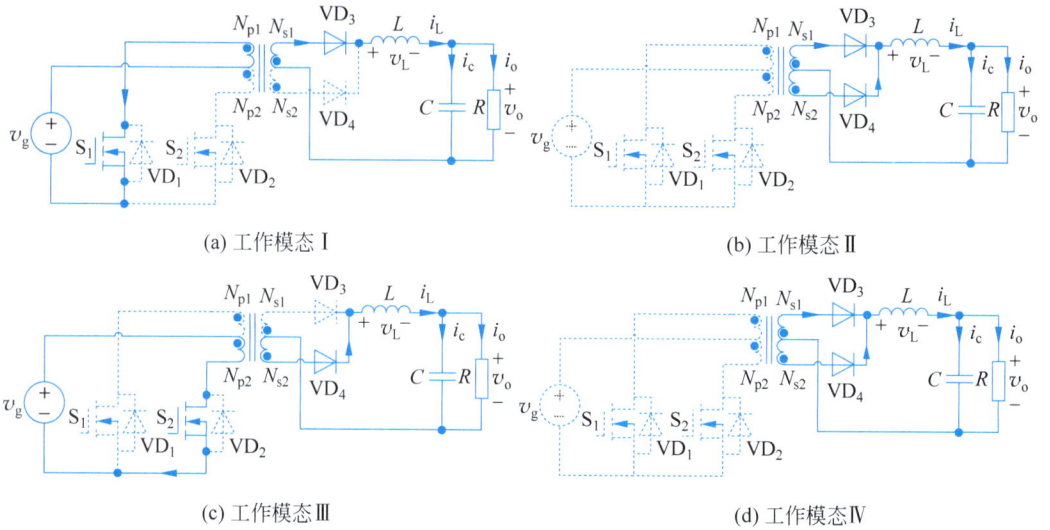

图 3.18　CCM 推挽变换器工作模态

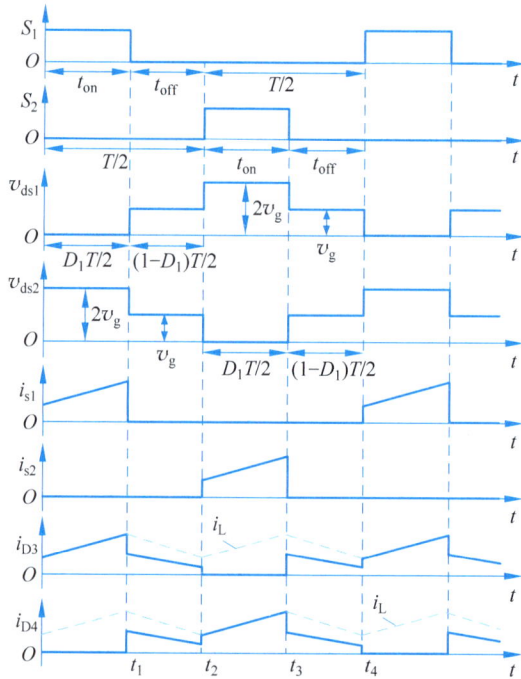

图 3.19　CCM 推挽变换器工作波形

其中，$D_1=\dfrac{t_{on}}{T/2}=2D$，$D$ 为开关管 $S_1$ 在一个开关周期的导通占空比。

化简式(3.43)，可得 CCM 推挽变换器的电压增益为

$$M=\frac{v_o}{v_g}=\frac{2N_s}{N_p}\cdot D \tag{3.44}$$

式(3.44)表明，CCM 推挽变换器的电压增益是 CCM 正激变换器的 2 倍；在相同输入条件下，其输出电压是 CCM 正激变换器的 2 倍。

### 3.3.3　DCM 推挽变换器工作原理

如图 3.20 所示,在一个开关周期内,DCM 推挽变换器有工作模态 Ⅰ～工作模态 Ⅵ,其工作波形如图 3.21 所示。

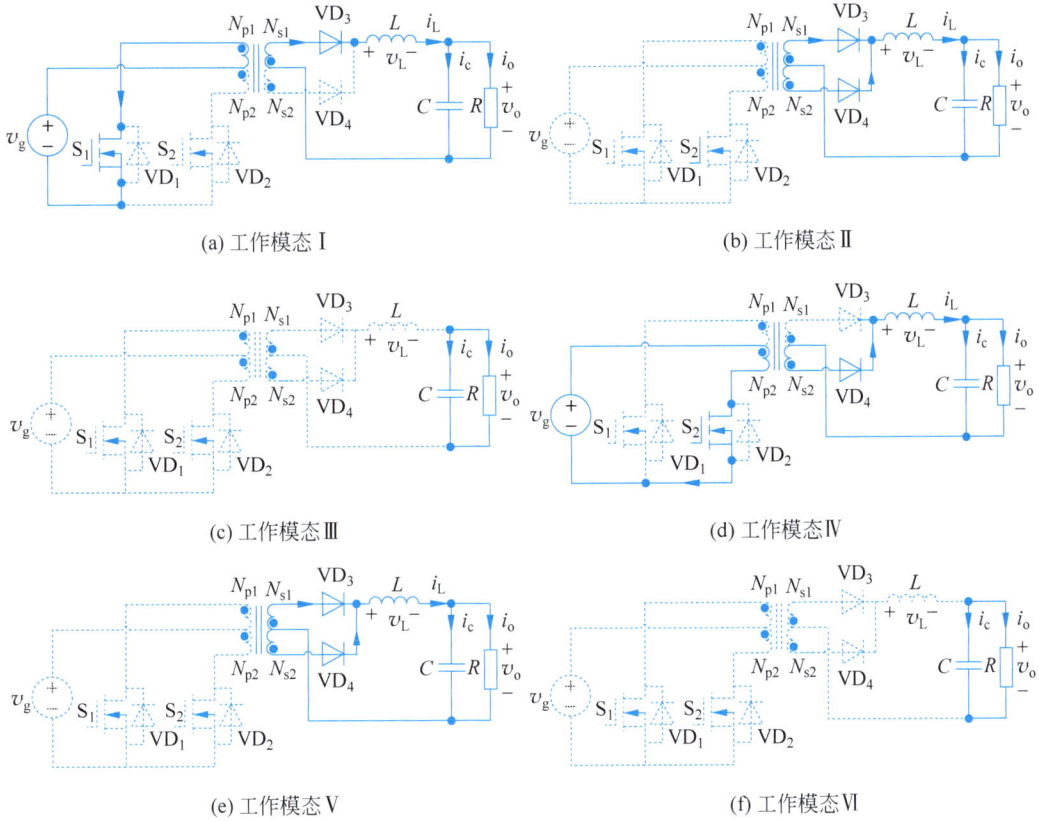

(a) 工作模态 Ⅰ　　　　　　　　　　　(b) 工作模态 Ⅱ

(c) 工作模态 Ⅲ　　　　　　　　　　　(d) 工作模态 Ⅳ

(e) 工作模态 Ⅴ　　　　　　　　　　　(f) 工作模态 Ⅵ

图 3.20　DCM 推挽变换器工作模态

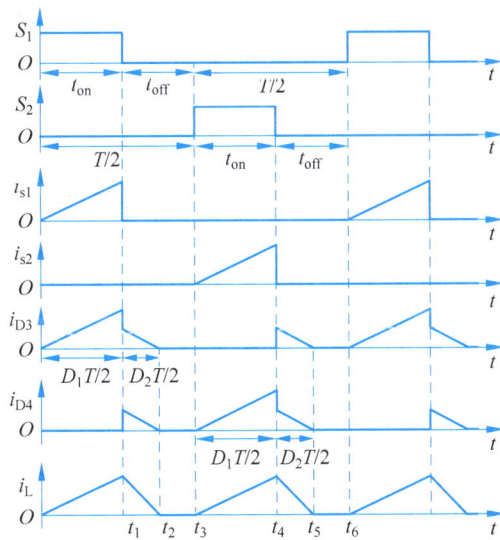

图 3.21　DCM 推挽变换器工作波形

工作模式Ⅰ、工作模式Ⅱ、工作模式Ⅳ和工作模式Ⅴ的工作原理与 CCM 推挽变换器一致。在工作模式Ⅱ结束时刻,电感 $L$ 能量完全释放,即电感电流 $i_L$ 下降至 0,DCM 推挽变换器进入工作模式Ⅲ。此时,$VD_3$ 和 $VD_4$ 均关断,二极管 $VD_3$ 电流 $i_{D3}$ 与二极管 $VD_4$ 电流 $i_{D4}$ 也均为 0,电容 $C$ 向负载供电。在工作模式Ⅴ结束时刻,电感 $L$ 能量再次完全释放,DCM 推挽变换器进入工作模式Ⅵ。此时,工作模式Ⅵ的工作原理与工作模式Ⅲ一致。

如图 3.21 所示,在前半个开关周期内,工作模式Ⅰ持续时间,即电感电流 $i_L$ 上升阶段时间为 $D_1 T/2$,$D_1$ 为开关管 $S_1$ 在半个开关周期的导通占空比;工作模式Ⅱ持续时间,即电感电流 $i_L$ 下降阶段时间为 $D_2 T/2$;工作模式Ⅲ持续时间,即电感电流零阶段时间为 $(1-D_1-D_2)T/2$。

由电感伏秒平衡原理可得

$$\left(\frac{N_s}{N_p}v_g - v_o\right)D_1 - v_o D_2 = 0 \tag{3.45}$$

化简式(3.45),得到 DCM 推挽变换器的电压增益为

$$M = \frac{v_o}{v_g} = \frac{N_s}{N_p} \cdot \frac{D_1}{D_1 + D_2} \tag{3.46}$$

如图 3.17 所示,在电感 $L$、电容 $C$ 和负载电阻 $R$ 相交的节点处,由基尔霍夫电流定律可知,电感电流平均值等于输出电流平均值与电容电流平均值的和,即 $\bar{i}_L = \bar{i}_o + \bar{i}_c$。

由安秒平衡原理可知 $\bar{i}_c = 0$,则

$$\bar{i}_L = \bar{i}_o \tag{3.47}$$

采用面积平均法,对图 3.21 中的电感电流求平均值得

$$\bar{i}_L = \frac{2}{T}\left[\frac{1}{2} \cdot \frac{(D_1 + D_2)T}{2} \cdot \frac{\left(\frac{N_s}{N_p}v_g - v_o\right)D_1 T}{2L}\right] \tag{3.48}$$

又因为

$$\bar{i}_o = \frac{v_o}{R} \tag{3.49}$$

联立式(3.46)~式(3.49)可得

$$D_2^2 + D_1 D_2 - \frac{4L}{RT} = 0 \tag{3.50}$$

解式(3.50)可得

$$D_2 = \frac{\sqrt{D_1^2 + 4K} - D_1}{2} \tag{3.51}$$

其中,$K = \frac{4L}{RT}$。

将式(3.51)代入式(3.46),得到 DCM 推挽变换器的电压增益为

$$\frac{v_o}{v_g} = \frac{N_s}{N_p} \cdot \frac{2}{1 + \sqrt{1 + 4K/D_1^2}} \tag{3.52}$$

# 3.4 全桥变换器

## 3.4.1 电路拓扑

全桥变换器由双管正激变换器推衍而来,其电路拓扑如图 3.22 所示,由输入电源 $v_g$、变压器 T、开关管 $S_1 \sim S_4$、整流二极管 $VD_1 \sim VD_4$、电感 $L$、电容 $C$ 和负载电阻 $R$ 构成。其中,变压器 T 包含原边绕组 $N_1$ 和副边绕组 $N_2$。开关管 $S_1$ 和 $S_4$ 的驱动信号相位相同,开关管 $S_2$ 和 $S_3$ 的驱动信号相位相同,两组驱动信号相位相差 $180°$。为避免同一桥臂上下两个开关管 $S_1$、$S_2$ 或 $S_3$、$S_4$ 在换流过程中直通短路,每个开关管的导通时间均不能超过开关周期的 $50\%$,并留有裕量。

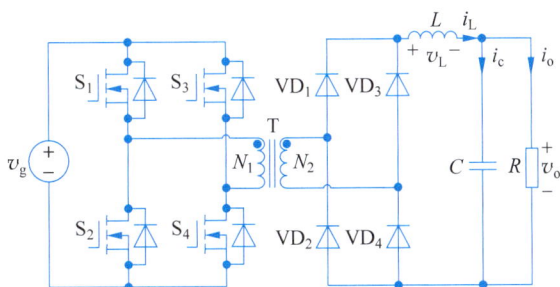

图 3.22 全桥变换器电路拓扑

全桥变换器工作在交错的半周,开关管 $S_1$ 和 $S_4$ 同时导通时(或开关管 $S_2$ 和 $S_3$ 同时导通时),变压器原边磁通在其中半周沿磁滞回线上移,在另外半周沿磁滞回线反极性下移,从而使变压器得到充分利用。全桥变换器的变压器双向励磁,容易达到大功率,广泛用于数百瓦至数百千瓦的大功率开关电源。

## 3.4.2 CCM 全桥变换器工作原理

如图 3.23 所示,在一个开关周期内,CCM 全桥变换器有工作模式 Ⅰ ～工作模式 Ⅳ,其工作波形如图 3.24 所示。在图 3.24 中,$D_1$ 为开关管 $S_1$ 和 $S_4$ 在半个开关周期的导通占空比,$D_1$ 满足 $0 < D_1 < 0.5$。由图 3.23 和图 3.24 可知,

(1) 工作模式 Ⅰ:$S_1$ 和 $S_4$ 导通,$S_2$ 和 $S_3$ 关断,输入电压 $v_g$ 施加在变压器 T 原边绕组 $N_1$ 两端,$N_1$ 两端电压 $v_1 = v_g$,极性上正下负;开关管 $S_1$ 电流 $i_{s1}$ 和开关管 $S_4$ 电流 $i_{s4}$ 同 $N_1$ 绕组电流,线性上升;开关管 $S_2$ 和 $S_3$ 漏源电压 $v_{ds2} = v_{ds3} = v_g$。副边绕组 $N_2$ 两端电压 $v_2 = \dfrac{N_2}{N_1} v_g$,极性上正下负,副边二极管 $VD_2$ 和 $VD_3$ 反向截止,$VD_1$ 和 $VD_4$ 导通;变压器副边绕组 $N_2$、二极管 $VD_1$ 和 $VD_4$、电感 $L$ 与负载构成回路,供电给负载;电感 $L$ 储能,电感电流 $i_L$ 线性上升,电感电压 $v_L = \dfrac{N_2}{N_1} v_g - v_o$;二极管 $VD_1$ 电流 $i_{D1}$ 和二极管 $VD_4$ 电流 $i_{D4}$ 与 $i_L$ 一致。

(2) 工作模式 Ⅱ:$S_1 \sim S_4$ 关断,$N_1$ 绕组电流为 0,$N_1$ 两端电压 $v_1 = 0$,$S_1 \sim S_4$ 漏源电

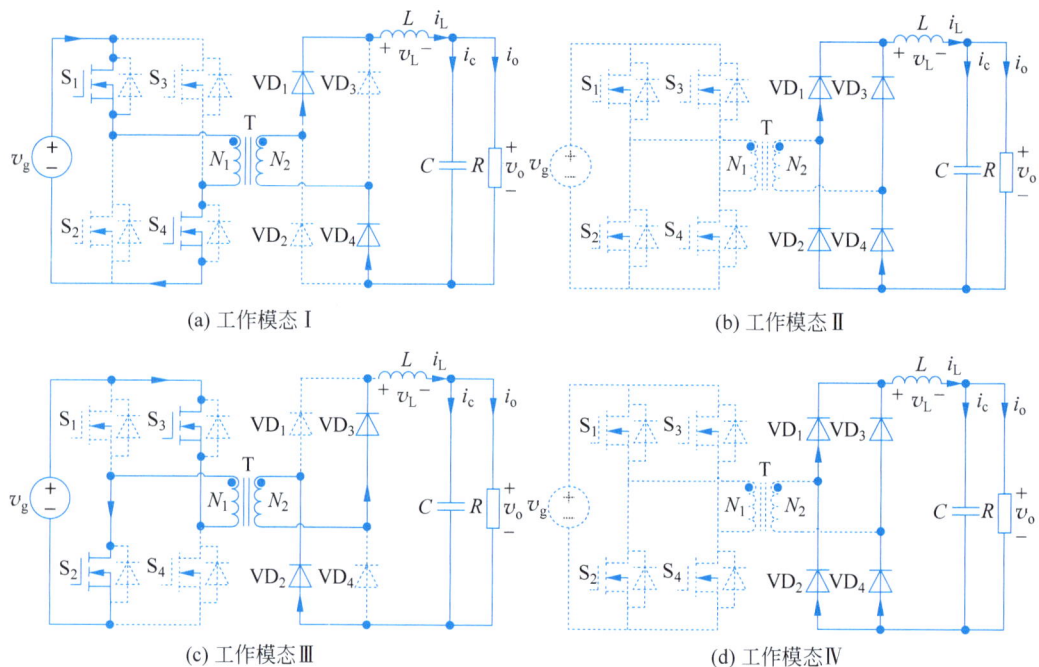

(a) 工作模态 Ⅰ      (b) 工作模态 Ⅱ

(c) 工作模态 Ⅲ      (d) 工作模态 Ⅳ

图 3.23   CCM 全桥变换器工作模态

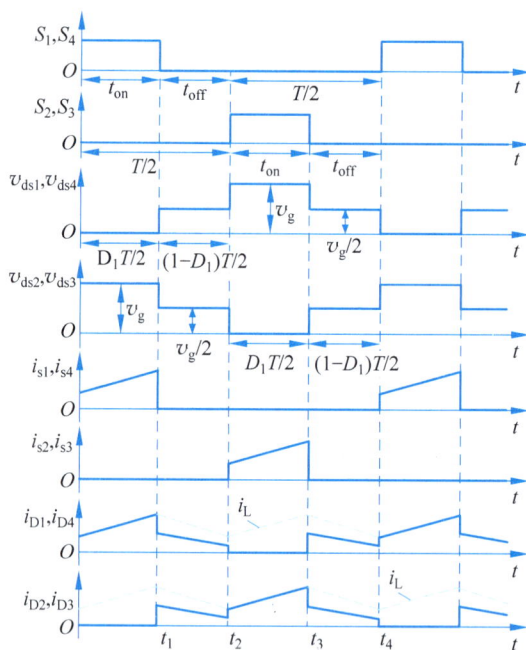

图 3.24   CCM 全桥变换器工作波形

压均为 $v_g/2$。电感 $L$ 通过二极管 $VD_1 \sim VD_4$ 续流,供电给负载;电感 $L$ 释放能量,电感电流 $i_L$ 线性下降,电感电压 $v_L = -v_o$;二极管 $VD_1 \sim VD_4$ 电流均为电感电流 $i_L$ 的一半。

（3）工作模态Ⅲ：$S_2$ 和 $S_3$ 导通,$S_1$ 和 $S_4$ 关断,输入电压 $v_g$ 施加在变压器 T 原边绕组 $N_1$ 两端,$N_1$ 两端电压 $v_1 = -v_g$,极性上负下正;开关管 $S_2$ 电流 $i_{s2}$ 和开关管 $S_3$ 电流 $i_{s3}$

同 $N_1$ 绕组电流,线性上升;开关管 $S_1$ 和 $S_4$ 漏源电压 $v_{ds1} = v_{ds4} = v_g$。副边绕组 $N_2$ 两端电压 $v_2 = -\dfrac{N_2}{N_1} v_g$,极性上负下正,副边二极管 $VD_1$ 和 $VD_4$ 反向截止,$VD_2$ 和 $VD_3$ 导通;变压器副边绕组 $N_2$、二极管 $VD_2$ 和 $VD_3$、电感 $L$ 与负载构成回路,供电给负载;电感 $L$ 储能,电感电流 $i_L$ 线性上升,电感电压 $v_L = \dfrac{N_2}{N_1} v_g - v_o$;二极管 $VD_2$ 电流 $i_{D2}$ 和二极管 $VD_3$ 电流 $i_{D3}$ 与 $i_L$ 一致。

(4) 工作模态Ⅳ:$S_1 \sim S_4$ 关断,CCM 全桥变换器工作模态Ⅳ和工作模态Ⅱ的工作原理一致。

若 $S_1$、$S_4$ 与 $S_2$、$S_3$ 的导通时间不对称,则逆变后的交流电压中将含有直流分量,会在变压器一次侧产生很大的直流电流分量,可能造成磁路饱和。因此全桥变换器可以在原边回路中串联一个电容,以阻断直流电流。

忽略电路损耗,在稳态条件下,由电感伏秒平衡原理可得

$$\left( \frac{N_2}{N_1} v_g - v_o \right) D_1 - v_o(1 - D_1) = 0 \tag{3.53}$$

其中,$D_1 = \dfrac{t_{on}}{T/2} = 2D$,$D$ 为开关管 $S_1$ 和 $S_4$ 在一个开关周期的导通占空比。

化简式(3.53),可得 CCM 全桥变换器的电压增益为

$$M = \frac{v_o}{v_g} = \frac{N_2}{N_1} D_1 = \frac{2N_2}{N_1} \cdot D \tag{3.54}$$

### 3.4.3　DCM 全桥变换器工作原理

如图 3.25 所示,在一个开关周期内,DCM 全桥变换器有工作模态Ⅰ～工作模态Ⅵ,其工作波形如图 3.26 所示。

工作模态Ⅰ、工作模态Ⅱ、工作模态Ⅳ和工作模态Ⅴ的工作原理与 CCM 全桥变换器一致。工作模态Ⅱ结束时刻,电感 $L$ 能量完全释放,即电感电流 $i_L$ 下降至零,DCM 全桥变换器进入工作模态Ⅲ。工作模态Ⅲ中,$S_1 \sim S_4$ 及 $VD_1 \sim VD_4$ 均关断,电感电流 $i_L$ 保持零值,只有电容 $C$ 向负载 $R$ 提供能量。工作模态Ⅴ结束时刻,电感 $L$ 能量再次完全释放,DCM 全桥变换器进入工作模态Ⅵ。工作模态Ⅵ的工作原理与工作模态Ⅲ一致。

如图 3.26 所示,在前半个开关周期内,工作模态Ⅰ持续时间,即电感电流 $i_L$ 上升阶段时间为 $D_1 T/2$,$D_1$ 为开关管 $S_1$ 和 $S_4$ 在半个开关周期的导通占空比;工作模态Ⅱ持续时间,即电感电流 $i_L$ 下降阶段时间为 $D_2 T/2$;工作模态Ⅲ持续时间,即电感电流零阶段时间为 $(1 - D_1 - D_2)T/2$。

由电感伏秒平衡原理可得

$$\left( \frac{N_2}{N_1} v_g - v_o \right) D_1 - v_o D_2 = 0 \tag{3.55}$$

化简式(3.55),可得 DCM 全桥变换器的电压增益为

$$M = \frac{v_o}{v_g} = \frac{N_2}{N_1} \cdot \frac{D_1}{D_1 + D_2} \tag{3.56}$$

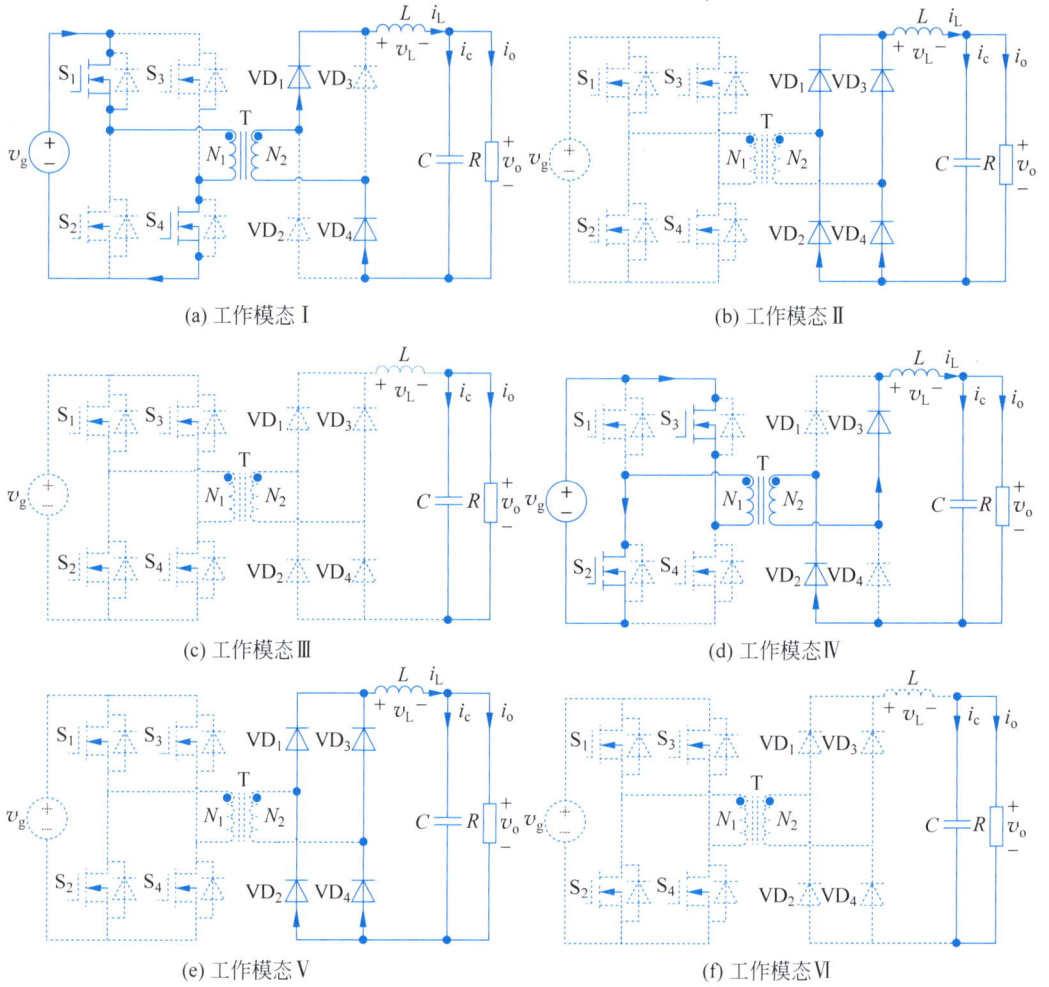

(a) 工作模态 I

(b) 工作模态 II

(c) 工作模态 III

(d) 工作模态 IV

(e) 工作模态 V

(f) 工作模态 VI

图 3.25　DCM 全桥变换器工作模态

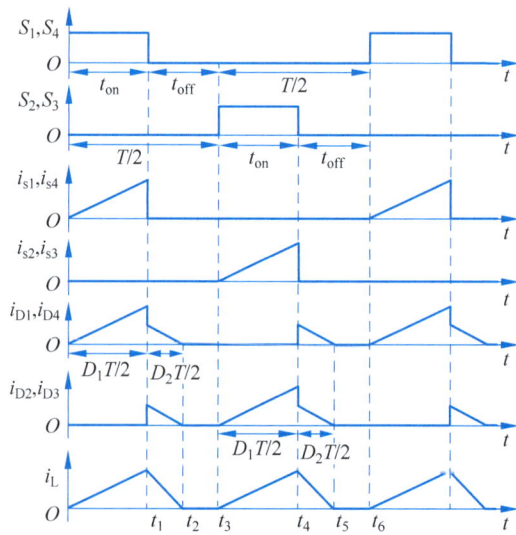

图 3.26　DCM 全桥变换器工作波形

如图 3.22 所示，在电感 $L$、电容 $C$ 和负载电阻 $R$ 相交的节点处，由基尔霍夫电流定律可知，电感电流平均值等于输出电流平均值与电容电流平均值的和，即：$\bar{i}_L = \bar{i}_o + \bar{i}_c$。由安秒平衡原理可知 $\bar{i}_c = 0$，则 $\bar{i}_L = \bar{i}_o$。

采用面积平均法，对图 3.26 中的电感电流求平均值得

$$\bar{i}_L = \frac{2}{T}\left[\frac{1}{2}\cdot\frac{(D_1+D_2)T}{2}\cdot\frac{\left(\frac{N_2}{N_1}v_g - v_o\right)D_1 T}{2L}\right] \tag{3.57}$$

又因为

$$\bar{i}_o = \frac{v_o}{R} \tag{3.58}$$

联立式(3.56)~式(3.58)可得

$$D_2^2 + D_1 D_2 - \frac{4L}{RT} = 0 \tag{3.59}$$

解式(3.59)可得

$$D_2 = \frac{\sqrt{D_1^2 + 4K} - D_1}{2} \tag{3.60}$$

其中，$K = \dfrac{4L}{RT}$。

式(3.60)代入式(3.56)，得到 DCM 全桥变换器的电压增益为

$$\frac{v_o}{v_g} = \frac{N_2}{N_1}\cdot\frac{2}{1+\sqrt{1+4K/D_1^2}} \tag{3.61}$$

## 3.5 半桥变换器

### 3.5.1 电路拓扑

半桥变换器电路拓扑如图 3.27 所示，由输入电源 $v_g$、开关管 $S_1$ 和 $S_2$、分压电容 $C_1$ 和 $C_2$、含中心抽头的变压器 T、整流二极管 $VD_1$ 和 $VD_2$、电感 $L$、滤波电容 $C$ 和负载电阻 $R$ 构成。变压器 T 包含原边绕组 $N_p$，副边绕组 $N_{s1}$ 和 $N_{s2}$，$N_p$ 两端分别连接开关管 $S_1$、$S_2$ 间的连接点和分压电容 $C_1$、$C_2$ 间的连接点，变压器副边电路结构类似于推挽变换器。

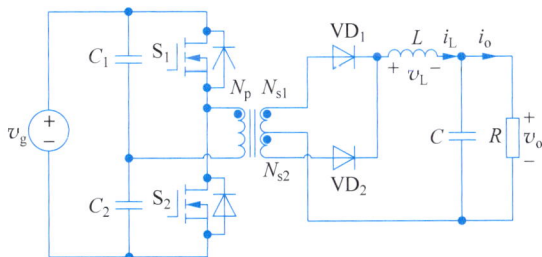

图 3.27 半桥变换器电路拓扑

在半桥变换器中,分压电容 $C_1$ 和 $C_2$ 的容量相等,电压分别为 $v_g/2$。由于开关管 $S_1$ 和 $S_2$ 交替导通,变压器原边产生幅值为 $v_g/2$ 的交流电压。通过调整开关管驱动信号的占空比,改变变压器副边整流电压的平均值,进而调节输出电压 $v_o$。开关管 $S_1$ 和 $S_2$ 导通时间不对称,会造成变压器原边含有直流分量。半桥变换器由于分压电容 $C_1$ 和 $C_2$ 的隔直作用,能阻断直流分量,不易发生变压器偏磁和直流饱和。此外,为避免开关管 $S_1$、$S_2$ 在换流过程中直通短路,每个开关管的导通时间均不能超过开关周期的 50%,并留有裕量。

半桥变换器的变压器双向励磁、利用率高,且开关器件较少、成本较低,可用于成本要求较苛刻场合,广泛用于功率为数百瓦至数千瓦的开关电源。

### 3.5.2　CCM 半桥变换器工作原理

如图 3.28 所示,在一个开关周期内,CCM 半桥变换器有工作模式Ⅰ~工作模式Ⅳ,其工作波形如图 3.29 所示。在图 3.29 中,$D_1$ 为开关管 $S_1$ 在半个开关周期的导通占空比,$D_1$ 满足 $0 < D_1 < 0.5$。由图 3.28 和图 3.29 可知,

(1) 工作模式Ⅰ:$S_1$ 和 $VD_1$ 导通,$S_2$ 和 $VD_2$ 关断,分压电容 $C_1$ 电压 $v_g/2$ 施加在变压器 T 原边绕组 $N_p$ 两端,$N_p$ 两端电压 $v_p = v_g/2$,极性上正下负;开关管 $S_1$ 电流 $i_{s1}$ 同 $N_p$ 绕组电流,线性上升;开关管 $S_2$ 漏源电压 $v_{ds2} = v_g$。变压器原边绕组 $N_p$ 与副边绕组 $N_{s1}$、$N_{s2}$ 互为同名端,$N_{s1}$、$N_{s2}$ 两端电压极性均为上正下负,副边二极管 $VD_2$ 反向截止,$VD_1$ 正向导通;副边绕组 $N_{s1}$、二极管 $VD_1$、电感 $L$ 与负载构成回路,供电给负载;电感 $L$ 储能,电感电流 $i_L$ 线性上升,电感电压 $v_L = \dfrac{N_s}{2N_p}v_g - v_o$,其中,$N_s = N_{s1} = N_{s2}$;二极管 $VD_1$ 电流 $i_{D1}$ 与 $i_L$ 一致。

(2) 工作模式Ⅱ:$S_1$ 和 $S_2$ 关断,$VD_1$ 和 $VD_2$ 导通,$N_p$ 绕组电流为 0,$N_p$ 两端电压 $v_p = 0$,开关管 $S_1$ 和 $S_2$ 漏源电压 $v_{ds1} = v_{ds2} = v_g/2$。电感 $L$ 通过二极管 $VD_1$、$VD_2$ 和副边绕组 $N_{s1}$、$N_{s2}$ 续流;电感 $L$ 释放能量,电感电流 $i_L$ 线性下降,电感电压 $v_L = -v_o$;二极管 $VD_1$ 和 $VD_2$ 电流均为电感电流 $i_L$ 的一半。

(3) 工作模式Ⅲ:$S_2$ 和 $VD_2$ 导通,$S_1$ 和 $VD_1$ 关断,分压电容 $C_2$ 电压 $v_g/2$ 施加在变压器 T 原边绕组 $N_p$ 两端,$N_p$ 两端电压 $v_p = -v_g/2$,极性上负下正;开关管 $S_2$ 电流 $i_{s2}$ 同 $N_p$ 绕组电流,逐渐上升;开关管 $S_1$ 漏源电压 $v_{ds1} = v_g$。副边绕组 $N_{s1}$、$N_{s2}$ 两端电压极性均为上负下正,副边二极管 $VD_1$ 反向截止,$VD_2$ 正向导通。副边绕组 $N_{s2}$、二极管 $VD_2$、电感 $L$ 与负载构成回路,供电给负载;电感 $L$ 储能,电感电流 $i_L$ 线性上升,电感电压 $v_L = \dfrac{N_s}{2N_p}v_g - v_o$;二极管 $VD_2$ 电流 $i_{D2}$ 与 $i_L$ 一致。

(4) 工作模式Ⅳ:$S_1$ 和 $S_2$ 关断,$VD_1$ 和 $VD_2$ 导通,CCM 半桥变换器工作模式Ⅳ和工作模式Ⅱ的工作原理一致。

忽略电路损耗,在稳态条件下,由电感伏秒平衡原理可得

$$\left(\frac{N_s}{2N_p}v_g - v_o\right)D_1 - v_o(1 - D_1) = 0 \tag{3.62}$$

其中,$D_1 = \dfrac{t_{on}}{T/2} = 2D$,$D$ 为开关管 $S_1$ 在一个开关周期的导通占空比。

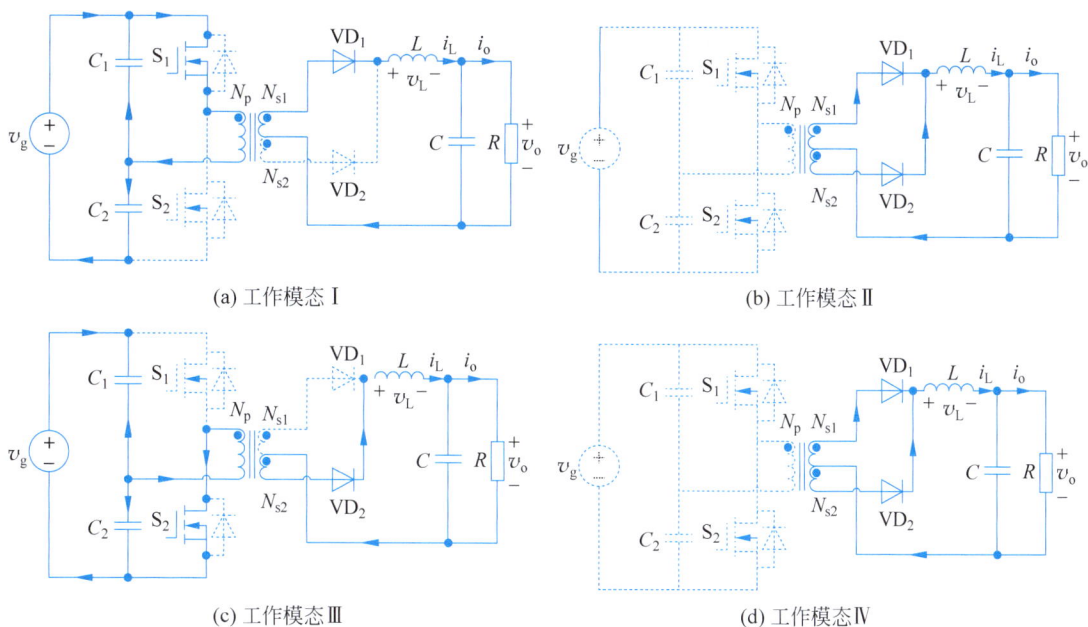

(a) 工作模态 I

(b) 工作模态 II

(c) 工作模态 III

(d) 工作模态 IV

图 3.28　CCM 半桥变换器工作模态

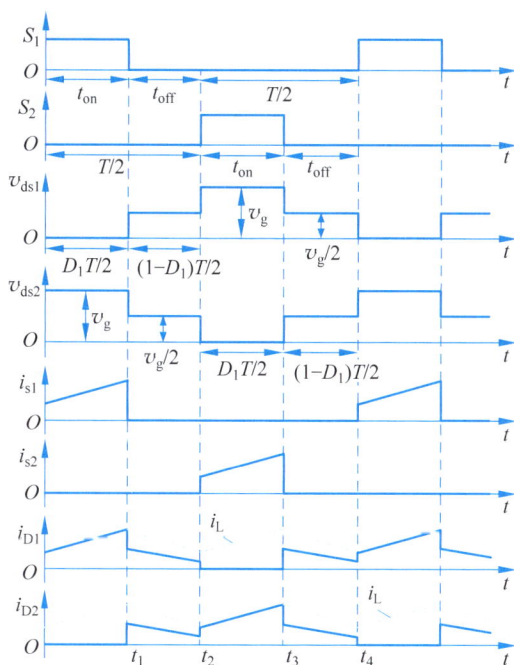

图 3.29　CCM 半桥变换器工作波形

化简式(3.62)，可得 CCM 半桥变换器的电压增益为

$$M = \frac{v_o}{v_g} = \frac{N_s}{2N_p}D_1 = \frac{N_s}{N_p} \cdot D \tag{3.63}$$

式(3.63)表明，连续导电模式下，半桥变换器的电压增益是推挽变换器和全桥变换器的 1/2；相同输入条件下，其输出电压是推挽变换器和全桥变换器输出电压的 1/2。

### 3.5.3 DCM 半桥变换器工作原理

如图 3.30 所示,在一个开关周期内,DCM 半桥变换器有工作模态 I ~ 工作模态 VI,其工作波形如图 3.31 所示。

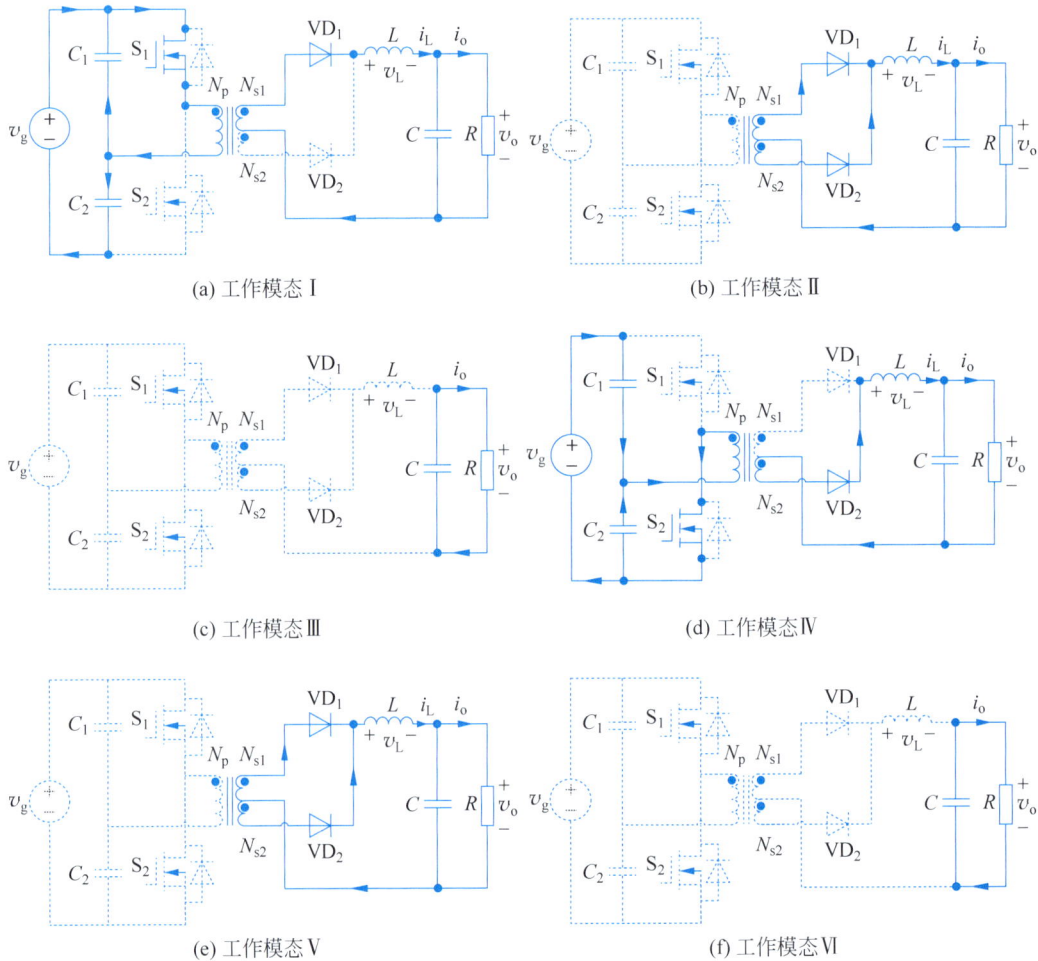

(a) 工作模态 I

(b) 工作模态 II

(c) 工作模态 III

(d) 工作模态 IV

(e) 工作模态 V

(f) 工作模态 VI

**图 3.30　DCM 半桥变换器工作模态**

工作模态 I、工作模态 II、工作模态 IV 和工作模态 V 的工作原理与 CCM 半桥变换器一致。工作模态 II 结束时刻,电感 $L$ 能量完全释放,即电感电流 $i_L$ 下降至 0,DCM 半桥变换器进入工作模态 III。工作模态 III 中,$S_1$、$S_2$、$VD_1$ 和 $VD_2$ 均关断,电感电流 $i_L$ 保持为 0,只有电容 $C$ 向负载 $R$ 提供能量。工作模态 V 结束时刻,电感 $L$ 能量再次完全释放,DCM 半桥变换器进入工作模态 VI。工作模态 VI 与工作模态 III 的工作原理一致。

如图 3.31 所示,在前半个开关周期内,工作模态 I 持续时间,即电感电流 $i_L$ 上升阶段时间为 $D_1 T/2$,$D_1$ 为开关管 $S_1$ 在半个开关周期的导通占空比;工作模态 II 持续时间,即电感电流 $i_L$ 下降阶段时间为 $D_2 T/2$;工作模态 III 持续时间,即电感电流零阶段时间为 $(1-D_1-D_2)T/2$。

由电感伏秒平衡原理可得

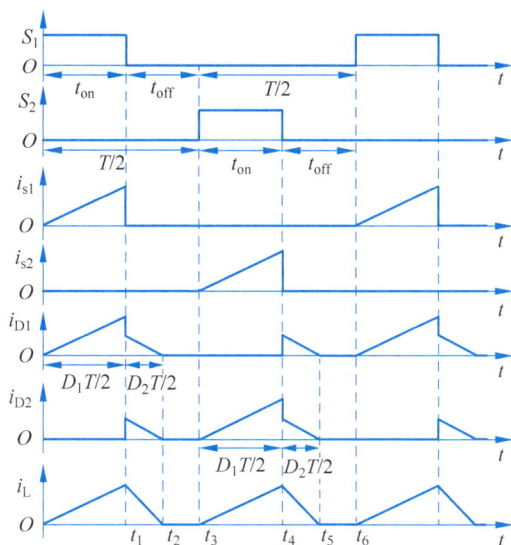

图 3.31　DCM 半桥变换器工作波形

$$\left(\frac{N_s}{2N_p}v_g - v_o\right)D_1 - v_o D_2 = 0 \tag{3.64}$$

化简式(3.64)，得 DCM 半桥变换器的电压增益为

$$M = \frac{v_o}{v_g} = \frac{N_s}{2N_p} \cdot \frac{D_1}{D_1 + D_2} \tag{3.65}$$

与推挽变换器类似，DCM 半桥变换器的电感电流平均值等于输出电流平均值，即：$\overline{i}_L = \overline{i}_o$。

采用面积平均法，对图 3.31 中的电感电流求平均值得

$$\overline{i}_L = \frac{2}{T}\left[\frac{1}{2} \cdot \frac{(D_1 + D_2)T}{2} \cdot \frac{\left(\frac{N_s}{2N_p}v_g - v_o\right)D_1 T}{2L}\right] \tag{3.66}$$

又因为

$$\overline{i}_o = \frac{v_o}{R} \tag{3.67}$$

联立式(3.65)～式(3.67)可得

$$D_2^2 + D_1 D_2 - \frac{4L}{RT} = 0 \tag{3.68}$$

解式(3.68)可得

$$D_2 = \frac{\sqrt{D_1^2 + 4K} - D_1}{2} \tag{3.69}$$

其中，$K = \dfrac{4L}{RT}$。

式(3.69)代入式(3.65)，得到 DCM 半桥变换器的电压增益为

$$\frac{v_o}{v_g}=\frac{N_s}{2N_p}\cdot\frac{2}{1+\sqrt{1+4K/D_1^2}} \tag{3.70}$$

式(3.70)表明,DCM 半桥变换器的电压增益是 DCM 推挽变换器和 DCM 全桥变换器的 1/2。

几种隔离型变换器的对比如表 3.1 所示。

表 3.1　几种隔离型变换器的对比

| 变换器 | 优　点 | 缺　点 | 功率范围 | 应用领域 |
|---|---|---|---|---|
| 反激式 | 电路结构和驱动电路简单,成本低,可靠性高 | 难以达到较大功率,变压器单向励磁,利用率低 | 小于 300W | 小功率和消费电子设备、计算机设备电源等 |
| 正激式 | 电路结构较简单,成本低,可靠性高,驱动电路简单 | 变压器单向励磁,利用率低 | 几百瓦至几千瓦 | 各种中、小功率电源 |
| 推挽式 | 变压器双向励磁,原边电流回路中只有一个开关,通态损耗较小,驱动简单 | 有偏磁问题 | 几百瓦至几千瓦 | 低输入电压电源 |
| 全桥型 | 变压器双向励磁,容易达到大功率 | 结构复杂,成本高,需要复杂的多组隔离驱动电路,有直通和偏磁问题 | 几百瓦至几百千瓦 | 大功率工业用电源、焊接电源、电解电源等 |
| 半桥型 | 变压器双向励磁,无偏磁问题,开关较少,成本低 | 有直通问题,需要复杂的隔离驱动电路 | 几百瓦至几千瓦 | 各种工业用电源、计算机电源等 |

# 3.6　磁性元器件工作特性

## 1. 磁性材料的磁滞回线

图 3.32 所示为磁芯的 $BH$ 磁滞回线,其中 $B$ 为磁感应强度(或磁通密度),$B_s$ 为饱和磁感应强度,$B_r$ 为剩余磁感应强度,$H$ 为磁场强度,$H_s$ 为饱和磁场强度,$H_c$ 为矫顽力。磁滞曲线上要使磁感应强度 $B$ 变为0,必须施加外磁场强度,即矫顽力。磁场强度 $H$ 由正向饱和值 $+H_s$ 向负向饱和值 $-H_s$ 变化时,磁感应强度 $B$ 沿 $S_+$、$B_r$、$-H_c$、$S_-$ 曲线减少;$H$ 由 $-H_s$ 向 $+H_s$ 变化时,$B$ 沿 $S_-$、$-B_r$、$+H_c$、$S_+$ 曲线增加,整个过程构成了磁性材料的磁滞回线。

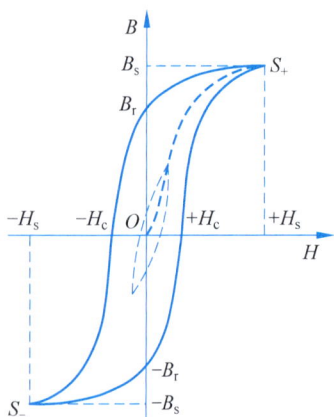

图 3.32　磁芯的磁滞回线

## 2. 磁场强度

设在磁感应强度为 $B$ 的匀强磁场中,有一个面积为 $S$ 且与磁场方向垂直的平面,$B$ 与 $S$ 的乘积为穿过这个平面的磁通量(或磁通),即

$$\phi=BS \tag{3.71}$$

电感或变压器励磁电感产生的磁通与电流 $I$、电感值 $L$ 和匝数 $N$ 有关,具体关系为

$$\phi = NLI \tag{3.72}$$

联立式(3.71)和式(3.72),可得电感的磁感应强度为

$$B = \frac{NLI}{S} \tag{3.73}$$

在电感的磁介质中,磁场强度和磁感应强度有以下关系:

$$H = \frac{B}{\mu_0} - M \tag{3.74}$$

其中,$M = \chi_m H$,$\chi_m$ 为磁化率,$\mu_0$ 为真空磁导率。

联立式(3.73)和式(3.74),可得电感与磁场强度关系为

$$H = \frac{NLI}{(1 + \chi_m)\mu_0 S} \tag{3.75}$$

由式(3.75)可知,电感元器件的磁场强度正比于电感值 $L$ 与电流 $I$ 的乘积,即:当磁性材料对应的磁场强度确定时,若要增大电感值,必须降低工作电流,否则会造成磁感应强度(或磁通)饱和。

### 3. 损耗和磁芯利用率

在交流铁芯线圈中,线圈电阻 $R$ 上的损耗称为铜损,用 $\Delta P_{Cu}$ 表示,且存在如下关系:

$$\Delta P_{Cu} = I^2 R \tag{3.76}$$

其中,$I$ 是线圈电流的有效值。当 $I$ 一定时,$R$ 越大,铜损越大。

交变磁通下的铁芯内的损耗称为铁损,用 $\Delta P_{Fe}$ 表示,由磁滞和涡流产生。磁滞回线面积越大,工作频率越高,铁损越大。

随着磁芯利用率增加,磁化电路增加,线圈的铜损增加;磁芯利用率越大,每个周期磁芯所经过的磁化曲线越长,线圈的铁损越大。因此,磁性元器件设计时,不能随意提高磁芯利用率,需要综合考虑损耗和磁芯利用率之间的关系。

### 4. 磁芯的 3 种工作状态

根据磁芯磁化的不同,将磁芯工作状态分为 3 种:局部磁化(Ⅰ类)、单向磁化(Ⅱ类)和双向磁化(Ⅲ类)。

局部磁化的磁化曲线如图 3.33(a)所示,这类磁芯工作状态由于含有较大的直流分量,因此在磁芯中产生很大的磁场强度 $H$;为了不使磁芯饱和,磁芯的磁导率不应太高。如果采用高磁导率的磁芯,可以通过在磁路中添加气隙减少磁导率。

当变换器工作于电流连续导电模式时,直流偏磁较大,交流分量较小,磁芯工作于局部磁化曲线上,其磁导率是局部磁导率。由于只包围局部磁滞回线,面积小,磁滞损耗和涡流损耗都小。因此,选择尽可能高的饱和磁通密度材料,有利于减少这类磁芯的体积。

属于Ⅰ类工作状态的磁芯有 Buck 变换器、Boost 变换器、Boost-Buck 变换器的电感磁芯,正激变换器、推挽变换器、半桥变换器和全桥变换器的输出滤波电感磁芯,以及反激变换器的变压器磁芯。

单向磁化的磁化曲线如图 3.33(b)所示,这类磁芯工作状态从零磁场强度单方向磁化到磁感应最大值。当磁场减小时,磁芯恢复到零磁场强度对应的磁感应值,并不产生负方向

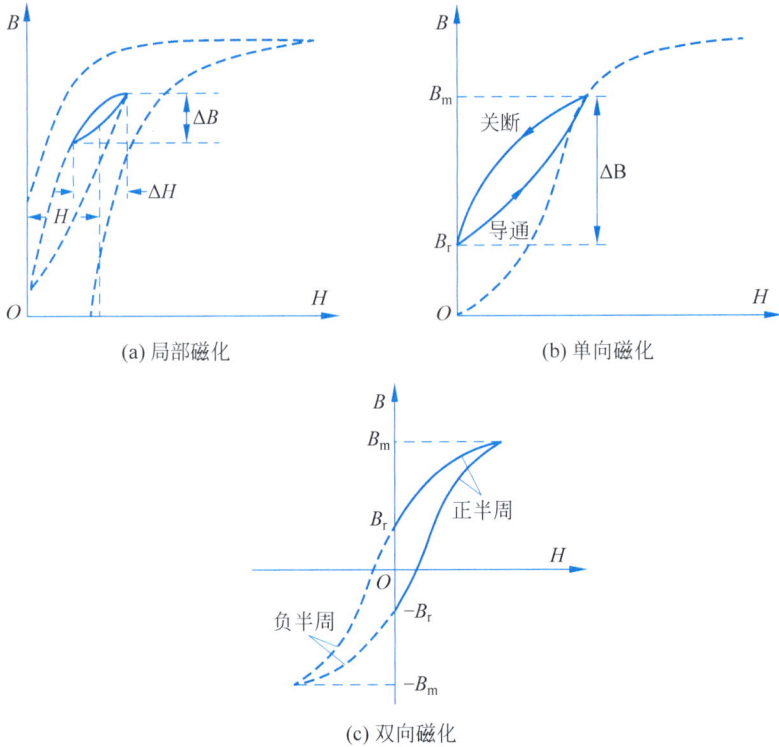

(a) 局部磁化

(b) 单向磁化

(c) 双向磁化

图 3.33　磁芯的 3 种磁化曲线

的磁场强度。如果不能回到导通时的磁芯初始磁化值,那么磁芯将逐渐磁化到饱和磁感应强度 $\pm B_s$。磁芯工作在磁感应强度 $B_m$ 和剩磁感应 $B_r$ 之间,$\Delta B = B_m - B_r$。

　　磁化电流从 0 开始,不参与能量传输,在磁场减小时,还要将其返回电源。如果此电流大,由此引起的线圈铜损和开关管损耗大。因此,应尽可能采用剩余磁感应强度 $B_r$ 小、磁导率高的材料,以减小磁化电流。为了减少开关变换器中变压器或电感的体积,在损耗允许的情况下尽量选择较高的磁感应强度。变压器磁芯常留有一个很小气隙,使得 $B_r$ 大大降低,以增大磁感应强度摆幅。尽管励磁电流有所增加,但提高了 $\Delta B$,减少了磁芯体积。总之,这类磁芯应选择高磁导率、高 $B_s$、低 $B_r$ 的材料。

　　属于 Ⅱ 类工作状态的磁芯有正激变换器的变压器磁芯、脉冲驱动变压器磁芯和直流脉冲电流互感器磁芯等。

　　双向磁化的磁化曲线如图 3.33(c)所示,其磁芯的磁感应强度在 $\pm B_m$ 变化,在半周期内变化 $2B_m$。在损耗允许的情况(低频)下,一般取 $B_m < B_s$。磁芯材料的 $B_s$ 越高,$B_m$ 取值越高,磁芯的体积越小。由于磁芯双向磁化,每个周期磁芯沿整个磁化曲线磁化一次,因此频率越高,磁芯损耗越大。尤其工作于高频时,除了磁滞损耗,磁芯涡流损耗随频率和磁感应强度增加而按指数规律增加,限制了 $B_m$ 的取值。即在高频时,为了使磁芯温度不超过允许值,由允许的磁芯损耗决定磁芯的磁感应强度值,一般 $B_m$ 值远小于 $B_s$。因此高频时,Ⅲ 类与 Ⅱ 类工作状态的磁芯尺寸差别不大。对于大多数材料,在高频(>100kHz)应用中,饱和磁感应强度的大小是无关紧要的。工作在 Ⅲ 类的磁芯材料应具有高电阻率和高 $B_s$,以及低 $B_r$ 或 $H_c$(或两者都小)。此外,为了减少磁芯存储能量,磁芯应当具有尽可能高的磁导率。

　　属于 Ⅲ 类工作状态的磁芯有推挽变换器、半桥变换器、全桥变换器的变压器磁芯。

# 第4章

# 开关变换器控制方法

开关变换器通过调节开关器件的导通占空比以实现输出电压(或输出电流)的调整。为了使开关变换器输出电压(或输出电流)稳定,且不随运行条件(如输入电压或负载等)、电路参数等变化而改变,需要对开关变换器进行控制。根据不同的应用要求和条件,采用不同的控制方法;且每种控制方法都结合了一种调制方法。本章将讨论开关变换器中常用的调制方法和控制方法,并分析它们的原理与特点。

## 4.1 开关变换器调制方法

从定义上讲,调制方法是利用某一种电压或电流波形,控制另一种电压或电流波形发生某种形式的改变。在开关变换器中,为了将输出电压(或输出电流)稳定在期望值(或基准值),需要调整开关管的导通和关断,这种调整开关管导通和关断的方式称为开关变换器的调制方法。

开关变换器的调制方法主要分为脉冲宽度调制(Pulse Width Modulation,PWM)、脉冲频率调制(Pulse Frequency Modulation,PFM)和PWM/PFM混合调制,每种调制方法都有各自的优缺点。下面将详细介绍这3种调制方法。

### 4.1.1 PWM调制

#### 1. PWM调制原理

PWM调制指保持工作频率(或工作周期)恒定,通过改变开关管的导通时间 $t_{on}$ 或关断时间 $t_{off}$ 来改变控制脉冲信号的占空比。图 4.1 所示为变换器稳定工作时的控制脉冲信号 $V_{gs}$ 波形,其中,$T$ 为开关周期,占空比 $D = t_{on}/T$。

图 4.2 所示为 PWM 调制原理框图,开关变换器的输出电压加至误差放大器的反相输入端,基准电压 $V_{ref}$ 加至误差放大器的同相输入端,误差放大器输出放大误差电压 $V_c$ 作为调制波信号加至比较器的正输入端;固定频率的锯齿波信号 $V_{saw}$ 作为载波信号加

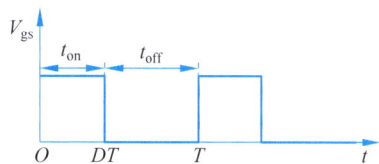

图 4.1 控制脉冲信号波形

至比较器的负输入端。比较器输出端得到控制脉冲信号 $V_{gs}$,其脉冲宽度随着 $V_c$ 的变化而改变,从而实现 PWM 调制。

令锯齿波信号 $V_{saw}$ 的幅值为 $V_s$,则

$$D = \frac{V_c}{V_s} \tag{4.1}$$

其中,当 $V_s = 1$ 时,占空比 $D$ 等于 $V_c$。

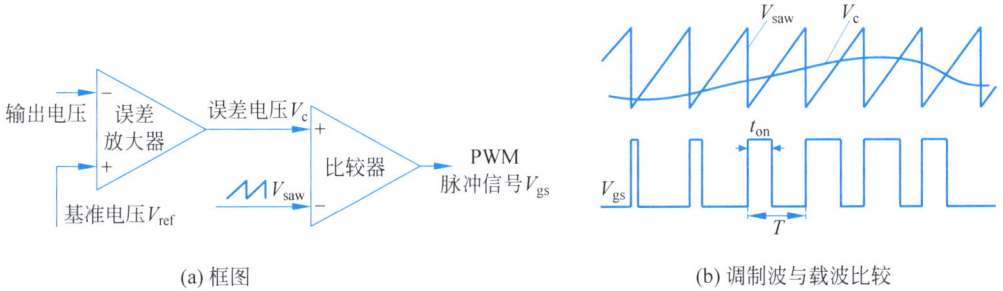

(a) 框图              (b) 调制波与载波比较

图 4.2   PWM 调制原理

PWM 调制开关变换器的实质是:输入电压、内部参数和外接负载变化时,根据被控信号与基准值的误差值,通过反馈控制环路,调节开关管控制脉冲信号的脉冲宽度,以达到稳定输出电压的目的。

### 2. PWM 调制特点

仅考虑开关变换器中开关管的开关损耗而忽略其他损耗,且认为开关管每导通/关断一次的开关损耗 $P_{LOSS}$ 固定不变,此时可得 PWM 开关变换器的效率为

$$\eta_{PWM} = 1 - \frac{P_{LOSS}}{P_{LOSS} + V_o^2/R} = \frac{V_o^2/R}{Af_{PWM} + V_o^2/R} \tag{4.2}$$

其中,$P_{LOSS}$ 正比于开关频率,$A$ 为与负载电流无关的比例系数。轻载时,由于变换器输出功率较小,而开关损耗相对固定,故轻载时 PWM 开关变换器的效率较低。

尽管如此,PWM 调制具有实现简单,对负载变化跟随好的优点;由于开关频率固定,因而噪声频谱恒定,便于进行电磁兼容设计。

## 4.1.2   PFM 调制

### 1. PFM 调制原理

PFM 调制通过调整控制脉冲信号频率,以调节控制脉冲信号占空比。PFM 脉冲信号产生原理如图 4.3 所示,开关变换器的输出电压加至误差放大器的反相输入端,基准电压加至误差放大器的同相输入端,误差放大器输出放大误差电压 $V_c$,然后通过变频控制器改变控制脉冲信号 $V_{gs}$ 的频率。$V_{gs}$ 的频率随着 $V_c$ 的变化而改变,从而实现 PFM 调制。

按照调节导通时间、调节关断时间、同时调节导通和关断时间改变脉冲信号的频率,PFM 调制分为恒定导通时间(Constant On-Time,COT)调制、恒定关断时间(Constant Off-Time,CFT)调制、滞环调制等方式。下面简要介绍前两种调制方式的原理。

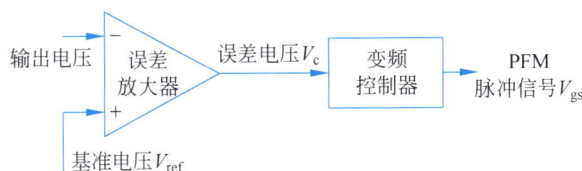

图 4.3 PFM 调制原理框图

### 2. COT 与 CFT 调制原理

COT 调制原理为：保持开关管导通时间恒定，调节开关管关断时间改变脉冲频率，从而调节占空比维持输出电压稳定。图 4.4(a)所示为 COT 调制脉冲波形图，当输出电压低于基准电压时，COT 调制脉冲信号频率增大，关断时间缩短；反之，输出电压高于基准电压时，COT 调制脉冲信号频率减小，关断时间增长。

CFT 调制原理为：保持开关管关断时间恒定，调节开关管导通时间改变脉冲频率，从而调节占空比维持输出电压稳定。图 4.4(b)所示为 CFT 调制脉冲波形示意图，当输出电压低于基准电压时，CFT 调制脉冲信号频率减小，导通时间增大；反之，输出电压高于基准电压时，CFT 调制脉冲信号频率增大，导通时间减小。

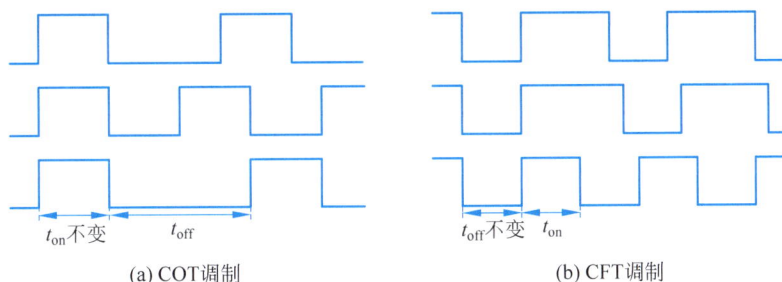

(a) COT调制      (b) CFT调制

图 4.4 PFM 调制脉冲波形图

### 3. PFM 调制特点

仅考虑开关变换器中开关管的开关损耗而忽略其他损耗，且认为开关管的开关损耗恒定时，参考式(4.2)，可得 PFM 开关变换器的效率为

$$\eta_{PFM} = \frac{V_o^2/R}{Af_{PFM} + V_o^2/R} \tag{4.3}$$

由式(4.3)可知，轻载时，输出功率小，PFM 调制脉冲信号频率 $f_{PFM}$ 较低，开关损耗较小；重载时，输出功率大，$f_{PFM}$ 较高，开关损耗较大。

由上述分析可知，轻载时，PFM 变换器的效率优于 PWM 变换器。但 PFM 变换器开关周期受输入电压和负载影响，其控制信号频谱不及 PWM 控制信号频谱分布规律，开关噪声无法预测，变换器的滤波器设计更困难。由于 PFM 脉冲信号在时域上的不断变化，使 PFM 控制器的分析和设计变得复杂。这些因素限制了 PFM 调制方法的推广应用和深入发展。

## 4.1.3 PWM/PFM 混合调制

PWM/PFM 混合调制是指混合使用 PWM 和 PFM 两种调制方法，此时脉冲宽度和开关频率均不固定。一种 PWM/PFM 脉冲信号产生框图如图 4.5 所示,其调制原理为：轻载时,变换器采用 PFM 调制,转换效率较高；重载时,变换器采用 PWM 调制,转换效率较高。

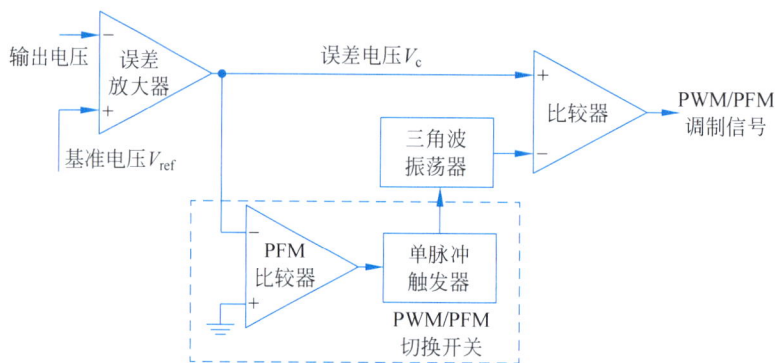

图 4.5　PWM/PFM 脉冲信号产生框图

　　PWM/PFM 混合调制结合了 PWM 和 PFM 两种调制的优势,在较大的负载变化范围内,具有较高的效率；但在实际应用中,控制和检测电路设计均较复杂。

# 4.2　开关变换器控制方法分类

## 4.2.1　传统分类方式

　　开关变换器控制方法发展迅速,种类较多,通常按占空比实现方式、检测信号和建模思想分类,如图 4.6 所示。

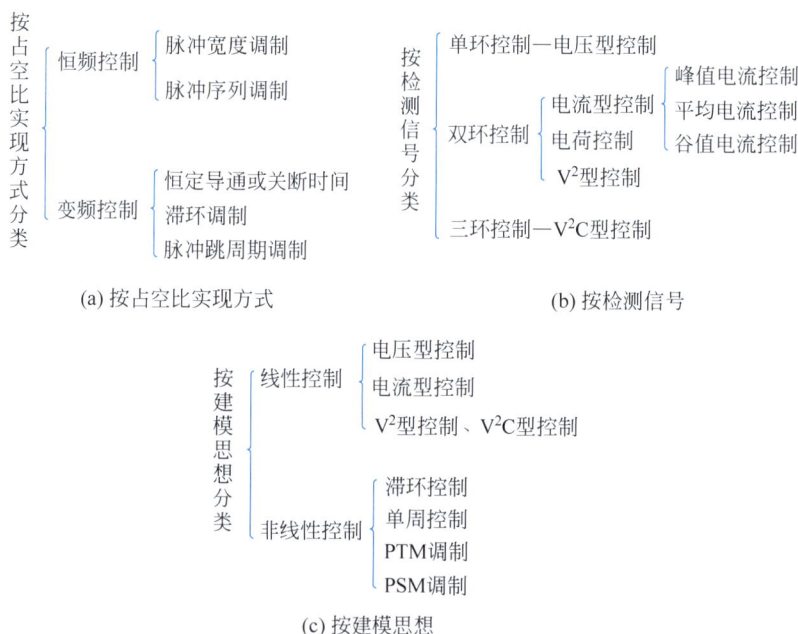

(a) 按占空比实现方式　　　　　　　　(b) 按检测信号

(c) 按建模思想

图 4.6　开关变换器控制方法分类

### 1. 按占空比实现方式分类

如图 4.6(a)所示,按占空比实现方式,开关变换器控制方法可以分为恒频控制和变频控制。恒频控制通常为基于 PWM 调制的控制方法。此外,脉冲序列调制(Pulse Train Modulation,PTM)可以归类为恒频控制,其原理为:根据反馈采样信号,控制电路从内部给定的几种不同脉宽脉冲信号中,选择并合成合适的控制脉冲信号,实现开关变换器稳压输出。

变频控制为基于 PFM 调制的控制方法,分为 COT 调制、CFT 调制、滞环调制等方式。滞环调制对受控量(电压或电流)设定一个上限和一个下限,当受控量低于下限时,开关管导通;当受控量高于上限时,开关管关断。因此,此调制方式下,开关管导通和关断时间都会变化。此外,脉冲跳周期调制(Pulse Skipping Modulation,PSM)可以归类为变频控制,其原理为:根据反馈采样信号,控制电路产生具有固定占空比的脉冲信号或低电平信号(零脉冲)控制开关管,从而提高开关变换器的瞬态响应速度和轻载工作效率。

### 2. 按检测信号分类

根据开关变换器控制环路中的检测信号,开关变换器的控制方法可以分为单环控制、双环控制和三环控制,如图 4.6(b)所示。单环控制主要有电压型控制,双环控制有峰值电流控制、平均电流控制、谷值电流控制、电荷控制和 $V^2$ 型控制等,三环控制主要有 $V^2C$ 型控制。

### 3. 按建模思想分类

按照系统的建模思想,开关变换器的控制方法可以分为线性控制和非线性控制,如图 4.6(c)所示。线性控制主要有电压型控制、电流型控制、$V^2$ 型控制、$V^2C$ 型控制等,非线性控制主要有滞环控制、单周控制、PTM 调制、PSM 调制等。

## 4.2.2 新型分类方式

开关变换器控制方法的新型分类方式包括两种:一是纹波控制和非纹波控制;二是基本型控制和组合型控制。

### 1. 纹波控制和非纹波控制

按照控制方法的本质和原理,开关变换器的控制方法分为纹波控制和非纹波控制,如表 4.1 所示。峰值电流控制、谷值电流控制、$V^2$ 型控制和 $V^2C$ 型控制等控制方法基于电感电流或输出电压的纹波产生 PWM 信号,称为纹波控制(或基于纹波的控制)。数字均值电流控制根据电感电流纹波信息和数字均值电流控制算法产生 PWM 信号,属于纹波控制。

电压型控制和平均电流控制的 PWM 信号产生依赖载波,电荷控制采用开关管电流或电感电流的积分信号产生 PWM 信号,单周控制采用二极管电压的积分信号产生 PWM 信号,它们都不是基于纹波的控制,称为非纹波控制。

表 4.1　纹波控制和非纹波控制分类

| 分　　类 | 控制类型 | 控制方法 |
| --- | --- | --- |
| 纹波控制 | 峰值类控制 | 峰值电流,峰值电压 |
|  | 谷值类控制 | 谷值电流,谷值电压 |
|  | 均值类控制 | 数字均值电流 |
| 非纹波控制 | 载波类控制 | 电压型,平均电流 |
|  | 其他类控制 | 电荷,单周 |

### 2. 基本型和组合型控制

任意一个开关变换器的控制电路必然存在一个调制器,调制器包含于控制电路,即调制方法与控制方法相互关联。因此,开关变换器的控制方法结合"控制"与"调制"。按照调制与控制的结合方式,开关变换器的控制方法分为基本型控制和组合型控制,如表 4.2 所示。

表 4.2　基本型控制和组合型控制分类

| 分　　类 | 控制类型 | 控制方法 |
| --- | --- | --- |
| 基本型控制 | 电压型控制 | PWM,PFM |
|  | 电流型控制 | 平均,峰值,谷值 |
|  | 电荷型控制 | 电流型单周控制 |
|  | 磁通型控制 | 电压型单周控制 |
| 组合型控制 | $V^2$ 型控制 | 电压+电压组合 |
|  | $V^2C$ 型控制 | 电压+电压+电流组合 |
|  | $V^2$-OCC 型控制 | 电压+电压+磁通组合 |
|  | O3C 型控制 | 电荷+磁通组合 |

由于电路中存在电压、电流、电荷和磁通 4 个最基本的物理量,因此存在电压型、电流型、电荷型和磁通型 4 种控制方法。电压型控制与 PWM,PFM 调制结合,有电压型 PWM 控制和电压型 PFM 控制。电流型控制与 PWM 调制结合,有峰值电流控制、谷值电流控制和平均电流控制。电荷型控制用于控制一个开关周期内电流信号的积分值(安秒),属于电流型单周控制;磁通型控制用于控制一个开关周期内电压信号的积分值(伏秒),为电压型单周控制(传统的单周控制)。类似地,电荷型控制、磁通型控制也有与 PWM、PFM 调制结合形成的控制方法。

由上述 4 种"控制"+2 种"调制"构成的控制方法称为"基本型控制",除此之外的控制方法称为"组合型控制",具体分为 3 类:

第 1 类——"控制"+"控制"的组合型控制方法,如 $V^2$ 型控制、$V^2C$ 型控制、$V^2$-OCC 型控制、O3C 型控制等。$V^2$-OCC 型控制是"$V^2$ 型"+"磁通型"组合形成的控制方法;而 O3C 型控制是"电荷型"+"磁通型"组合形成的控制方法。

第 2 类——"控制"+"混合调制"的组合型控制方法,如电压型 PWM/PFM 控制,是一种电压型控制与 PWM/PFM 混合调制结合的控制方法,负载较重时采用电压型 PWM 控制,负载较轻时采用电压型 PFM 控制,保证了全负载范围内的高效率。

第 3 类——"混合控制"+"调制"的组合型控制方法,如峰值 $V^2$ 型控制、峰值 $V^2C$ 型控制、谷值 $V^2$ 型控制、谷值 $V^2C$ 型控制、$V^2$-COT 型控制、$V^2C$-COT 型控制等。

虽然可以将组合型控制方法分成 3 类,但这 3 类组合型控制方法之间仍然存在着紧密的联系。这些组合型控制方法都是在基本型控制与基本型调制的基础上发展而来,保留了基本型控制方法和基本型调制方法的优点,同时避开了它们的缺点。

表 4.1 的分类方式容易认识和掌握各种控制方法的特点、优缺点,方便统一和实现归一化等,比如纹波峰值类控制在开关频率恒定(即 PWM 调制)时具有相同的稳定性。表 4.2 的分类方式更加完善并具有拓展性,说明了调制与控制的区别和联系,表明控制方法种类繁多但又有规律可循。

本节所介绍的控制方法,如果按照控制电路采用模拟或数字器件实现的方式分类,开关变换器的控制方法还可分为模拟控制和数字控制。

# 4.3　电压型控制

## 4.3.1　电压型 PWM 控制

"电压型控制"与"PWM 调制"结合得到电压型 PWM 控制。为了与现有文献和教材的称谓一致,下面提及的电压型控制特指电压型 PWM 控制。

图 4.7(a)和(b)分别为电压型控制 Buck 变换器原理图和控制时序波形。为简化原理图,图 4.7(a)未给出驱动电路和输出电压采样网络,误差放大器通常为 PI 调节器。

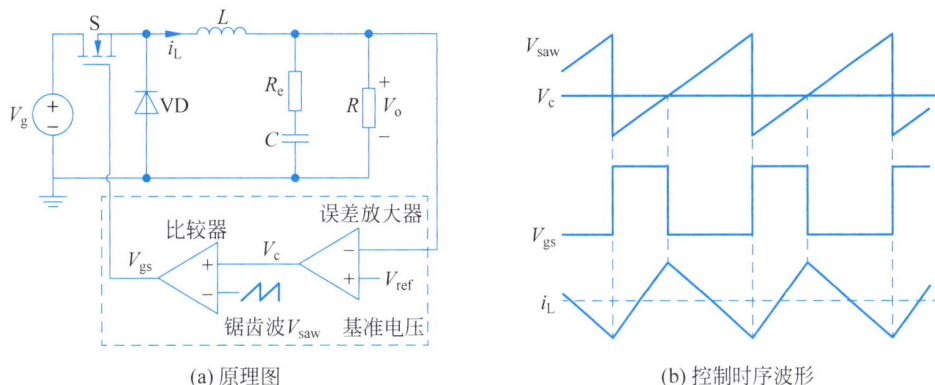

(a) 原理图　　　(b) 控制时序波形

图 4.7　电压型控制 Buck 变换器原理图和控制时序波形

由图 4.7 可知,在电压型控制电路中,Buck 变换器的输出电压反馈信号与基准电压 $V_{ref}$ 经过误差放大器比较,得到误差放大信号 $V_c$;误差放大信号 $V_c$ 与锯齿波 $V_{saw}$ 通过比较器比较,得到脉冲宽度与误差放大信号 $V_c$ 成正比的控制脉冲信号 $V_{gs}$,控制开关管的导通和关断,从而调节开关变换器的输出电压。

电压型控制的优点是:只有一个控制环路,是单环负反馈控制,设计和分析相对比较简单,且由于锯齿波的幅值比较大,抗干扰能力比较强;其主要缺点是:输入电压或输出电流的变化只能在输出电压改变时才能检测到并反馈纠正,且控制环路需要误差放大环节,因此响应速度比较慢。此外,由于电压型控制对负载电流没有限制,因而需要额外的电路来限制输出电流。

### 4.3.2 电压型 PFM 控制

"电压型控制"与"PFM调制"结合得到3种控制方法:电压型COT控制、电压型CFT控制和电压型滞环控制,这3种控制方法都是基于输出电压纹波的控制。

#### 1. 电压型 COT 控制

图4.8所示为电压型COT控制Buck变换器原理图和控制时序波形。由图4.8可知,当Buck变换器输出电压下降至基准电压 $V_{ref}$ 时,比较器输出高电平至RS触发器S端,RS触发器置位,开关管S导通,输出电压上升;同时导通定时器开始定时。开关管S导通恒定时间 $T_{ON}$ 后,导通定时器输出高电平至RS触发器R端,触发器复位,开关管S关断,输出电压下降。当输出电压再次下降至基准电压 $V_{ref}$ 时,开关管S再次导通,变换器进入下一个开关周期。

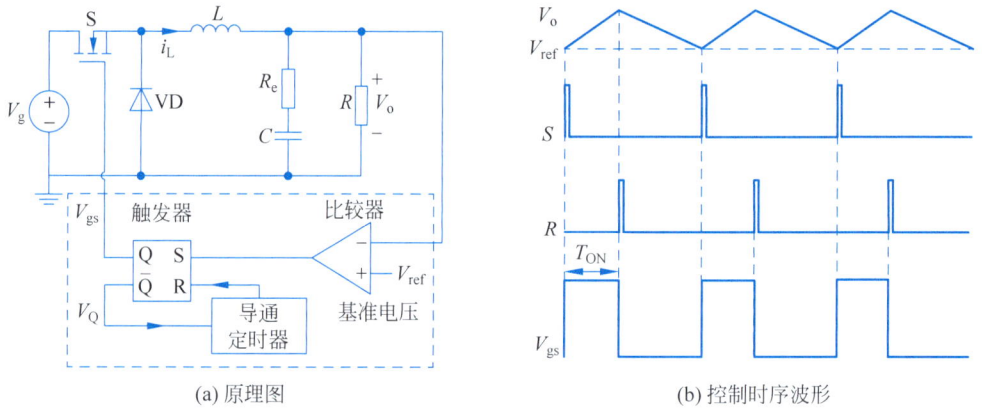

(a) 原理图　　　　　　　　　　(b) 控制时序波形

**图 4.8　电压型 COT 控制 Buck 变换器原理图和控制时序波形**

对于电压型COT控制Buck变换器,需要考虑输出电容的寄生参数对变换器稳定性的影响,其稳定运行条件为

$$R_eC > \frac{T_{ON}}{2} \tag{4.4}$$

其中, $R_eC$ 为输出电容的时间常数, $R_e$ 为电容 $C$ 的串联等效电阻。

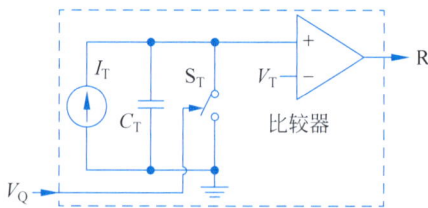

**图 4.9　导通定时器原理图**

图4.9所示为COT控制电路中导通定时器的原理图,采用恒流源 $I_T$ 给电容 $C_T$ 充电,从而确定定时器的定时时间,即开关管S的恒定导通时间 $T_{ON}$。S导通时,电压 $V_Q$ 为低电平,开关管 $S_T$ 关断, $C_T$ 开始充电,导通定时器开始定时;当 $C_T$ 的电压达到参考电压 $V_T$ 时,导通定时器中的比较器输出低电平至RS触发器的R端,使其复位, $V_Q$ 变为高电平, $S_T$ 导通, $C_T$ 的电压快速下降至0,导通定时器定时结束,等待下一个开关周期的定时。

与电压型控制相比,电压型COT控制没有误差放大环节,具有更好的瞬态性能。但由于电压型COT控制本质上是一种基于输出电压纹波谷值的变频控制方法,因此它所控制的变换器输出电压平均值始终大于基准电压,稳压精度较差。

### 2. 电压型CFT控制

图4.10所示为电压型CFT控制Buck变换器原理图和控制时序波形。由图4.10可知,当变换器输出电压上升至基准电压$V_{ref}$时,比较器输出高电平至RS触发器R端,RS触发器复位,开关管S关断,输出电压下降。开关管在关断恒定时间$T_{OFF}$后,关断定时器输出高电平至RS触发器S端,RS触发器置位,开关管S导通,输出电压上升。当输出电压再次上升至基准电压$V_{ref}$时,开关管S再次关断,变换器进入下一个开关周期。关断定时器决定S的关断时间为恒定值$T_{OFF}$,其定时原理与图4.9中的导通定时器原理类似。

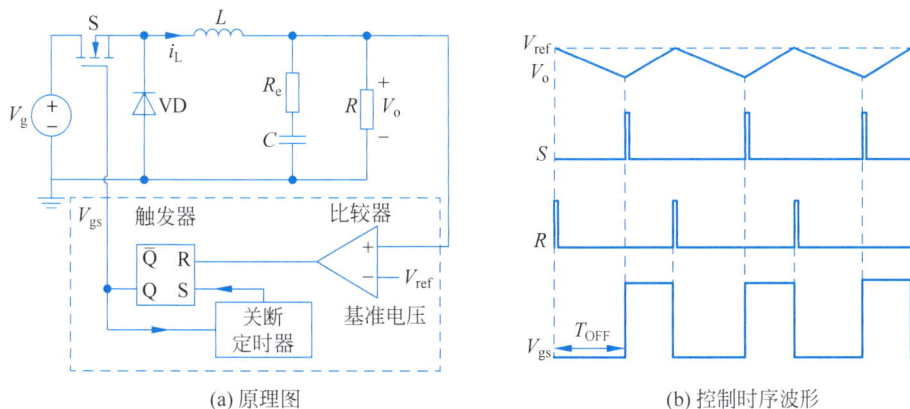

(a) 原理图    (b) 控制时序波形

图4.10 电压型CFT控制Buck变换器原理图和控制时序波形

对于电压型CFT控制Buck变换器,根据导通时间与关断时间的对偶性,参考式(4.4)可得其稳定运行条件为

$$R_eC > \frac{T_{OFF}}{2} \tag{4.5}$$

与电压型控制相比,电压型CFT控制没有误差放大环节,且具有更好的瞬态性能。但由于电压型CFT控制本质上是一种基于输出电压纹波峰值的变频控制方法,因此它所控制的变换器输出电压平均值始终小于基准电压,稳压精度较差。

### 3. 电压型滞环控制

电压型滞环控制也称为Bang-Bang控制、ON/OFF控制,是一种基于纹波峰值/谷值的单环变频控制方法。图4.11所示为电压型滞环控制Buck变换器原理图和控制时序波形,其中,比较器1和比较器2构成滞环比较器,上限电压$V_H = V_{ref} + h/2$,下限电压$V_L = V_{ref} - h/2$,$V_{ref}$为基准电压,$h$为滞环宽度且$h = V_H - V_L$。由图4.11可知,当变换器输出电压上升至$V_H$时,比较器1输出高电平至RS触发器R端,RS触发器复位,开关管S关断,输出电压下降;当变换器输出电压下降至$V_L$时,比较器2输出高电平至RS触发器S端,RS触发器置位,开关管S导通,输出电压上升。

电压型滞环控制的控制电路没有延迟环节,对负载变化具有较快的响应速度,但是由于受到负载对变换器输出电压容差的限制,滞环宽度不能太大,因此抗干扰能力较差。

69

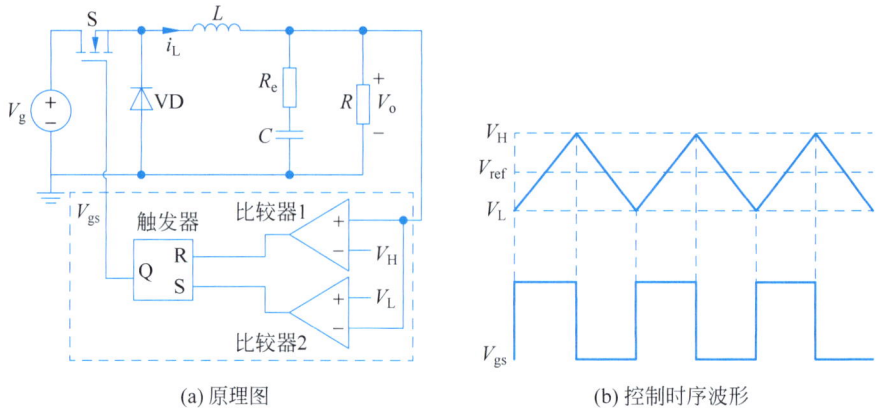

(a) 原理图                    (b) 控制时序波形

图 4.11    电压型滞环控制 Buck 变换器原理图和控制时序波形

# 4.4    电流型控制

电流型控制是一种应用最广泛、研究最多的开关变换器控制方法,它基于电压型控制的电压负反馈外环,增加了一个电流反馈内环,因此包括电压控制外环和电流控制内环。其中,电压控制外环得到的误差放大信号作为电流控制内环的电流参考值。"电流型控制"与"PWM 调制"结合产生 3 种控制方法:峰值电流控制、谷值电流控制和平均电流控制。

## 4.4.1    峰值电流控制

峰值电流控制于 1978 年提出,它利用电感电流纹波峰值点控制开关管的关断。下面以 Buck 变换器为例说明其控制原理,峰值电流控制 Buck 变换器原理图和控制时序波形图,如图 4.12 所示。

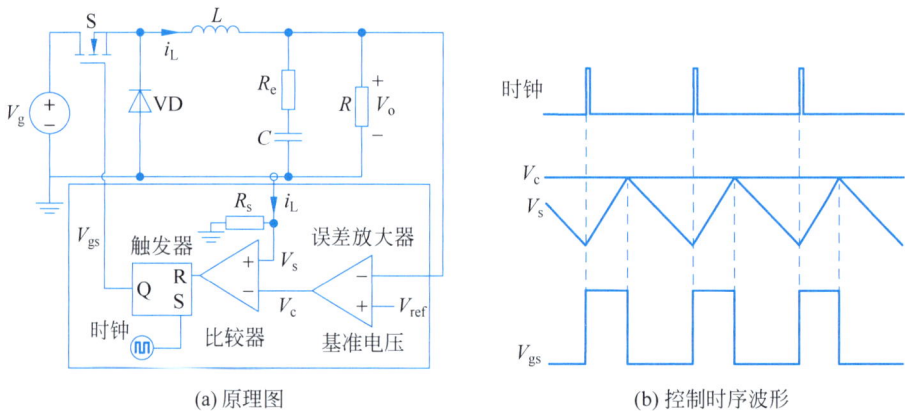

(a) 原理图                    (b) 控制时序波形

图 4.12    峰值电流控制 Buck 变换器原理图和控制时序波形

由图 4.12 可知,在每个开关周期开始时刻,时钟信号使 RS 触发器置位,控制脉冲信号 $V_{gs}$ 为高电平,开关管 S 导通,二极管 D 关断,电感电流由初始值线性上升,电流采样电阻 $R_s$ 的电压 $V_s$ 也线性上升;当 $V_s$ 上升至放大误差电压 $V_c$ 时,比较器翻转使 RS 触发器复位,控制脉冲信号 $V_{gs}$ 为低电平,开关管 S 关断,二极管 D 导通,直至下一个时钟信号到来,变换器进入新的开关周期。

峰值电流控制的优点:引入了电感电流作为反馈控制变量,输入电压或负载电流波动,均会引起电感电流变化。因此,与电压型控制相比,峰值电流控制具有更快的瞬态响应速度;此外,峰值电流控制具有自动限制电流峰值的能力,易于实现过电流保护。

峰值电流控制的缺点:抗干扰性差,当占空比 $D > 0.5$ 时,变换器会产生次谐波振荡。

## 4.4.2 谷值电流控制

谷值电流控制于 1985 年提出,它利用电感电流纹波谷值点控制开关管的导通。同样以 Buck 变换器为例说明其控制原理,谷值电流控制 Buck 变换器原理图和控制时序波形,如图 4.13 所示。

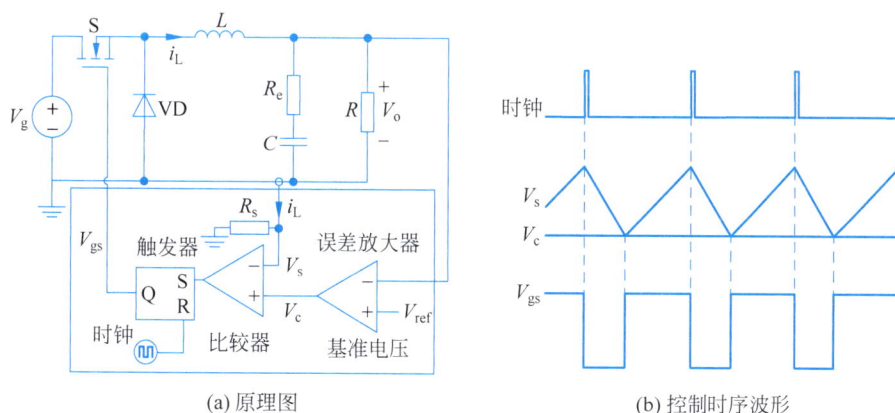

(a) 原理图  (b) 控制时序波形

**图 4.13 谷值电流控制 Buck 变换器原理图和控制时序波形**

由图 4.13 可知,在每个开关周期开始时刻,时钟信号使 RS 触发器复位,控制脉冲信号 $V_{gs}$ 为低电平,开关管 S 关断,二极管 D 导通,电感电流由初始值线性下降,电流采样电阻 $R_s$ 的电压 $V_s$ 也线性下降;当 $V_s$ 下降至放大误差电压 $V_c$ 时,比较器翻转,使 RS 触发器置位,控制脉冲信号 $V_{gs}$ 为高电平,开关管 S 导通,二极管 D 关断,直至下一个时钟信号到来,变换器进入新的开关周期。

与峰值电流控制类似,谷值电流控制同时引入了输出电压和电感电流作为反馈控制变量,比电压型控制具有更快的瞬态响应速度。谷值电流控制与峰值电流控制的不同之处在于:当占空比 $D < 0.5$ 时,谷值电流控制会产生次谐波振荡。峰值电流控制与谷值电流控制具有对偶性,相应的对偶元素如表 4.3 所示。

**表 4.3 峰值电流控制与谷值电流控制的对偶性**

| 对偶元素 | 峰值电流控制 | 谷值电流控制 |
| --- | --- | --- |
| 比较器 | "+""−" | "−""+" |
| RS 触发器 | "R""S" | "S""R" |
| 电感电流纹波 | 峰值点 | 谷值点 |
| 控制时刻 | 开关管关断时刻 | 开关管导通时刻 |
| 调制方法 | 后缘调制 | 前缘调制 |

### 4.4.3　平均电流控制

由于峰值、谷值电流控制存在不能精确控制电流、容易产生次谐波振荡等问题，平均电流控制于 1987 年提出。图 4.14 所示为平均电流控制 Buck 变换器原理图，其工作原理为：检测电阻 $R_s$ 的电压 $V_s$ 与误差电压 $V_c$ 经电流积分器（误差放大器）得到误差放大信号 $V_{ca}$，$V_{ca}$ 与锯齿波 $V_{saw}$ 比较产生控制脉冲信号 $V_{gs}$，控制开关管 S 的导通或关断。

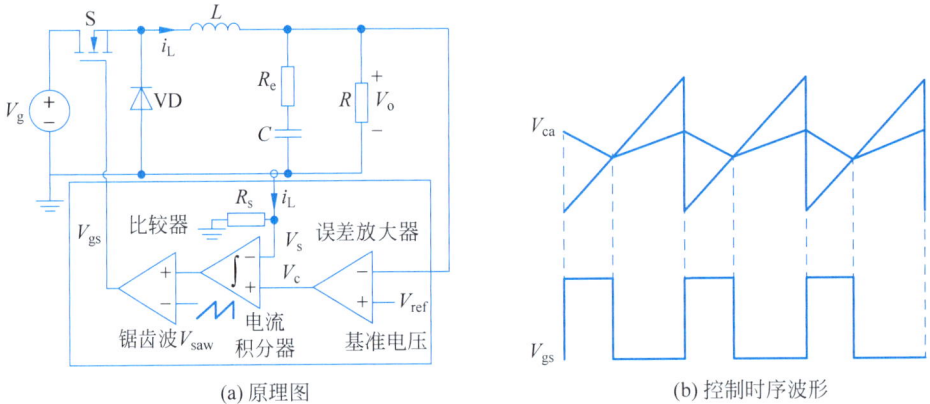

(a) 原理图　　　　　　　　　　　　　　(b) 控制时序波形

**图 4.14　平均电流控制 Buck 变换器原理图和控制时序波形**

平均电流控制的优点：具有高增益的电流积分器，电感电流平均值能够精确跟踪设定值；噪声抑制能力优越，无须进行斜坡补偿；适用于任何电路拓扑对输入或输出电流的控制，易于实现均流。

平均电流控制的缺点：电流积分器在开关频率处的增益有最大限制；双闭环放大器带宽、增益等参数设计复杂。与峰值电流控制、谷值电流控制相比，平均电流控制的误差放大器和电流积分器均存在积分环节，对输入电压和负载变化的瞬态响应速度更慢。

## 4.5　电荷型与磁通型控制

### 4.5.1　电荷型控制

电荷型控制于 1979 年提出，是由电流型控制改进而来的一种控制方法，其控制原理为：在一个开关周期内对电感电流（或开关管电流）进行积分，从而控制一个开关周期内输入的总电荷量。

电荷型控制 Buck 变换器原理图和控制时序波形如图 4.15 所示，其工作原理为：在每个开关周期开始时刻，时钟信号使 RS 触发器置位，控制脉冲信号 $V_{gs}$ 为高电平，开关管 S 导通，电感电流 $i_L$ 线性上升；采样的电感电流信号对电容 $C_T$ 充电。当 $C_T$ 充电电压 $V_s$ 到达大误差电压 $V_c$ 时，比较器翻转使 RS 触发器复位，控制脉冲信号 $V_{gs}$ 为低电平，开关管 S 关断；S 关断期间，复位开关管 $S_T$ 使电容 $C_T$ 的充电电荷完全释放。当下一个时钟信号到来，S 再次导通，重复上述工作过程。

电容 $C_T$ 充电信号可以是电感电流 $i_L$ 或开关管电流 $i_s$（输入电流）。如图 4.15 所示，

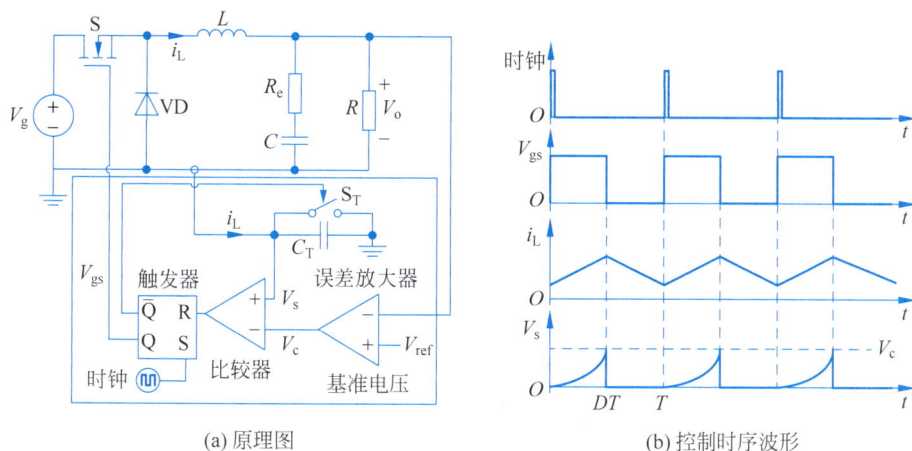

(a) 原理图　　　　　　　　(b) 控制时序波形

**图 4.15　电荷型控制 Buck 变换器原理图和控制时序波形**

在一个开关周期内,电容 $C_T$ 的电荷量 $Q$ 等于一个开关周期内输入电流的积分,即

$$Q = \int_0^{DT} i_L \mathrm{d}t = \int_0^T i_s \mathrm{d}t \tag{4.6}$$

其中,$D$ 为 S 的导通占空比,$T$ 为开关周期。

根据电容的定义,又有

$$V_s = \frac{Q}{C_T} \tag{4.7}$$

当 $V_s = V_c$ 时,比较器翻转,从而有效地控制了一个周期内电容 $C_T$ 的电荷量 $Q$。

由于电荷型控制在一个周期内完成了电荷量的控制,因此可以称为电流型单周控制。电荷型控制可以更快、更有效地控制开关管电流或输入电流的平均值,但不限制最大电感电流,不能有效地保护开关器件,对电流变化的瞬态响应速度较慢。电荷型控制的稳定性与输入电压及负载有关,负载较轻时,电荷型控制的开关变换器会发生次谐波振荡,适用于充电器等需要对电荷量精确控制的场合。

### 4.5.2　磁通型控制

磁通型控制于 1991 年提出,其控制原理为:在一个开关周期内对二极管电压进行积分,从而控制一个开关周期内输入电压的平均值;当输入电压或基准电压变化时,占空比或输出电压的瞬态响应过程可在一个开关周期内结束,即实现了"单周控制",因此磁通型控制又称为单周控制。

根据电流与电压、开关管与二极管、电荷与磁通的对偶关系,可以得到:开关管电流与二极管电压对偶;开关管电流在一个开关周期内的积分(安秒值)与二极管电压在一个开关周期内的积分(伏秒值)对偶。单周控制由电压型控制改进得到,所以也称其为电压型单周控制,它与电流型单周控制(电荷型控制)对偶。

磁通型控制 Buck 变换器原理图及控制时序波形如图 4.16 所示,其中,与积分电容 $C_f$ 并联的复位开关管 $S_f$ 和开关管 S 互补导通。每个开关周期开始时刻,时钟信号使 RS 触发器置位,控制脉冲信号 $V_{gs}$ 为高电平,开关管 S 导通,积分器对二极管电压 $V_D$ 进行积分,其

输出电压 $V_{int}$ 从 0 开始负向增大,当 $V_{int}$ 到达控制电压 $V_c$(负值)时,比较器翻转使 RS 触发器复位,控制脉冲信号 $V_{gs}$ 为低电平,开关管 S 关断,同时积分器复位,直至下一个时钟信号到来,开始一个新的开关周期。

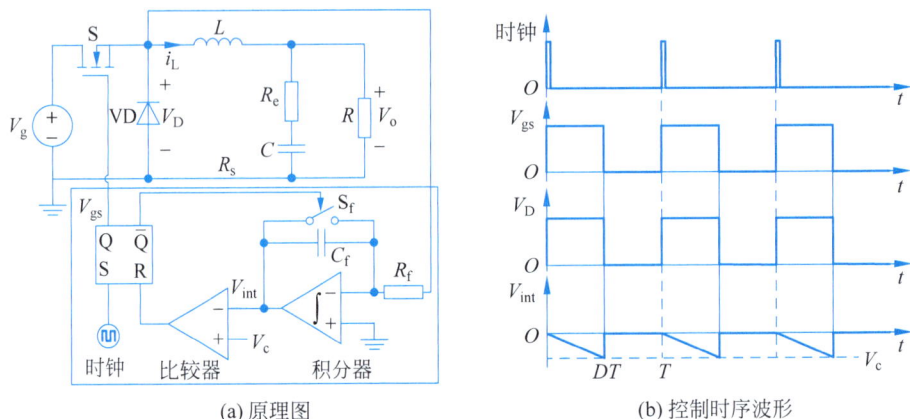

(a) 原理图　　　　　　　　　　　　(b) 控制时序波形

**图 4.16　磁通型控制 Buck 变换器原理图和控制时序波形**

在图 4.16 中,二极管电压平均值 $\overline{V}_D$ 和积分器输出电压 $V_{int}$ 分别为

$$\overline{V}_D = \frac{1}{T}\int_0^T V_D \mathrm{d}t = \frac{1}{T}\int_0^{DT} V_g \mathrm{d}t = DV_g \tag{4.8}$$

$$V_{int} = -\int_0^T V_D \mathrm{d}t = -\Phi \tag{4.9}$$

其中,$\Phi$ 为磁通,与 $V_D$、$V_g$ 成正比。当 Buck 变换器工作于 CCM 时,由于输出电压 $V_o = DV_g$,因此控制 $V_D$ 的平均值就可以间接控制输出电压。

磁通型控制的优点:二极管电压平均值仅需一个开关周期就能达到新的稳态,对输入电压变化具有良好的抑制能力。

磁通型控制的缺点:需要提供负极性控制电压。

根据磁通型控制与电荷型控制的对偶性,采用与电荷型控制一致的无源积分器(输出为正值)代替磁通型控制中的有源积分器(输出是负值),可以解决磁通型控制的负极性控制电压问题。

## 4.6　$V^2$ 型控制

### 4.6.1　峰值 $V^2$ 型控制

图 4.17 所示为峰值 $V^2$ 型控制 Buck 变换器原理图及控制时序波形,由图 4.17(a)可知,峰值 $V^2$ 型控制 Buck 变换器包含电压控制外环和电压控制内环。峰值 $V^2$ 型控制 Buck 变换器的电压控制外环与峰值电流控制 Buck 变换器的电压控制外环相同,同为输出电压 $V_o$ 与基准电压 $V_{ref}$ 比较,比较差值经误差放大器生成放大误差电压 $V_c$,作为电压控制内环的参考值。峰值 $V^2$ 型控制 Buck 变换器的电压控制内环采用输出电容 $C$ 及其等效串联电阻 $R_e$ 上的纹波电压作为反馈信号,利用其峰值点控制开关管的关断。

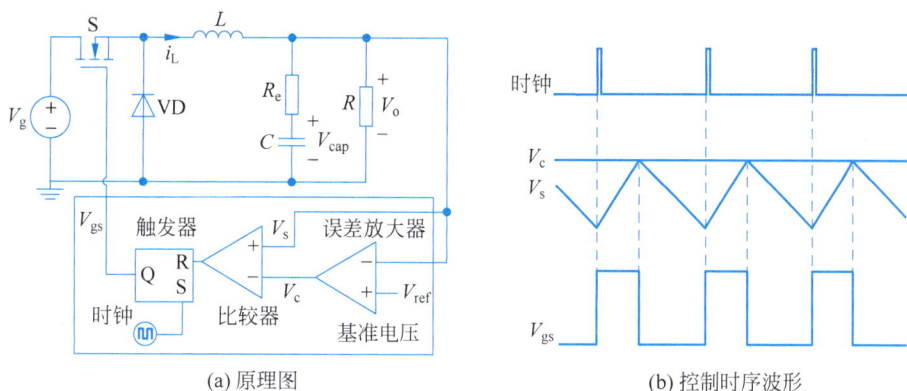

(a) 原理图　　　　　　　　(b) 控制时序波形

**图 4.17　峰值 $V^2$ 型控制 Buck 变换器原理图和控制时序波形**

由图 4.17(a)和(b)可知,在每一个开关周期开始时刻,时钟信号使 RS 触发器置位,控制脉冲信号 $V_{gs}$ 为高电平,开关管 S 导通,二极管 VD 关断,电感电流 $i_L$ 由初始值线性上升。由于电容 $C$ 支路在开关频率信号处的阻抗远小于负载 $R$ 的阻抗,变化的电感电流纹波 $\Delta i_L$ 完全流经电容 $C$ 和其等效串联电阻 $R_e$,$R_e$ 上产生与电感电流斜率相同的压降 $\Delta i_L R_e$。由于电容 $C$ 的容量很大,故可认为其电压 $V_{cap}$ 恒定不变,因此电压控制内环的反馈电压为 $V_s = \Delta i_L R_e + V_{cap}$。当 $V_s$ 上升至误差电压 $V_c$ 时,比较器翻转使 RS 触发器复位,控制脉冲信号 $V_{gs}$ 为低电平,开关管 S 关断,电感电流 $i_L$ 线性下降,直至下一个时钟信号到来,开始一个新的开关周期。

峰值 $V^2$ 型控制的电压控制内环含有输出电压信息,当负载发生变化时,由于电感电流不能突变,负载电流的变化首先体现在输出电容支路,引起等效串联电阻 $R_e$ 上纹波电压变化。因此,峰值 $V^2$ 型控制具有快速的负载瞬态响应速度。比较峰值 $V^2$ 型控制和峰值电流控制 Buck 变换器的工作原理可知,峰值 $V^2$ 型控制和峰值电流控制本质上都是基于纹波峰值的控制方法。

需要注意的是,上述分析基于输出电压纹波线性或近似线性,即 $R_e$ 较大的情形。当 $R_e$ 较小时,输出电压纹波非线性,则峰值 $V^2$ 型控制 Buck 变换器难以稳定工作,需要将输出电容的时间常数限制在一定范围。

## 4.6.2　谷值 $V^2$ 型控制

根据峰值电流控制与谷值电流控制的对偶性,由峰值 $V^2$ 型控制容易得到谷值 $V^2$ 型控制。谷值 $V^2$ 型控制 Buck 变换器原理图及控制时序波形如图 4.18 所示,其工作原理为:在每一个开关周期开始时刻,时钟信号使 RS 触发器复位,控制脉冲信号 $V_{gs}$ 为低电平,开关管 S 关断,二极管 VD 导通,电感电流 $i_L$ 由初始值线性下降;电压控制内环的反馈电压为 $V_s = \Delta i_L R_e + V_{cap}$,当 $V_s$ 下降至误差电压 $V_c$ 时,比较器翻转使 RS 触发器置位,控制脉冲信号 $V_{gs}$ 为高电平,开关管 S 导通,电感电流 $i_L$ 线性上升,直至下一个时钟信号到来,开始一个新的开关周期。

与峰值 $V^2$ 型控制相同,谷值 $V^2$ 型控制的电压控制内环能够无延迟反馈输出电压的变化,这大大提高了变换器的负载瞬态性能。此外,峰值 $V^2$ 型控制只能应用于 Buck 变换器,

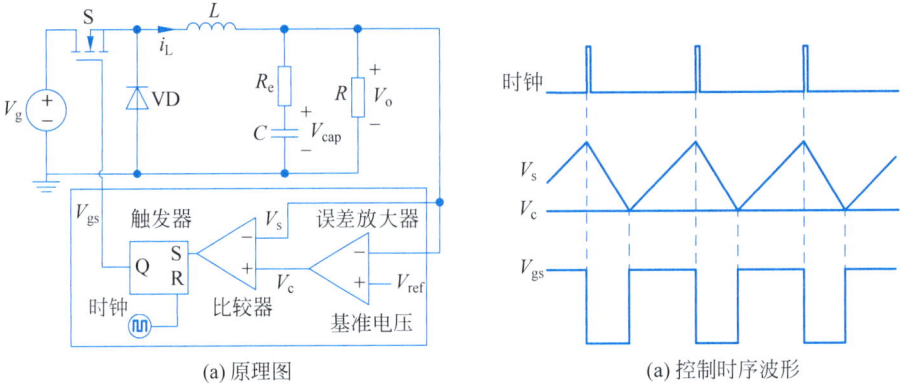

(a) 原理图  (a) 控制时序波形

图 4.18  谷值 $V^2$ 型控制 Buck 变换器原理图和控制时序波形

而谷值 $V^2$ 型控制可以用于 Buck 变换器、Boost 变换器、Buck-Boost 变换器等多种变换器拓扑。

# 第5章

# 开关变换器功率因数校正技术

开关电源大多通过整流器与电网连接,经典的整流器是由二极管或晶闸管组成的一个非线性电路,在电网中产生大量的电流谐波和无功功率,污染电网,使得电网的功率因数下降。

针对高次谐波危害,我国国家技术监督局在 1993 年颁布了 GB/T 14549—1993《电能质量 公用电网谐波》,国际电工委员会(IEC)在 1998 年制定了 IEC 61000-3-2 标准。这些标准要求交流输入电源必须采取措施降低高次谐波含量,提高功率因数。

## 5.1 概述

### 5.1.1 功率因数校正概述

功率因数校正(Power Factor Correction,PFC)可以抑制开关电源产生谐波,目前采用的 PFC 方法主要有两种:有源功率因数校正(Active Power Factor Correction,APFC)和无源功率因数校正(Passive Power Factor Correction,PPFC)。

无源功率因数校正电路由电容、电感、功率二极管等无源器件组成,主要通过提高整流导通角的方法减小高次谐波。此方法控制简单、成本低和可靠性高;但体积大,难以得到很高的功率因数。

有源功率因数校正电路可以得到很高的功率因数,且体积小;但电路复杂、成本高和电磁干扰(Electro-Magnetic Interference,EMI)大。APFC 已广泛应用于开关电源、交流不间断电源等领域。

根据输入电压的不同,APFC 电路可分为单相和三相两类。三相 APFC 具有一些优点,如输入功率高;缺点是三相间耦合,且控制机理比较复杂。本章主要介绍相对较成熟的单相 APFC。

### 5.1.2 单相有源功率因数校正分类

单相 APFC 可以分为两级 APFC 和单级 APFC。

#### 1. 两级 APFC

两级 APFC 方案框图如图 5.1 所示,其中两级指 PFC 级和 DC-DC 级。前级 PFC 级使输入电流跟随输入电压,作用在于提高功率因数;后级 DC-DC 级使输出电压达到设计要求。

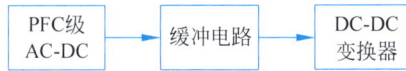

图 5.1 两级 APFC 方案

PFC 级电路有三种结构形式:Boost、Buck 和 Buck-Boost,这 3 种结构形式各有其特点,如表 5.1 所示。鉴于 Boost 电路存在表中优点,且结构简单、实现成本低,所以它是目前应用最广泛的功率因数校正电路。后级 DC-DC 变换器可以用正激、反激或其他电路拓扑。

表 5.1  3 种功率因数校正电路的特点

| 结 构 形 式 | Boost | Buck | Buck-Boost |
|---|---|---|---|
| 功率因数 | 高 | 低 | 高 |
| 输出电压($V_o$)与输入电压($V_i$)关系 | $V_o \geq V_i$ | $V_o \leq V_i$ | $V_o \geq V_i$ 或 $V_o \leq V_i$ |
| 滤波电路体积 | 小 | 大 | 大 |
| 短路保护 | 无 | 有 | 有 |
| 开关电压 | 等于 $V_o$ | 等于 $V_i$ | 等于 $V_o + V_i$ |
| 门极驱动信号 | 接地 | 浮地 | 浮地 |

### 2. 单级 APFC

20 世纪 90 年代初,美国科罗拉多大学的研究人员等将前级 Boost 电路和后级反激(Flyback)或正激(Forward)变换器环节 MOSFET 公用,提出了单级 APFC 变换器。它与两级方案相比,控制简单、器件数目减少、效率较高和成本较低。因为它的控制只是让 DC-DC 级快速稳定输出,功率因数则需要功率级自身获得,所以它的输入电流有些畸变,但仍能满足 IEC 61000-3-2 对电流谐波含量的要求。单级 APFC 变换器特别适用于小功率场合。

## 5.2  功率因数基本概念

### 5.2.1  功率因数定义

根据电工学的基本理论,功率因数(PF)定义为有功功率($P$)与视在功率($S$)的比值,表达式为

$$\text{PF} = \frac{P}{S} = \frac{U_1 I_1 \cos\Phi_1}{U_1 I_R} = \frac{I_1 \cos\Phi_1}{I_R} = \gamma\cos\Phi_1 \qquad (5.1)$$

其中,$I_1$ 为输入电流基波有效值;$I_R$ 为电网电流有效值,$I_R = \sqrt{I_1^2 + I_2^2 + \cdots + I_n^2}$,($I_2, I_3, \cdots, I_n$ 为输入电流各次谐波有效值);$U_1$ 为输入电压基波有效值;$\gamma$ 为输入电流的波形畸变因数;$\cos\Phi_1$ 为基波电压和基波电流的位移因数。

可见,功率因数由输入电流的波形畸变因数 $\gamma$、基波电压和基波电流的位移因数 $\cos\Phi_1$

决定。$\cos\Phi_1$越小，则设备的无功功率越大，设备利用率越低，导线和变压器绕组的损耗越大；$\gamma$越小，表示设备输入电流谐波分量越大，造成电流波形畸变，降低功率因数，污染电网，严重时损坏电子设备。通常无源电容滤波二极管整流电路输入端的功率因数只能达到0.65左右。由式(5.1)可知，抑制谐波分量即可达到减小$\gamma$、提高功率因数的目的。

如何抑制和消除谐波对公共电网的污染、提高功率因数是当今国内外电源界研究的重要课题。PFC技术应用到新型开关电源，成为新一代开关电源的主要标志之一。

### 1. 不良功率因数的成因

由式(5.1)可知，PF值由两个因素决定：一是输入基波电压与输入基波电流的相位差$\Phi_1$，二是输入电流的波形畸变因数$\gamma$。

1) 相控整流电路

常见相控整流电路基波电压和基波电流的位移因数，如表5.2所示。

表 5.2　常见相控整流电路基波电压和基波电流的位移因数

| 电路形式 | 单相电路 | 三相电路 | 12 相电路 |
|---|---|---|---|
| 位移因数（$\cos\Phi_1$） | 0.911 | 0.949 | 0.986 |

基波电压和基波电流位移因数$\cos\Phi_1$是功率因数低的主要原因，即受可控硅控制角$\alpha$的影响，使电流滞后电压，$\cos\Phi_1<1$。改善功率因数的措施，一般是在负载端并联一个性质相反的电抗元器件，若电网呈感性，则通常采用电容补偿。

2) 开关整流电路

开关整流电路的 AC-DC 前端通常由桥式整流器和大容量滤波器组成，如图 5.2 所示。在该电路中，只有当线路峰值电压大于滤波电容电压时，整流元器件中才有电流流过，如图 5.3 所示。在图 5.3 中，$i$ 为输入电流，$v_i$ 为输入电压。输入电流 $i$ 呈尖脉冲形式，且产生一系

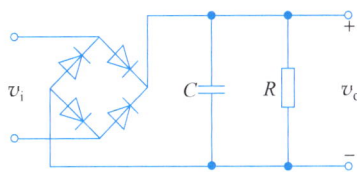

图 5.2　AC-DC 前端电路

列奇次谐波，如图 5.4 所示，致使功率因数降低为 0.6～0.7。所以，开关整流电路的不良功率因数主要源于电流波形的畸变。

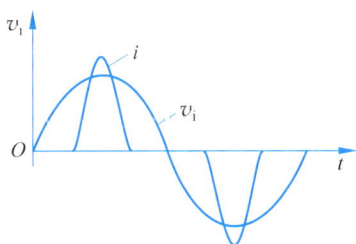

图 5.3　输入电压与整流二极管波形

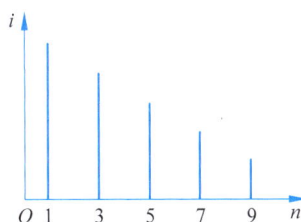

图 5.4　输出谐波分量

### 2. 谐波电流对电网的危害

脉冲状的输入电流中含有大量谐波，因此 AC-DC 整流输入端需加滤波电路，从而增加了电路的体积和成本。谐波电流对电网的危害主要表现在以下几方面。

（1）谐波电流的"二次效应"，即电流流过线路阻抗造成的谐波压降反过来使正弦的电网电压波形发生畸变。

（2）谐波电流引起电路故障，损坏设备。例如，使线路和配电设备过热，引起电网 LC 谐振，或者高次谐波电流流过电网的高压电容，使之过流、过热而导致电容器损坏。

（3）在三相四线制电路中，三次谐波在中性线中的电流同相位，合成中性线电流很大，可能超过相电流，中性线又无保护装置，从而使中性线过流、过热，引起火灾，并损坏电气设备。

（4）谐波电流对自身及同一系统中的其他电子设备产生恶劣影响。例如，引起电子设备误操作，引起电话网噪声、照明设备故障等。

### 5.2.2　开关电源功率因数

常规开关电源功率因数低的根源是整流电路后面的滤波电容使输出电压平滑，但会使输入电流变为尖脉冲，如图 5.5 所示。当整流电路后面不加滤波电容，仅为电阻性负载时，输入电流即为正弦波，并且与电源电压同相位，功率因数为 1。因此，功率因数校正电路的基本思想是将整流电路与滤波电容隔开，使整流电路由电容性负载变为电阻性负载。在功率因数校正电路中，其隔离型电路如图 5.6 所示。

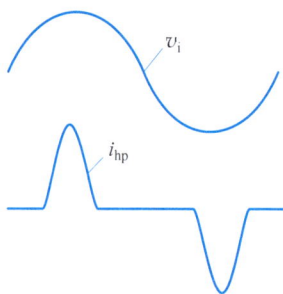

图 5.5　常规开关电源输入电压与输入电流波形

一般开关电源的输入整流电路，如图 5.7 所示。市电整流后对电容充电，其输入电流波形为不连续的脉冲，如图 5.5 中电流波形所示。图 5.5 中的电流除了含有基波分量外，还含有大量的谐波，其有效值为

$$I = \sqrt{I_1^2 + I_2^2 + \cdots + I_n^2} \tag{5.2}$$

其中，$I_1, I_2, \cdots, I_n$ 分别表示输入电流的基波分量与各次谐波分量。

谐波电流使电力系统的电压波形发生畸变。将各次谐波有效值与基波有效值的比称为总谐波畸变（Total Harmonic Distortion，THD），用来衡量电网的污染程度，其表达式为

$$\text{THD} = \sqrt{\frac{I_1^2 + I_2^2 + \cdots + I_n^2}{I_1^2}} \tag{5.3}$$

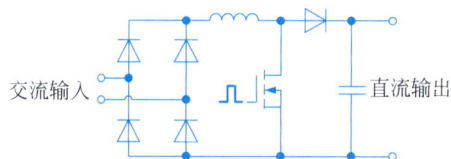

图 5.6　基本隔离型 PFC

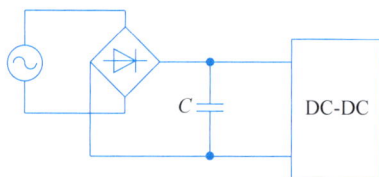

图 5.7　电容输入型电路

## 5.3　APFC 基本原理与控制方法

### 5.3.1　APFC 基本原理

一个标准的变换器利用脉冲宽度调制（Pulse Width Modulation，PWM）技术调整输入

功率的大小,以适应负载所需功率。PWM 控制器通过控制开关管将直流输入电压变换为电压脉冲波,再利用快速二极管、滤波元器件等将其转换成平滑的直流输出电压。输出电压与参考电压进行比较,产生误差电压反馈至 PWM 控制器。误差电压用来改变 PWM 信号的宽度,如果输出电压高于参考电压,则脉冲宽度减小,使输出电压降低;如果输出电压低于参考电压,则脉冲宽度增大,使输出电压升高;直至输出电压等于参考电压。

APFC 电路基本上是一个 AC-DC 变换器,同样利用了上述方法,但在此基础上要使来自交流电源的电流为正弦波,并与交流电压同相位。其误差电压大小由输出电压和整流后的交流电压的变化共同控制。

### 5.3.2 Boost APFC 电路工作原理

Boost 变换器的突出优点使其在 APFC 中应用更为广泛。Boost APFC 电路的原理图如图 5.8 所示,其工作原理如下:主电路的输出电压 $v_o$ 与基准电压 $v_{ref}$ 经过电压误差放大器得到电压误差放大信号,并与整流电压检测值共同加至乘法器的输入端;乘法器的输出作为电流反馈控制的电流基准信号,与输入电流检测值经过 PWM 控制器得到开关管的控制信号,以控制开关管的通断,从而使输入电流(即电感电流)$i_L$ 的波形与整流电压 $v_{dc}$ 的波形一致,大大减少了电流谐波,提高了输入端的功率因数,同时保持输出电压恒定。

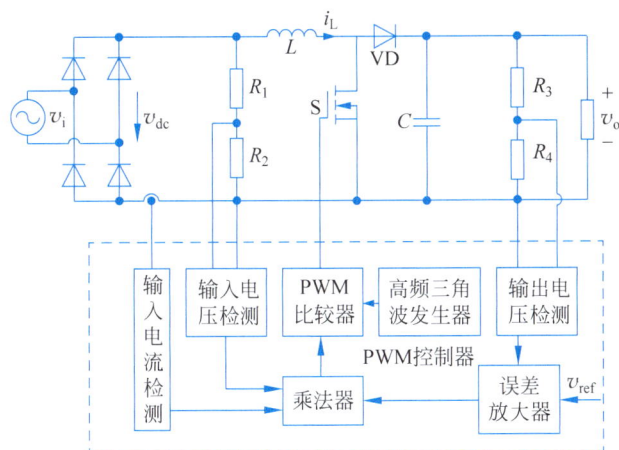

图 5.8 基于 Boost 变换器的 APFC 工作原理框图

### 5.3.3 APFC 控制方法

APFC 控制方法按照输入电感电流是否连续,分为断续导电模式(DCM)、连续导电模式(CCM)以及介于两者之间的临界连续导电模式(BCM)。有的电路还根据负载功率的大小,使得变换器在 DCM 和 CCM 之间转换,称为混合导电模式(Mixed Conduction Mode,MCM)。

DCM 模式的特点如下:

(1) 功率因数总小于 1,仅能起到改善作用;

(2) 功率因数与输入电压和输出电压比值 $\alpha$ 有关;

(3) 开关峰值电流大,通态损耗增加;

（4）输入电流波形失真随 $\alpha$ 的增加而增加；

（5）适用于小功率场合。

CCM 模式的特点如下：

（1）输入和输出电流纹波小，THD 和 EMI 小；

（2）器件导通损耗小；

（3）适用于中大功率场合。

CCM 根据是否直接选取瞬态电感电流作为反馈量，又可分为直接电流控制和间接电流控制。直接电流控制检测整流器的输入电流作为反馈和被控量，具有系统动态响应速度快、限流容易、电流控制精度高等优点。直接电流控制有峰值电流控制（Peak Current Mode Control，PCMC）、滞环电流控制（Hysteresis Current Control，HCC）、平均电流控制（Average Current Mode Control，ACMC）、预测瞬态电流控制（Predict Instant Current Control，PICC）、线性峰值电流控制（Linear Peak Current Mode，LPCM）以及非线性载波控制（Nonlinear Carrier Control，NLC）等控制方式。

控制 AC-DC 变换器实现 APFC 的方法有多种，常用的控制方法主要有 3 种：峰值电流控制、滞环电流控制和平均电流控制。本节以 Boost 功率因数校正变换器的控制为例，说明这 3 种方法的基本原理和基本特点。

### 1. 峰值电流控制

峰值电流控制指通过电感电流的峰值包络线跟踪输入电压 $V_{dc}$ 的波形，使输入电流与输入电压同相位，并接近正弦波，如图 5.9 所示。该控制方法中检测电流为开关管电流。

### 2. 滞环电流控制

与峰值电流控制不同，滞环电流控制的检测电流为电感电流，且控制电路中多了一个滞环逻辑控制器。逻辑控制器的特性与继电器特性一样，有一个电流滞环带。所检测的输入电压经分压后，产生两个基准电流值，即上限值与下限值。如图 5.10 所示，当电感电流达到基准电流下限值 $i_{min}$ 时，控制信号 $v_G$ 为高电平，开关管导通，电感电流上升；当电感电流达到基准电流上限值 $i_{max}$ 时，控制信号 $v_G$ 为低电平，开关管关断，电感电流下降。

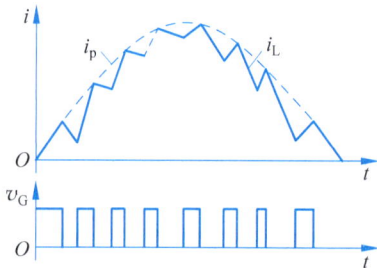

图 5.9 峰值电流控制 Boost PFC 电感电流波形

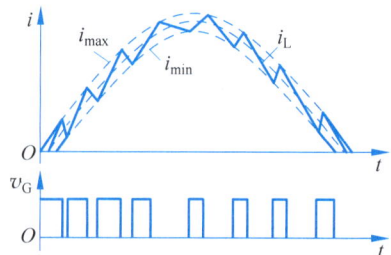

图 5.10 滞环电流控制 Boost PFC 电感电流波形

### 3. 平均电流控制

平均电流控制的主要特点是用电流误差放大器（或动态补偿器）代替峰值电流控制和滞

环电流控制中的电流比较器。

APFC 的平均电流控制方法采用了电流控制环和电压控制环,其中电流控制环使输入电流更接近正弦波,电压控制环使输出电压更稳定。输入整流电压和输出电压误差放大信号的乘积作为电流基准,电流基准与电感电流采样信号经电流误差放大器得到误差放大信号,再与锯齿波信号比较得到开关管的控制信号。

由于电流环有较高的增益(带宽),因此使跟踪误差产生的畸变小于 1%,容易实现接近于 1 的功率因数。图 5.11 给出了平均电流控制 Boost PFC 电感电流波形。

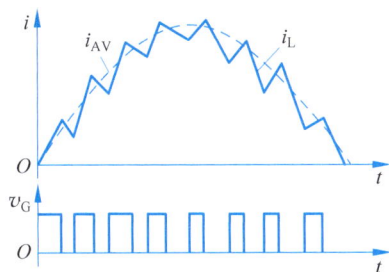

图 5.11 平均电流控制 Boost PFC 电感电流波形

# 5.4 APFC 集成控制器

根据实现 APFC 的方法和应用场合不同,一些公司相继推出了不同型号的 APFC 专用集成控制芯片,如 Unitrode 公司生产的 5 种 APFC 集成控制芯片,分别为 UC3852N-电子整流器用 PFC-IC、UC3853-平均电流型 PFC-IC、UC3854N-平均电流型 PFC-IC、UC3854A/BN-平均电流型改进 PFC-IC、UC3855N-零电压开通型 PFC-IC。下面以最常用的 UC3854 为例,介绍其功能和应用。

## 5.4.1 UC3854 工作原理

UC3854 是一款高功率因数的集成控制电路,采用 UC3854 构成的功率因数校正电路,当输入电压在 85~260V 范围内变化时,输出电压可保持稳定,因此也可用于 AC-DC 稳压电源。此外,输出电流可达 1A 以上,因此输出的固定频率 PWM 脉冲可驱动大功率 MOSFET。其主要特点如下:

(1) 采用 PWM 升压电路,功率因数达到 0.99 以上,THD<5%,适用于任何特性的开关器件。

(2) 采用通用的工作方式,无需开关,可进行前馈线性调整。

(3) 采用平均电流控制模式,噪声灵敏度低,启动电流小。

(4) 采用低偏值模拟乘法器/除法器,可进行恒频控制。

(5) 采用 1A 图腾柱门极驱动,可提供高精度的基准电压和精确的参考电压。

UC3854 主要包括电压误差放大器、模拟乘法器/除法器、电流误差放大器、固定频率脉宽调制器、功率 MOS 管的门极驱动器、过流保护比较器、7.5V 基准电压源、软启动环节、输入电压前馈环节以及输入电压钳位环节等。UC3854 的内部结构如图 5.12 所示。

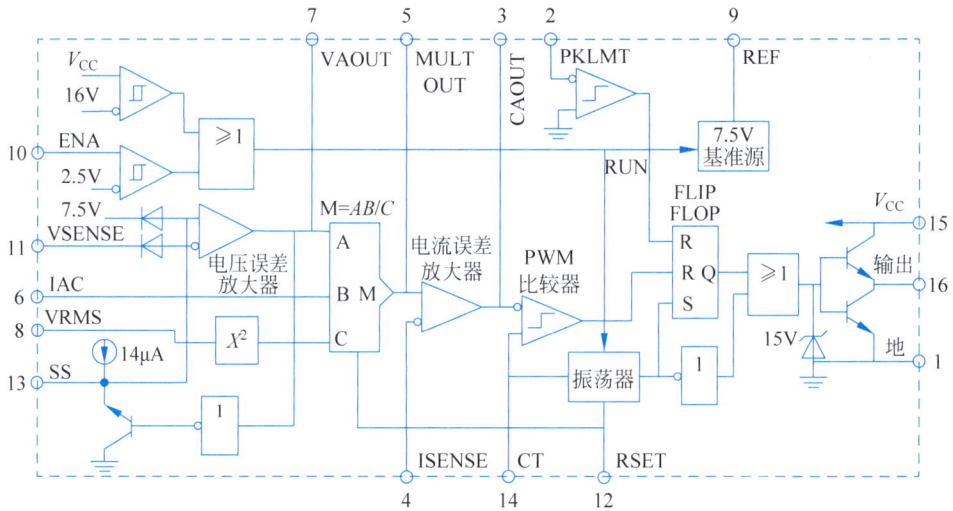

图 5.12　UC3854 的内部结构

模拟乘法器/除法器是功率因数校正集成电路的核心,它的输出电流 $I_{MO}$ 反映了功率因数为 1 的开关电源电路的输入电流,因此可作为基准电流。$I_{MO}$ 与乘法器输入电流 $I_{AC}$(它与输入电压瞬时值成比例)之间的关系为

$$I_{MO} = AB/C \tag{5.4}$$

其中,$A = I_{AC}$,$B = U_{AO} - 1.5$,$U_{AO}$ 为 UC3854 中电压误差放大器的输出信号,从中减去1.5V 是芯片设计的需要;$C = KU_{ms}^2$,$K$ 在乘法器中的值等于 1,$U_{ms}$ 是前馈电压,其值为1.5～4.77V,由 APFC 的输入电压经分压后提供。

模拟乘法器/除法器中引入 $U_{ms}^2$ 起到了前馈作用,一方面使芯片内部钳位于 $U_{ms}$,消除了输入电压对电压环放大倍数的影响,使电压环放大倍数和输入电压无关;另一方面电压误差放大器的输出还可使输入功率稳定,不随输入电压的变化而变化。例如,当输入电压变为原来的两倍时,反映输入电压变化的 $I_{AC}$、$U_{ms}$ 均变为原来的两倍。由式(5.4)可知,$I_{MO}$将减半。通过调制使输入电流减半,从而保持输入功率不变。另外,电压误差放大器具有输出钳位功能,可限制电路的最大功率。前馈电压的输入采用了二阶低通滤波,这样既可提高抗干扰能力,又不影响前馈电压输入端对电网波动的快速响应。

电压误差放大器输出电压的范围为 1～5.8V,当输出电压低于 1V 时,将会抑制乘法器的输出。电压误差放大器的最大输出电压内部限定为 5.8V,其目的是防止输出过冲。为了减小输入电压过低时产生的交越死区,交流输入端的标称电压取 6V,同时还用电阻将该端口与芯片内基准电压连接起来,这样输入电流的交越失真将最小。

UC3854 的开关管和二极管都工作在硬开关状态,这会带来以下问题:

(1) 开通时,开关管的电流上升和电压下降同时进行;关断时,开关管的电流下降和电压上升同时进行;开关管的开通损耗和关断损耗增大。

(2) 开关器件关断时,感性元器件感应出较大的尖峰电压,有可能造成开关管电压击穿。

(3) 开关器件开通时,开关器件结电容中储存的能量有可能引起开关器件过热而损坏。

(4) 二极管由导通变为截止时,存在反向恢复问题,容易造成直流电源瞬间短路。

## 5.4.2　UC3854 引脚功能

UC3854 的引脚功能如表 5.3 所示。

表 5.3　UC3854 的引脚功能

| 引脚号 | 符　号 | 功　能 |
|---|---|---|
| 1 | GND | 接地端,器件内部电压均以此端电压为基准 |
| 2 | PKLMT | 峰值限定端,其阈值电压为 0,该脚与芯片外检测电阻的负端相连,可与芯片内接基准电压的电阻相连,使峰值电流比较器反相端的电位补偿至 0 |
| 3 | CAOUT | 电流误差放大器输出端,对输入总线电流进行检测,并向脉冲宽度调制器输出电流校正信号 |
| 4 | ISENSE | 电流误差放大器反相输入端,该脚电压应高于 −0.5V(因采用二极管对地保护) |
| 5 | MULTOUT | 乘法放大器的输出和电流误差放大器的同相输入端 |
| 6 | IAC | 乘法器的前馈交流输入端,其设定电压为 6V,通过外接电阻与片内基准连接 |
| 7 | VAOUT | 电压误差放大器的输出端,该脚与乘法器 A 端相连,其电位低于 1V 时乘法器无输出 |
| 8 | VRMS | 前馈电压有效值补偿端,当该脚与阻值和输入线电压有效值成正比的电阻相连时,可对线电压的变化进行补偿 |
| 9 | VREF | 基准电压输出端,可向外围电路提供 10mA 的驱动电流 |
| 10 | ENA | 允许比较器输入端,不用时与 +5V 电压相连 |
| 11 | VSENSE | 电压误差放大器反相输入端,在芯片外与反馈网络相连,或通过分压网络与功率因数校正电路输出端相连 |
| 12 | RSET | 定时电阻端,在该脚与地之间接入不同的电阻,可用来调节振荡器的输出和乘法器的最大输出 |
| 13 | SS | 软启动端,与误差放大器的同相端相连 |
| 14 | CT | 定时电容端,接对地电容器 $C_T$,作为振荡器的定时电容 |
| 15 | VCC | 正电源阈值,为 10~16V |
| 16 | GTDRV | PWM 信号的图腾柱输出端,外接 MOSFET 管的栅极,该脚电压被钳位在 15V |

## 5.4.3　基于 UC3854 的 APFC 电路

以 UC3854 为控制芯片的有源功率因数校正电路如图 5.13 所示。设定电路输入交流电压 $v_i$ 为 187~253V,输出为 385V 的稳定直流电压,输出功率 $P_o=3800\text{W}$,效率 $\eta \geqslant 95\%$,开关频率 $f_s=25\text{kHz}$。

### 1. 主电路主要参数确定

1) 升压电感的确定

电感电流的最大峰值出现在电网电压最低且负载最大时,其计算表达式为

$$I_{PK}=\frac{\sqrt{2}\,P_{in}}{v_{i(min)}}=\frac{\sqrt{2}\,P_o}{v_{i(min)}\eta} \qquad (5.5)$$

将 $P_o=3800\text{W}$,$\eta=95\%$,$v_{i(min)}=187\text{V}$ 代入上式得:$I_{PK}\approx30.25\text{A}$。

电感电流变化量通常为最大峰值电流的 20% 左右,则有

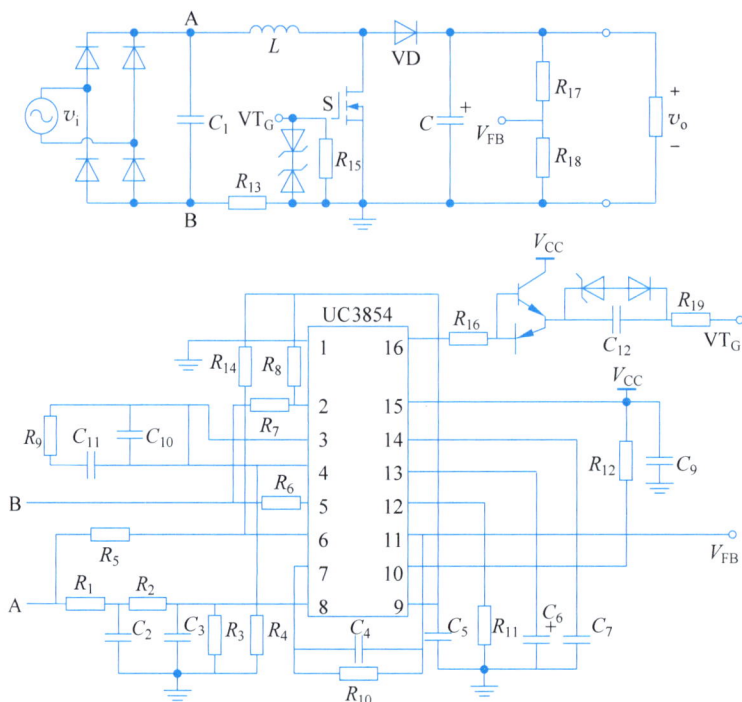

图 5.13　UC3854 用于 3.8kW 功率因数校正电路

$$\Delta i_{L} = 0.2 I_{PK} \tag{5.6}$$

将 $I_{PK} = 30.25\mathrm{A}$ 代入式(5.6)得：$\Delta i_{L} = 6.05\mathrm{A}$。

由 Boost 变换器的电压增益表达式 $v_{o}/v_{i} = 1/(1-D)$，可得 Boost PFC 变换器在 $I_{PK}$ 时的占空比表达式为

$$D = \frac{v_{o} - v_{i(PK)}}{v_{o}} = \frac{v_{o} - \sqrt{2}\, v_{i(min)}}{v_{o}} \tag{5.7}$$

其中，$v_{i(PK)}$ 为电网电压最低时整流桥输出电压的峰值。将 $v_{o} = 385\mathrm{V}$，$v_{i(min)} = 187\mathrm{V}$ 代入式(5.7)得：$D = 0.32$。

又因为电感电流变化量为

$$\Delta i_{L} = \frac{\sqrt{2}\, v_{i(min)} D}{L_{min} f_{s}} \tag{5.8}$$

可得最小电感表达式为

$$L_{min} = \frac{\sqrt{2}\, v_{i(min)} D}{\Delta i_{L} f_{s}} \tag{5.9}$$

将 $v_{i(min)} = 187\mathrm{V}$，$D = 0.32$，$\Delta i_{L} = 6.05\mathrm{A}$ 和 $f_{s} = 25\mathrm{kHz}$ 代入式(5.9)得：$L_{min} = 0.56\mathrm{mH}$。

2）滤波电容的确定

APFC 电路的输出电容选择，主要应考虑输出电压的大小及纹波值、电容允许流过的电流值、等效串联电阻的大小、容许温升等众多因素。此外，稳压电源还应要求在输入交流电断电的情况下，电容容量足够大以保证一定的放电维持时间。

由于利用维持时间计算所得的电容量最大，所以在此以输出电压的维持时间为计算依

据。假设维持时间要求为一个工频周期 20ms,满负载功率为 3.8kW,电容电压在此期间允许的跌落为 100V,则根据能量守恒定律得:

$$C = \frac{2P_o \Delta t}{v_o^2 - v_{o(\min)}^2} \tag{5.10}$$

将 $v_o = 385\text{V}$, $v_{o(\min)} = 285\text{V}$, $P_o = 3.8\text{kW}$ 和 $\Delta t = 20\text{ms}$ 代入式(5.10)得: $C \approx 2269\mu\text{F}$。

3)电流采样电阻 $R_s$(图 5.13 中的 $R_{13}$)的确定

电流采样电阻 $R_s$ 的表达式为

$$R_s = \frac{v_{R_s}}{I_{\text{PK(max)}}} \tag{5.11}$$

其中,$v_{R_s}$ 的特征值为 1V,$I_{\text{PK(max)}} = I_{\text{PK}} + \Delta i_L/2 = 33.275\text{A}$。因此,$R_s \approx 0.03\Omega$。

**2. 控制电路主要参数确定**

1)$R_8$、$R_7$ 的确定

将过载电流峰值 $I_{\text{PK(OVLD)}} = 40\text{A}$,采样电阻 $R_s = 0.03\Omega$ 代入式(5.12)

$$\begin{cases} v_{R_s(\text{OVLD})} = I_{\text{PK(OVLD)}} R_s \\ R_7 = \dfrac{v_{R_s(\text{OVLD})} R_8}{v_{\text{ref}}} \end{cases} \tag{5.12}$$

并取 $R_8 = 10\text{k}\Omega$,得 $R_7 \approx 1.6\text{k}\Omega$。

2)前馈分压电阻 $R_1$、$R_2$ 和 $R_3$ 的确定

$$\begin{cases} v_{i(\text{AV})} = 0.9v_{i(\min)} \\ \dfrac{v_{i(\text{AV})} R_3}{R_1 + R_2 + R_3} = 1.414 \\ \dfrac{v_{i(\text{AV})}(R_2 + R_3)}{R_1 + R_2 + R_3} = 7.5 \end{cases} \tag{5.13}$$

其中,取 $R_3 = 20\text{k}\Omega$,则 $R_1 = 910\text{k}\Omega$,$R_2 = 91\text{k}\Omega$。

3)$R_5$ 的确定

$$R_5 = \frac{v_{\text{PK(max)}}}{I_{\text{AC(PK)}}} = \frac{220 \times 1.2 \times 1.414}{400 \times 10^{-6}} \approx 933(\text{k}\Omega)$$

选取 $R_5 = 910\text{k}\Omega$。

4)$R_{14}$ 的确定

$$R_{14} = 0.25R_5 \approx 227(\text{k}\Omega)$$

选取 $R_{14} = 220\text{k}\Omega$。

5)振荡器振荡电阻 $R_{11}$ 的确定

乘法器的前馈输入电流为

$$I_{\text{AC(min)}} = \frac{v_{i(\text{PK})}}{R_5} = \frac{220 \times 1.2}{910 \times 10^3} \approx 290(\mu\text{A})$$

乘法器的最大输出电流为

$$I_{\text{M.max}} = \frac{3.75\text{V}}{R_{11}} \qquad (5.14)$$

由于 $I_{\text{M.max}}$ 不会大于 2 倍 $I_{\text{AC(min)}}$，所以 $R_{11}$ 的最小值为

$$R_{11} = \frac{3.75\text{V}}{2 \times I_{\text{AC(min)}}} \approx 6.47\text{k}\Omega$$

选取 $R_{11} = 10\text{k}\Omega$。

6）振荡器振荡电容 $C_7$ 的确定

$$C_7 = \frac{1.25}{R_{11}f_s} = 5\text{nF}$$

选取 $C_7 = 4.7\text{nF}$。

## 5.5    单级 APFC 变换器

### 5.5.1    典型单级 APFC 变换器

单级 APFC 电路通常由 Boost 变换器和 DC-DC 变换器组成。如图 5.14(a)所示，典型单级隔离 APFC 变换器由升压型 APFC 级和正激式 DC-DC 变换器组成。有源开关 S 为共享开关，$C_b$ 为缓冲电容，通过控制 S 的通断，同时实现对输入电流和输出电压的调节，电路工作波形如图 5.14(b)所示。

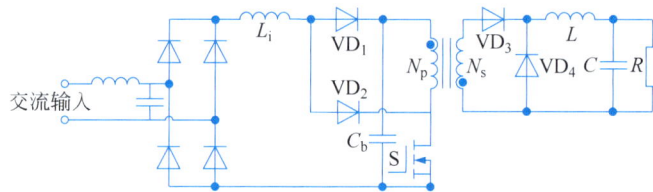

(a) 电路拓扑

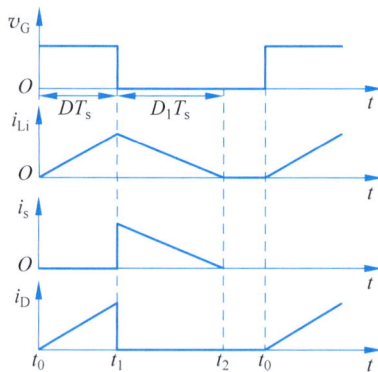

(b) 主要工作波形

图 5.14    典型单级隔离 APFC 变换器及其工作波形

由图 5.14(a)可知，单级隔离 APFC 变换器中，APFC 级和 DC-DC 级共用一个开关管和一个控制电路，通常控制电路用来控制 DC-DC 级获得稳定的输出电压，无须对 APFC 级进行控制，这就要求 APFC 级本身具有功率因数校正功能。当 DCM Boost 变换器的占空比

固定时,输入电流自动跟随输入电压,因此,APFC 级工作在 DCM 时可以获得较高的功率因数。所以,将 DCM Boost 变换器和 DC-DC 变换器结合在一起,既可实现功率因数校正,又能获得稳定输出。为了提高变换器效率,DC-DC 级一般工作在 CCM 模式。

## 5.5.2 单级 APFC 变换器工作原理

由于诸多单级 APFC 变换器电路拓扑由上述 Boost 型单级隔离 APFC 变换器演变而来,下面对此电路的工作原理进行分析。

如图 5.14 所示,输入瞬时功率不断变动,而输出功率要保持恒定,所以加入缓冲电容 $C_b$ 来平衡输入/输出能量,同时也给电路带来了问题。当负载变轻,输出功率减少时,由于输入功率不变,多出的功率便储存在缓冲电容 $C_b$ 上,导致其电压升高。这时输出电压有升高趋势,控制电路开始工作,减少占空比保证输出电压稳定,达到输入、输出功率平衡。可以看出,这是一个动态过程,这样的平衡是以缓冲电容 $C_b$ 的电压上升为代价的。

### 1. 工作过程分析

在图 5.14 中,$v_i$ 为交流输入电压,$L_i$ 为 Boost 电感,缓冲电容 $C_b$ 为中间储能电容,$R$ 为变换器负载,$v_G$ 为开关管 S 的驱动信号,$T_s$ 为开关周期,$D$ 为占空比。因为开关频率远大于交流输入频率,因此 $v_i$ 在一个开关周期内可看作恒定值。在一个开关周期内,电路工作过程分为 3 个阶段,对应 3 个工作模态,如图 5.15 所示。

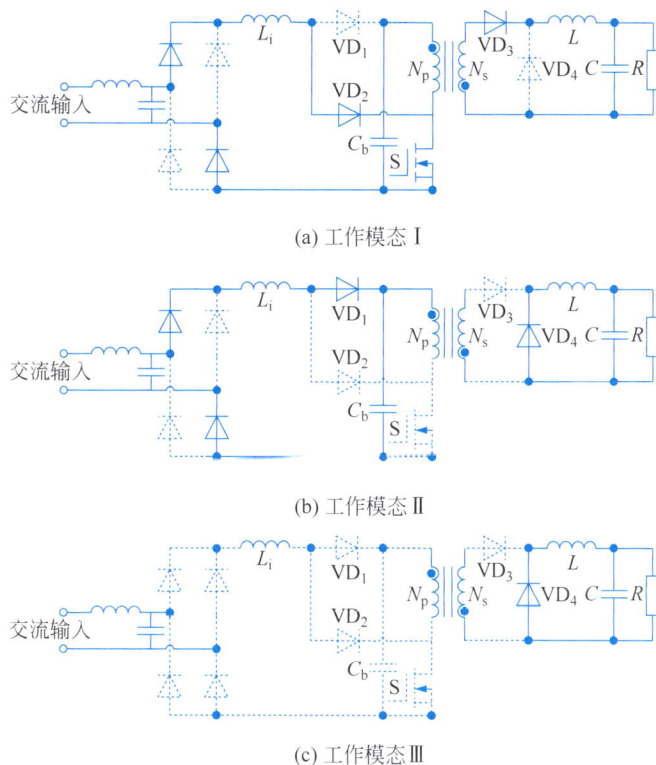

(a) 工作模态 Ⅰ

(b) 工作模态 Ⅱ

(c) 工作模态 Ⅲ

图 5.15 典型 Boost 型单级隔离 APFC 变换器工作模态

（1）$t_0 \sim t_1$ 期间：工作模态 $\mathrm{I}$，如图 5.15（a）所示。S、$\mathrm{VD}_2$ 和 $\mathrm{VD}_3$ 导通，$\mathrm{VD}_1$ 和 $\mathrm{VD}_4$ 截止，电源 $v_i$ 给电感 $L_i$ 充电，电感电流线性增加，$C_b$ 经过变压器向 $L$、$C$ 和 $R$ 放电。S 在 $t_1$ 时刻截止时电感电流达到最大值 $i_{L_{ip}}$，即

$$i_{L_{ip}} = \frac{|v_i|}{L_i} D T_s \tag{5.15}$$

$$i_{VD_1} = 0, \quad i_{VD_2} = i_{L_i} \tag{5.16}$$

（2）$t_1 \sim t_2$ 期间：工作模态 $\mathrm{II}$，如图 5.15（b）所示。S、$\mathrm{VD}_2$ 和 $\mathrm{VD}_3$ 截止，$\mathrm{VD}_1$ 和 $\mathrm{VD}_4$ 导通，$v_i$ 和 $L_i$ 通过 $\mathrm{VD}_1$ 给 $C_b$ 充电，负载 $R$ 电压由 $L$ 和 $C$ 储能维持。在 $t_2$ 时刻，$L_i$ 中能量完全释放，电流为 0。此期间有

$$i_{L_i} = i_{L_{ip}} - \frac{v_{C_b} - |v_i|}{L_i}(t - D T_s) \tag{5.17}$$

$$i_{VD_1} = i_{L_i}, \quad i_{VD_2} = 0 \tag{5.18}$$

（3）$t_2 \sim t_0$ 期间：工作模态 $\mathrm{III}$，如图 5.15（c）所示。S、$\mathrm{VD}_1$、$\mathrm{VD}_2$ 和 $\mathrm{VD}_3$ 截止，$\mathrm{VD}_4$ 继续导通，负载 $R$ 电压由 $L$ 和 $C$ 储能维持。

### 2. 输入电流分析

在工作模态 $\mathrm{I}$ 和工作模态 $\mathrm{II}$ 期间，电感 $L_i$ 储存的能量完全释放，根据伏秒平衡原理，有

$$|v_i| D T_s = (v_{C_b} - |v_i|) D_1 T_s \tag{5.19}$$

整理得

$$D_1 = \frac{|v_i|}{v_{C_b} - |v_i|} D \tag{5.20}$$

一个开关周期内的平均输入电流为

$$i_{L_i(av)} = \frac{1}{2}(i_{L_{ip}} D + i_{L_{ip}} D_1) = \frac{|v_i| D^2 T_s}{2L_i} \cdot \frac{v_{C_b}}{v_{C_b} - |v_i|} \tag{5.21}$$

设 $|v_i| = |v_p \sin\omega t|$，其中，$v_p$ 为输入电压的峰值，则

$$i_{L_i(av)} = \frac{|v_p \sin(\omega t)| D^2 T_s}{2L_i} \cdot \frac{v_{C_b}}{v_{C_b} - |v_p \sin(\omega t)|} = k\beta \frac{|\sin(\omega t)|}{1 - \beta|\sin(\omega t)|} \tag{5.22}$$

其中，$k = \dfrac{D^2 T_s v_{C_b}}{2L_i}$，$\beta = \dfrac{v_p}{v_{C_b}}$。

在单级 APFC 变换器中，Boost 电感工作在断续导电模式，在一个开关周期内，占空比恒定，输入电流被分解为三角脉冲波，电感电流峰值自动跟随输入电压。由于 Boost 电感的放电时间受到储能电容电压的影响，平均输入电流会呈现一定程度的畸变，因此这种电压跟随方式得到的电流波形并非理想正弦波。由式（5.22）可知，$\beta$ 与平均输入电流间存在一定关系，即 $\beta$ 很小，输入电流接近正弦波；$\beta$ 接近 1，电流畸变严重。

### 3. 功率因数表达式

输入电流有效值为

$$i_{L_i(rms)} = \sqrt{\frac{1}{\pi} \int_0^\pi \left(\frac{k\beta \sin(\omega t)}{1 - \beta \sin(\omega t)}\right)^2 \mathrm{d}(\omega t)} \tag{5.23}$$

令 $z = \int_0^\pi \left[ \dfrac{\sin(\omega t)}{1 - \beta \sin(\omega t)} \right]^2 \mathrm{d}(\omega t)$，则有

$$i_{L_i(\mathrm{rms})} = k\beta \sqrt{\dfrac{z}{\pi}} \tag{5.24}$$

变换器平均输入功率为

$$P_i = \dfrac{1}{\pi} \int_0^\pi |v_i| i_{L_i(\mathrm{av})} \, \mathrm{d}(\omega t) = \dfrac{1}{\pi} v_p k\beta \int_0^\pi \left( \dfrac{\sin^2(\omega t)}{1 - \beta \sin(\omega t)} \right) \mathrm{d}(\omega t) = \dfrac{v_p k\beta}{\pi} y \tag{5.25}$$

其中，$y = \int_0^\pi \dfrac{\sin^2(\omega t)}{1 - \beta \sin(\omega t)} \mathrm{d}(\omega t)$。

变换器功率因数可表示为

$$\mathrm{PF} = \dfrac{P_i}{U_{\mathrm{rms}} i_{L_i(\mathrm{rms})}} = \sqrt{\dfrac{2}{\pi z}} \, y \tag{5.26}$$

其中，$U_{\mathrm{rms}} = v_p / \sqrt{2}$。

### 5.5.3　常见单级 APFC 变换器电路拓扑

#### 1. 基于反激式变换器的单级 APFC 电路

基于反激式变换器的单级 APFC 电路如图 5.16 所示，由 Boost-PFC 级和反激式变换器构成。

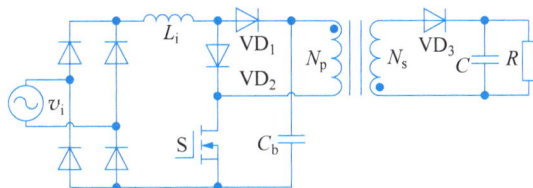

图 5.16　基于反激式变换器的单级 APFC 电路

这是一种最基本的单级 APFC 变换器，与普通的 AC-DC 变换器相比，具有电压应力较高、损耗较多等缺点。因此提出了采用软开关技术减少开关损耗和降低开关应力的新型单级 APFC 变换器，以提高变换器的转换效率。

#### 2. 有源钳位软开关单级 APFC 变换器

有源钳位软开关单级 APFC 变换器如图 5.17 所示，采用有源钳位软开关技术，可减小基于反激式变换器的单级 APFC 电路的开关损耗和电压应力。

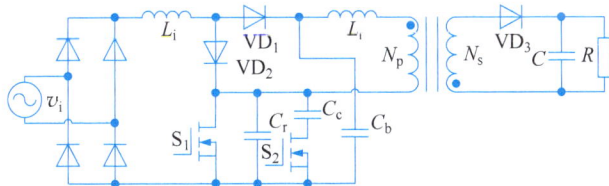

图 5.17　有源钳位软开关单级 APFC 变换器

在图 5.17 中，$S_1$ 为主开关，$S_2$ 为辅助开关；$C_c$ 为钳位电容，$C_b$ 为储能电容，$C_r$ 为开关 $S_1$ 和 $S_2$ 的寄生电容以及电路中其他寄生电容之和。由于 $C_b$ 较大，可认为其上电压在一个开关周期内恒定。因此可将有源钳位软开关单级 APFC 变换器分为 Boost 单元和有源钳位软开关反激电路两个单元，如图 5.18 所示。Boost 单元工作于 DCM，保证功率因数高；反激电路单元工作于 CCM，避免出现较高的电流应力。开关管关断时，钳位电容 $C_c$ 限制了开关管两端电压，降低了电压应力。此外，$L_r$ 和 $C_r$ 谐振为主开关管 $S_1$ 的开通创造了软开关条件，$L_r$ 和 $C_c$ 谐振为辅助开关管 $S_2$ 的开通创造了软开关条件；$S_1$ 或 $S_2$ 关断时，$C_r$ 使其电压上升相对缓慢，在一定程度上减少了开关管的关断损耗；从而提高变换器效率。但辅助开关管 $S_2$ 的引入，增加了器件数量和电路成本。

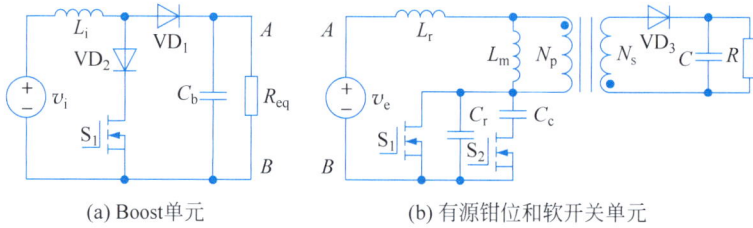

(a) Boost 单元    (b) 有源钳位和软开关单元

图 5.18    有源钳位软开关单级 APFC 变换器的两个工作单元

### 3. 基于 Flyboost 单元的单级 APFC 变换器

基于 Flyboost 单元的 APFC 变换器拓扑较多。如图 5.19 所示的基于 Flyboost 单元的单级 APFC 变换器由 Flyboost APFC 单元和正激式变换器构成，其中 $T_1$ 为反激变压器，$T_2$ 为正激变压器，$C_1$ 为储能缓冲电容。

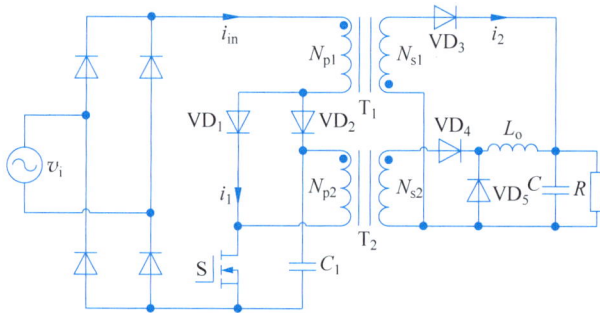

图 5.19    基于 Flyboost 单元的单级 APFC 变换器

基于 Flyboost 单元的单级 APFC 变换器中一部分功率由输入直接传输到输出，另一部分功率通过储能电容传输。此外，电路中反激变换器工作于 DCM 时，通过理论分析可知，从输入端看它相当于一个无损电阻，无需控制器就可以使输入功率因数近似为 1。

图 5.20 所示为 Flyboost 单元的两种工作模式及工作波形。当输入电压较低时，$VD_2$ 不能导通，电路工作在反激模式，存储在 $T_1$ 中的能量全部传递到输出端。当输入电压增大至满足 $VD_2$ 能够导通时，电路进入 Boost 模式。此模式中，开关管 S 导通时，$T_1$ 经过 $VD_1$ 储能；开关管 S 关断时，存储在 $T_1$ 中的能量向 $C_1$ 放电。反激模式实现了部分能量的直接转换，提高了电路效率，适用于中小功率场合。

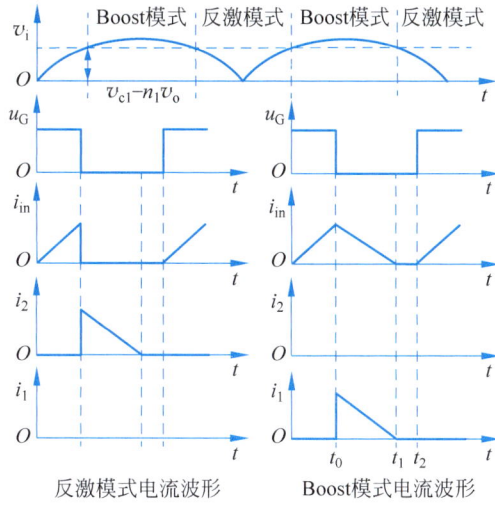

图 5.20 Flyboost 单元的两种工作模式及工作波形

# 第6章

# 软开关技术

本章首先阐述软开关基本概念与软开关变换器分类,简要介绍 6 种典型软开关变换器(零电压开关准谐振变换器、移相全桥型零电压开关 PWM 变换器、零电压转换 PWM 变换器、有源钳位正激式/反激式变换器和软开关 PWM 三电平直流变换器)的拓扑结构和工作原理,详细介绍 3 类谐振变换器(LC 串联谐振变换器、LC 并联谐振变换器、LLC 和 LCC 串并联谐振变换器)的拓扑结构、工作原理和增益特性。

## 6.1 软开关技术概述

### 6.1.1 软开关基本概念

通常情况下,为便于分析开关变换器工作原理,需将开关器件理想化,并假设开关状态在瞬间转换,忽略开关过程对变换器工作模式的影响。然而,在实际中,开关管导通、关断过程客观存在,并会影响变换器的工作模式。

开关管导通、关断时的电压 $U_{VD}$、电流 $I_D$ 波形,及开关管导通损耗 $P_{loss(on)}$、关断损耗 $P_{loss(off)}$ 波形如图 6.1 所示。开关管并非理想器件,开关管导通时,电压 $U_{VD}$ 不会立即下降为 0,存在下降时间;开关管电流 $I_D$ 不会立即上升为负载电流,存在上升时间;在这段时间内,电流 $I_D$ 和电压 $U_{VD}$ 存在时间区域重叠,产生导通损耗 $P_{loss(on)}$。开关管关断时,其电压 $U_{VD}$ 不会立即从 0 上升为电源电压,存在上升时间;同时,开关管电流 $I_D$ 不会立即下降为 0,存在下降时间;这段时间内,电流 $I_D$ 和电压 $U_{VD}$ 存在时间区域重叠,产生关断损耗 $P_{loss(off)}$。开关管工作于开关状态时,统称导通损耗和关断损耗为开关损耗 $P_{loss}$,有 $P_{loss} = P_{loss(on)} + P_{loss(off)}$。每个开关周期 $T_s$ 内,开关管的开关损耗 $P_{loss}$ 恒定,且与开关频率 $f_s = 1/T_s$ 成正比,即开关频率 $f_s$ 越高,开关损耗 $P_{loss}$ 越大,变换器工作效率越低。

如图 6.1 所示的开关管工作状态,称为硬开关状态,其特点为:工作于硬开关状态时,开关管电压 $U_{VD}$、电流 $I_D$ 存在较大时间区域重叠,开关损耗 $P_{loss}$ 较大。由于开关损耗 $P_{loss}$ 与开关频率 $f_s$ 呈现正相关性,开关损耗限制了开关频率提升,从而限制了开关变换器小型化、轻量化和集成化发展。此外,工作于硬开关状态时,开关管电压、电流应力较大,且在开关过程中产生较大 $du/dt$ 和 $di/dt$,由于寄生电感、电容的作用,$du/dt$ 和 $di/dt$ 会在开关变换器中产生电磁干扰(ElectroMagnetic Interference,EMI),可能严重影响开关变换器正常运行。

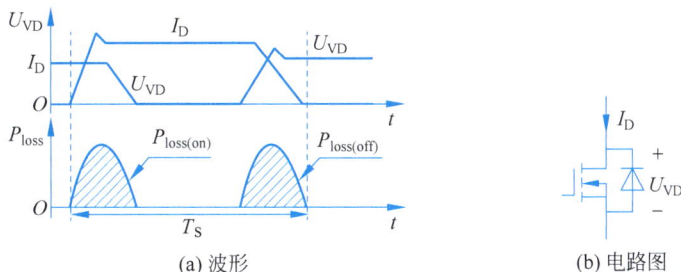

(a) 波形        (b) 电路图

图 6.1 开关管导通、关断时的电压、电流和开关损耗波形

工作于不同开关状态时,开关管的通断轨迹如图 6.2 所示。在图 6.2 中,虚线为开关管的安全工作区(Safety Operation Area,SOA)边界,曲线 1 和曲线 2 为开关管工作于硬开关状态时的通断轨迹。由图 6.2 可知,工作于硬开关状态时,开关管电压、电流应力较大,且通断轨迹 1 和轨迹 2 接近 SOA 边界,易导致开关管损坏。为避免上述情况,可在开关变换器中附加辅助电路,改变开关管通断轨迹,使开关管沿图 6.2 中曲线 3 和曲线 4 所示通断轨迹导通或关断。与通断轨迹 1 和轨迹 2 相比,开关管沿通断轨迹 3

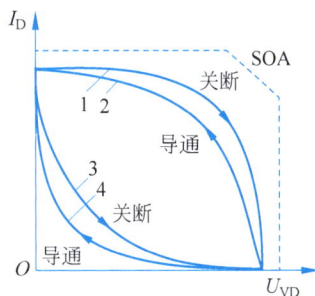

图 6.2 开关管通断轨迹

和轨迹 4 导通、关断时,开关管电流、电压应力较小,且 $du/dt$ 和 $di/dt$ 较低,开关损耗低,从而保证开关变换器在开关频率较高时,实现高效率和低电磁干扰。

开关管通断轨迹曲线 3、曲线 4 的电压与电流波形,如图 6.3 所示。由图 6.3 可知,改变开关管开关轨迹可采用两种方式,即零电流开关(Zero Current Switch,ZCS)和零电压开关(Zero Voltage Switch,ZVS),其工作波形分别如图 6.3(a)和图 6.3(b)所示。

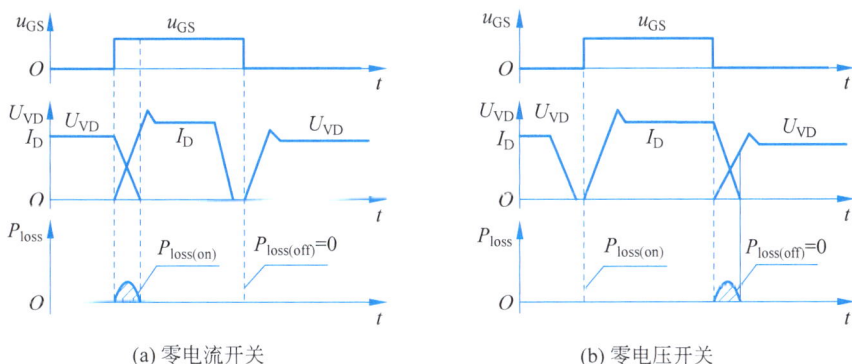

(a) 零电流开关        (b) 零电压开关

图 6.3 开关管软开关工作波形图

由图 6.3(a)可知,开关管导通时,ZCS 使用外部电路减缓开关管电流 $I_D$ 上升速度,在开关管电压 $U_{VD}$ 降为 0 后,电流 $I_D$ 才缓慢上升至额定值,由于电压 $U_{VD}$、电流 $I_D$ 时间重叠区域减少,开关管导通损耗降低,有时称这种开通过程为零电流开通;开关管关断前,ZCS 使用外部电路将开关管电流 $I_D$ 提前降为 0,开关管零电流关断,关断损耗为 0。由图 6.3(b)可知,开关管导通前,ZVS 使用外部电路将开关管电压 $U_{VD}$ 降为 0,开关管零电压导通,导通损耗为 0;开关管关断时,ZVS 使用外部电路使开关管电压 $U_{VD}$ 缓慢升高,由于电压 $U_{VD}$、

电流 $I_D$ 时间重叠区域减少,开关管关断损耗降低,有时称这种关断过程为零电压关断。

由图 6.2 和图 6.3 可知,ZVS 和 ZCS 借助辅助电路,降低开关过程开关管 $du/dt$ 与 $di/dt$,吸收、释放开关能量,可以改变开关管的通断轨迹,使之向坐标轴靠近(如图 6.2 中的轨迹 3、轨迹 4 所示),降低了开关管电压、电流应力,并使开关状态转换更为平滑、快速和高效,从而有效减小开关损耗、电磁干扰和噪声。这种利用电力电子器件换流特性,附加辅助电路降低开关管电压、电流应力,"软化"开关管开关过程的技术,称为软开关(soft switching)技术。

## 6.1.2 软开关变换器分类

软开关技术可实现高频开关变换器的低电压电流应力、高效率、高功率密度和低电磁干扰,受到国内外专家学者广泛关注与研究。软开关技术发展历程如表 6.1 所示。

表 6.1 软开关技术发展历程

| 提 出 时 间 | 软 开 关 技 术 | 应 用 |
|---|---|---|
| 20 世纪 70 年代 | 串联或并联谐振技术 | 半桥或全桥变换器 |
| 20 世纪 80 年代初 | 有源钳位 ZVS 技术 | 主要为单端变换器 |
| 20 世纪 80 年代中 | 准谐振或多谐振技术 | 单端或桥式变换器 |
| 20 世纪 80 年代末 | ZVS/ZCS-PWM 技术 | 单端或桥式变换器 |
| 20 世纪 80 年代末 | 移相全桥型 ZVS-PWM 技术 | 全桥变换器 |
| 20 世纪 90 年代初 | ZVT/ZCT-PWM 移相全桥型混合 ZVS/ZCS-PWM 技术 | 全桥变换器 |

由表 6.1 可知,截至 20 世纪末,软开关技术已在多种 PWM DC-DC 变换器中广泛应用。例如,美国 VICOR 公司开发的 DC-DC 高频软开关变换器,输出为 48V/600W,效率可达 90%,功率密度可达 120W/in;日本 Lambda 公司采用有源钳位 ZVS-PWM Fly-forward 变换器及同步整流技术,使 DC/DC 变换器效率达到 90%;美国 ETM 公司开发的 LCC 谐振式 ZCS 开关变换器,输出为 11kV/1.5kW,开关频率为 100kHz,效率可达 92%;20 世纪末,我国自行开发 2kW 输出通信用一次电源,采用移相全桥 PWM 软开关技术,模块效率可达 93%,其重量比用 PWM 技术的同类产品下降了 40%。此外,若想将软开关技术应用于 MHz 频率开关变换器,仅依靠电路拓扑研发较为困难,还必须依赖宽禁带半导体开关器件性能优化,以及封装技术、散热技术的改良;这也是未来软开关技术领域的主流研究方向与趋势。

根据软开关变换器拓扑、工作原理及实现方式,软开关变换器分类如下:

(1) 全谐振变换器,即谐振变换器(Resonant Converter,RC),该类变换器为负载谐振型变换器。按照谐振元器件的谐振方式,谐振变换器可分为串联谐振变换器(Series Resonant Converter,SRC)、并联谐振变换器(Parallel Resonant Converter,PRC)两类。此外,根据谐振电路与负载连接关系,谐振变换器也可分为以下两类:一类谐振电路与负载串联,称为串联负载(或串联输出)谐振变换器(Series Load Resonant Converter,SLRC);另一类谐振电路与负载并联,称为并联负载(或并联输出)谐振变换器(Parallel Load Resonant Converter,PLRC)。在谐振变换器中,谐振元器件一直工作于谐振状态,全程参与能量交换;此外,全谐振变换器对负载敏感,一般采用变频控制方法调节输出电压,增加了输出滤波电路设计难度。

（2）准谐振变换器（Quasi-Resonant Converter，QRC）和多谐振变换器（Multi-Resonant Converter，MRC）。不同于全谐振型变换器，QRC 和 MRC 的谐振元器件，仅在某一阶段参与能量交换，而非全程参与。根据工作方式，准谐振变换器可分为零电流开关准谐振变换器（Zero-Current-Switching Quasi-Resonant Converter，ZCS QRC）和零电压开关准谐振变换器（Zero-Voltage-Switching Quasi-Resonant Converter，ZVS QRC）。

在准谐振变换器中，多谐振变换器使用多个谐振元器件，因此具有多个谐振频率点。与准谐振变换器类似，多谐振变换器也具有零电流开关、零电压开关两种形式。此外，与传统准谐振变换器相比，多谐振变换器开关管电压应力低，并可实现开关管 ZVS；然而，由于多谐振变换器存在多个谐振元器件，变换器中存在大量无功功率交换，导致开关管通态损耗较大。多谐振变换器一般采用变频控制，增加了输出滤波电路和 EMI 滤波电路设计难度。

（3）零开关 PWM 变换器（Zero Switching PWM Converter）。零开关 PWM 变换器分为零电压开关 PWM 变换器（Zero-Voltage Switching PWM Converter）和零电流开关 PWM 变换器（Zero-Current Switching PWM Converter）。基于准谐振变换器拓扑，通过引入辅助开关管，零开关 PWM 变换器可以控制谐振元器件的谐振过程，使开关管电压应力明显降低，并实现开关频率固定的 PWM 控制。因此，与全谐振及准谐振变换器相比，零开关 PWM 变换器具有输出滤波电路及电磁兼容设计简单的优点。此外，与准谐振变换器相比，零开关 PWM 变换器谐振工作时间较短，一般为开关周期的 $1/10\sim1/5$。

（4）零转换 PWM 变换器。零转换 PWM 变换器分为零电压转换 PWM 变换器和零电流转换 PWM 变换器。零转换 PWM 变换器的辅助谐振电路与主开关管并联，通过控制辅助谐振电路产生 LC 振荡，使主开关管实现零电流关断和零电压导通。由于其辅助谐振电路与主开关管并联，因此输入电压、负载功率对电路谐振过程影响很小，在宽输入电压、宽输出负载范围内，变换器可以实现软开关；此外，零转换 PWM 变换器的无功功率交换较小，工作效率较高。

（5）有源钳位软开关变换器。通过在开关管并联钳位电路，有源钳位软开关变换器可以降低开关管电压应力；此外，在开关管关断时，有源钳位软开关电源变换器可以吸收浪涌能量，并在开关管导通时将浪涌能量馈入电网。由于有源钳位软开关变换器可以降低开关管电压应力，并提高变换器效率，该变换器广泛应用于正激式、反激式等多种开关变换器，即有源钳位正激式变换器和有源钳位反激式变换器。

（6）移相全桥型零电压开关 PWM 变换器。作为一种隔离型开关变换器，移相全桥型变换器具有高输出电压及高功率密度优势，广泛应用于 DC-DC 变换场合。然而，传统的移相全桥型变换器的开关管工作于硬开关状态，开关损耗较大，变换器工作效率低，传统的移相全桥型变换器也称为硬开关移相全桥型变换器。与硬开关全桥电路变换器相比，仅通过增加谐振电感，移相全桥型零电压开关 PWM 变换器原边的 4 个开关管就可实现零电压导通，有效降低了开关损耗；该类变换器拓扑及控制调制方法简单，工作效率较高。

## 6.1.3　谐振变换器基本概念

上述各种软开关变换器都可有效降低开关损耗，但在一般情况下，每种软开关变换器只能消除一种开关损耗。例如，零电压开关可以消除导通损耗，而零电流开关则可以消除关断损耗；由于只能消除一种损耗，因此若开关频率较高，则变换器开关损耗仍然严重，工作效率低。

谐振变换器通过适当组合和连接 $L$、$C$ 谐振元器件,形成特定 LC 谐振电路,并与开关电路及负载连接,其结构如图 6.4(a)所示。由于 LC 谐振电路具有选频特性,可使变换器电流(或电压)波形在开关周期内近似呈现正弦变化规律,如果变换器开关频率选择恰当,那么开关器件可以在电流接近零点时导通和关断。因此,与仅能消除一种开关损耗的软开关(如零电压导通、零电流关断)的变换器相比,谐振变换器可进一步降低开关损耗,提高工作效率。因此,谐振变换器广泛应用于高效电力变换应用场合,例如,新能源汽车、光伏发电、高压直流传输等。

谐振变换器多应用于隔离型 DC-DC 变换器。为便于阐述工作原理及特性,可将变压器副边的高频整流、滤波及负载电路视作整体,并等效为变压器原边的等效负载电阻 $R$,如图 6.4 所示;如此,根据负载(即等效电阻 $R$)与 LC 谐振电路的连接情况,谐振变换器分为以下 3 类:

(1)串联谐振变换器。当等效负载电阻 $R$ 与谐振电路串联时,变换器为串联谐振变换器,其谐振电路如图 6.4(b)所示;其中,$L$ 为谐振电感,$C_s$ 为串联谐振电容。

(2)并联谐振变换器。当等效负载电阻 $R$ 与谐振电路中的并联谐振电容 $C_p$ 并联时,变换器为并联谐振变换器,其谐振电路如图 6.4(c)所示。

(3)串并联谐振变换器。在串并联谐振器中,LC 谐振电路由两个电容 $C_s$、$C_p$ 和一个电感 $L$,或两个电感 $L$、$L_p$(并联谐振电感)和一个电容 $C_s$ 构成,因此,串并联谐振变换器又称为 LCC 和 LLC 谐振变换器。LCC 和 LLC 谐振电路分别如图 6.4(d)和(e)所示。

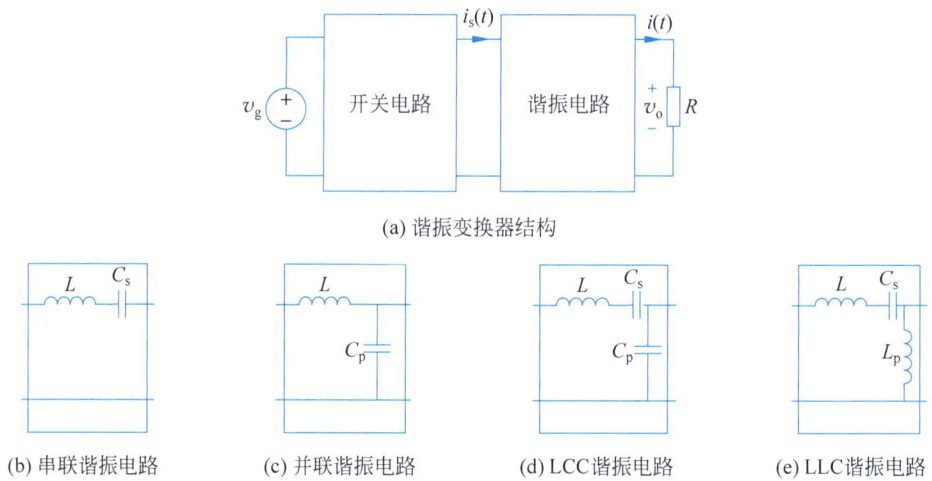

(a) 谐振变换器结构

(b) 串联谐振电路  (c) 并联谐振电路  (d) LCC谐振电路  (e) LLC谐振电路

**图 6.4 谐振变换器结构及谐振电路**

与 6.1.2 节所述软开关变换器相比,谐振变换器显著降低了开关损耗;此外,由于变换器电流波形接近正弦波,谐振变换器具有良好的电磁干扰抑制效果。然而,输入电压、输出电压及输出功率变化时,谐振变换器需通过调节开关频率控制输出电压(即变频控制),增加了 LC 谐振电路、滤波电路及电磁兼容设计难度;因此,在输入电压和输出功率瞬态调节灵活性方面,谐振变换器不如 PWM 变换器。此外,由于谐振变换器电流波形接近正弦波,有效值与峰值偏高,会导致开关管通态损耗较高,不利于开关变换器散热设计及效率优化设计。

## 6.2 典型软开关变换器

### 6.2.1 零电压开关准谐振变换器

如前所述,准谐振变换器分为零电流开关准谐振变换器(ZCS QRC)与零电压开关准谐振变换器(ZVS QRC)。本节将详细介绍基于 Buck 变换器的零电压开关准谐振变换器。

基于 Buck 变换器的零电压开关准谐振变换器如图 6.5 所示。基于传统 Buck 变换器拓扑,引入零电压开关准谐振电路代替原来的开关管,其中,准谐振电路包含与开关管 S 串联的谐振电感 $L_r$ 及并联的谐振电容 $C_r$。通常情况下,谐振电感 $L_r$ 远小于滤波电感 $L$,因此,为便于分析,当谐振电感 $L_r$ 与滤波电感 $L$ 串联时,令谐振电感 $L_r$ 电压近似为 $0$。

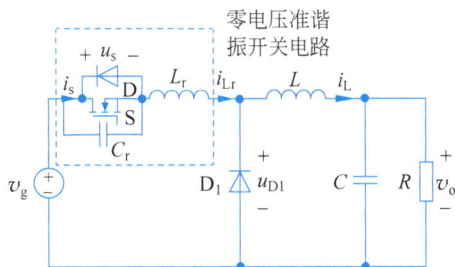

图 6.5 基于 Buck 变换器的零电压开关准谐振变换器

在一个开关周期内,基于 Buck 变换器的零电压开关准谐振变换器的工作波形如图 6.6 所示;其中,$u_s$、$i_s$ 分别为开关管 S 的电压、电流,$i_{Lr}$ 为谐振电感电流,$u_{D1}$ 为续流二极管 $D_1$ 电压,$i_L$ 为滤波电感电流。由图 6.6 可知,一个开关周期可分为 7 个阶段,其中,第 2~4 阶段的电路电流流通回路一致,属于同一种工作模式(即工作模式Ⅱ)。因此,在一个开关周期内($t_0 \sim t_7$),零电压准谐振变换器分为 5 种工作模式,分别如图 6.7(a)~(e)所示。

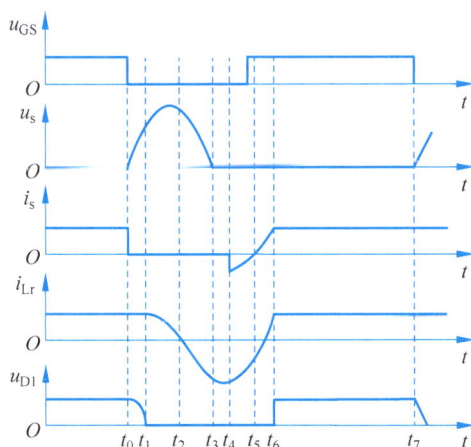

图 6.6 基于 Buck 变换器的零电压开关准谐振变换器的工作波形

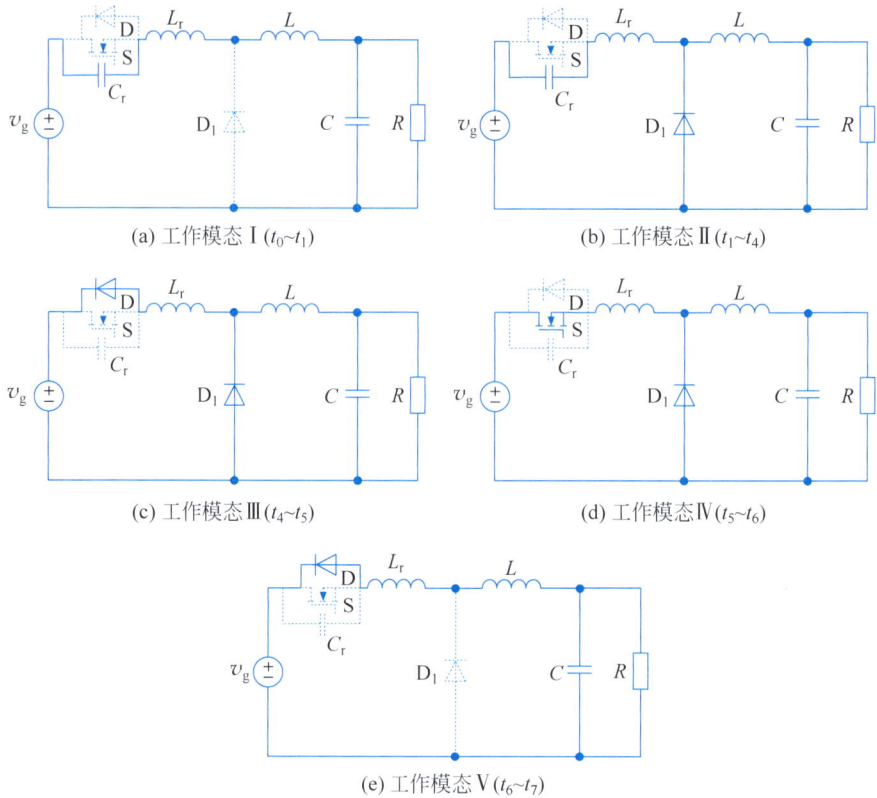

(a) 工作模态 I $(t_0 \sim t_1)$

(b) 工作模态 II $(t_1 \sim t_4)$

(c) 工作模态 III $(t_4 \sim t_5)$

(d) 工作模态 IV $(t_5 \sim t_6)$

(e) 工作模态 V $(t_6 \sim t_7)$

图 6.7　基于 Buck 变换器的零电压开关准谐振变换器工作模态

### 1. 工作模态 I：$t_0 \sim t_1$（见图 6.7（a））

在 $t_0$ 时刻之前，开关管 S 导通，输入电源通过开关管 S 向输出侧传输能量，滤波电感电流 $i_L$ 线性增加。在 $t_0$ 时刻，开关管 S 关断，续流二极管 $D_1$ 为截止状态，谐振电感 $L_r$ 与滤波电感 $L$ 电流均为最大值。$t_0$ 时刻后，输入电源 $v_g$ 给谐振电容 $C_r$ 充电，其电压 $u_{Cr}$ 从 0 开始增加，因此，在 $t_0$ 时刻关断开关管 S，可实现零电压关断；由于续流二极管 $D_1$ 反向电压 $u_{D1}(t_1) = v_g - u_{Cr}(t_1)$ 大于 0，在开关管 S 关断后，二极管继续保持截止状态；$t_1$ 时刻，当 $u_{Cr}(t_1) = v_g$ 时，续流二极管 $D_1$ 电压 $u_{D1}(t_1) = v_g - u_{Cr}(t_1) = 0$；此阶段内，由于滤波电感 $L$ 与谐振电感 $L_r$ 串联，谐振电感电流 $i_{Lr} = i_L$，且近似恒定，$i_{Lr}$ 为谐振电容 $C_r$ 充电、为负载 $R$ 供电，谐振电容 $C_r$ 电压 $u_{Cr}$ 线性上升。

### 2. 工作模态 II：$t_1 \sim t_4$（见图 6.7（b））

$t_1$ 时刻后，二极管 $D_1$ 导通，谐振电感 $L_r$ 与谐振电容 $C_r$ 串联谐振，谐振电路如图 6.7（b）所示，谐振电感电流 $i_{Lr}$ 逐渐减小，续流二极管 $D_1$ 电流逐渐增加。$t_2$ 时刻，谐振电感电流 $i_{Lr}(t_2) = 0$，谐振电容电压 $u_{Cr}(t_2)$ 最大。$t_2$ 时刻后，谐振电容 $C_r$ 开始放电，$C_r$ 电压 $u_{Cr}$ 降低，谐振电感电流 $i_{Lr}$ 变为负值，此时，滤波电感电流 $i_L$ 和谐振电感电流 $i_{Lr}$ 通过续流二极管 $D_1$ 续流。$t_3$ 时刻，谐振电感电流 $i_{Lr}$ 达到负向最大值。在 $t_4$ 时刻，谐振电容电压 $u_{Cr}$ 降为 0，工作模态 II 结束。

### 3. 工作模态Ⅲ：$t_4 \sim t_5$（见图 6.7(c)）

$t_4$ 时刻后，谐振电容电压 $u_{Cr}$ 有变负趋势，与谐振电容 $C_r$ 并联的开关管 S 的体二极管 D 导通，此时，开关管 S 可实现零电压导通；储存于谐振电感的能量迅速回馈至输入电源，谐振电感电流 $i_{Lr}$ 线性上升（其绝对值减小）。$t_5$ 时刻，谐振电感电流 $i_{Lr}$ 变为 0，工作模态Ⅲ结束。

### 4. 工作模态Ⅳ：$t_5 \sim t_6$（见图 6.7(d)）

$t_5$ 时刻后，谐振电感电流 $i_{Lr}$ 由负值变为正值，此时，续流二极管 $D_1$ 电流 $i_{D1} = i_L - i_{Lr}$，$i_{Lr}$ 增加，电流 $i_{D1}$ 逐渐减小。$t_6$ 时刻，续流二极管 $D_1$ 截止。

### 5. 工作模态Ⅴ：$t_6 \sim t_7$（见图 6.7(e)）

$t_6$ 时刻后，续流二极管 $D_1$ 截止，变换器工作模式与传统 Buck 变换器在开关管 S 导通时一致，滤波电感电流 $i_L$ 增加，滤波电感 $L$ 储能；当开关管 S 再次关断时，进入下一个开关周期。

在工作模态Ⅰ中，由于滤波电感 $L$ 较大，近似认为滤波电感电流 $i_L$ 恒定，则变换器近似等效为恒流源 $I_L$，并给谐振电容充电。通常情况下，工作模态Ⅰ持续时间较短。

工作模态Ⅱ为 LC 串联谐振过程，该工作模态的电路方程表示为

$$\begin{cases} L_r \dfrac{di_{Lr}}{dt} + u_{Cr} = v_g \\ C_r \dfrac{du_{Cr}}{dt} = i_{Lr} \end{cases} \tag{6.1}$$

其中，谐振电容电压初值 $u_{Cr(t_1)} = v_g$，谐振电感电流初值 $i_{Lr(t_1)} = I_L$，$t \in [t_1, t_s]$。

由式(6.1)可得，在工作模态Ⅱ中，谐振电容电压 $u_{Cr}$ 为

$$u_{Cr}(t) = \sqrt{\frac{L_r}{C_r}} i_L \sin[\omega_r(t - t_1)] + v_g \tag{6.2}$$

式中，$\omega_r = \sqrt{L_r C_r}$，$t \in [t_1, t_4]$。

由于谐振电容电压 $u_{Cr}$ 等于开关管电压 $u_s$，开关管 S 峰值电压 $u_{s(peak)}$ 为

$$u_{s(peak)} = \sqrt{\frac{L_r}{C_r}} I_L + v_g \tag{6.3}$$

由图 6.5 可知，谐振电容电压 $u_{Cr}$ 必须降为 0，才能保证开关管 S 零电压导通，由式(6.3)可得开关管 S 的零电压导通条件为

$$\sqrt{\frac{L_r}{C_r}} i_L > v_g \tag{6.4}$$

由式(6.3)和式(6.4)可知，开关管峰值电压 $u_{s(peak)}$ 至少为两倍输入电压 $v_g$。需要说明的是，零电压开关准谐振变换器可实现开关管零电压导通与关断，但也存在如下缺点：

（1）开关管承受电压至少为两倍输入电压，与传统 Buck 变换器相比，需选择额定电压更高的开关管，该类开关管导通阻抗和压降较大，导通损耗增加。

（2）在谐振过程中，谐振电感电流有负值情况，此时，一部分能量回馈至输入电源，开关管电流应力增加，导通损耗增加。

（3）电路参数变化时，应保证开关管关断时间不变，调节导通时间（即变频控制），才能控制输出电压，增加了滤波电路及电磁兼容设计难度。

## 6.2.2 移相全桥型零电压开关 PWM 变换器

移相全桥型变换器是目前应用最广泛的软开关变换器之一。本节介绍的移相全桥型零电压开关 PWM 变换器具有结构简单、开关频率固定和输出滤波电路设计简单的优点。

如图 6.8 所示，基于传统移相全桥型变换器，移相全桥型零电压开关 PWM 变换器增加谐振电感 $L_r$，$L_r$ 与开关管（$S_1 \sim S_4$）寄生电容（$C_1 \sim C_4$）谐振，可实现开关管（$S_1 \sim S_4$）零电压开关。在图 6.8 中，$v_g$、$v_o$ 分别为输入、输出电压，变压器原边、副边绕组匝数比为 $n = N_p/N_s$，$u_{AB}$ 为原边整流电路输出电压，$u_D$ 为副边整流电路输出电压，二极管 $D_1 \sim D_4$ 为开关管（$S_1 \sim S_4$）体二极管，二极管 $D_5 \sim D_8$ 构成桥式整流电路，并级联 LC 低通滤波电路。

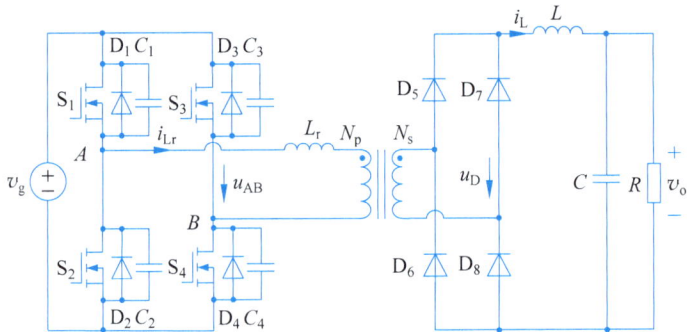

图 6.8　移相全桥型零电压开关 PWM 变换器

在一个开关周期内，移相全桥型零电压开关 PWM 变换器的工作波形如图 6.9 所示，存在 12 种工作模态。在图 6.9 中，$u_{GS1} \sim u_{GS4}$ 为开关管 $S_1 \sim S_4$ 的控制信号，$i_{Lr}$ 为谐振电感电流。各工作模态等效电路（后 6 种工作模态与前 6 种工作模态一致），如图 6.10 所示。为便于分析，假设开关管工作于理想状态，并忽略寄生损耗。

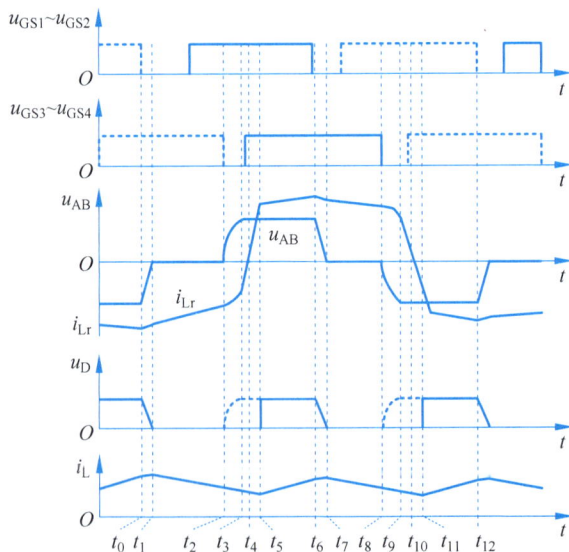

图 6.9　移相全桥型零电压开关 PWM 变换器的工作波形

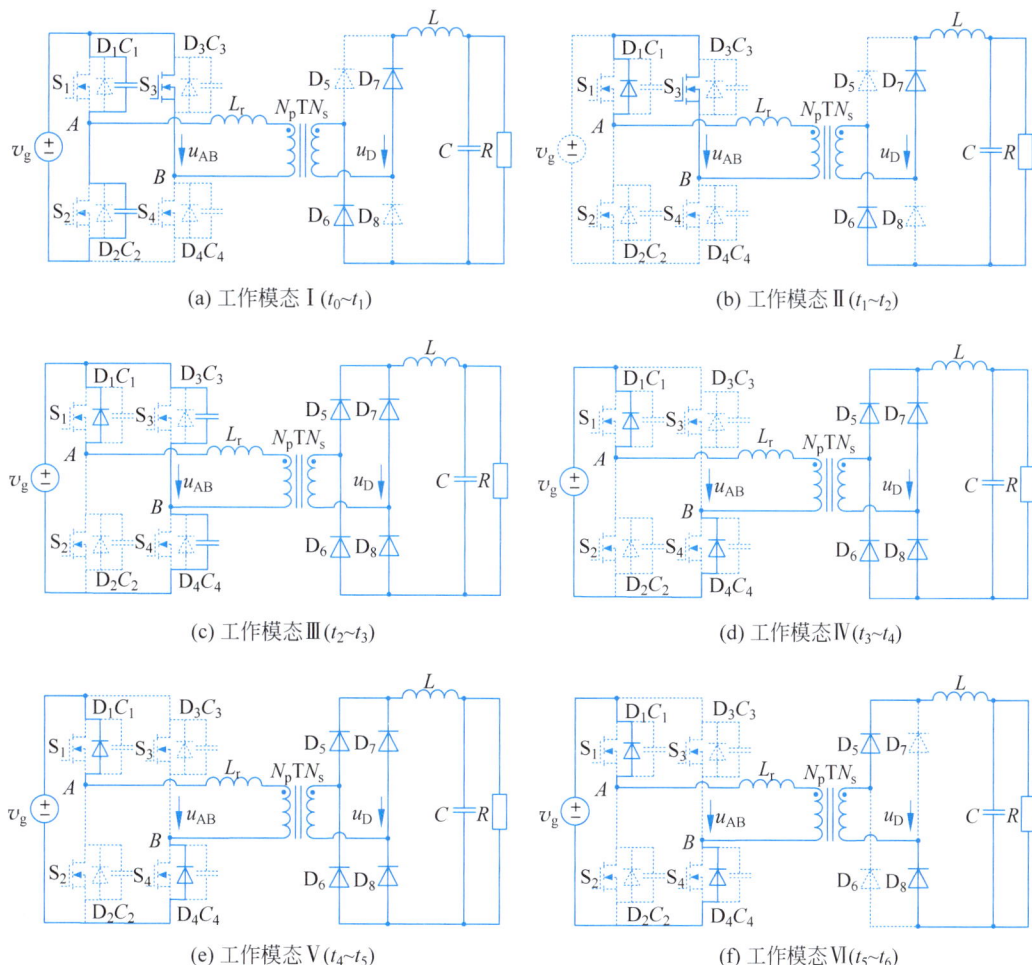

(a) 工作模态 I ($t_0 \sim t_1$)　　　　　　　　　(b) 工作模态 II ($t_1 \sim t_2$)

(c) 工作模态 III ($t_2 \sim t_3$)　　　　　　　　(d) 工作模态 IV ($t_3 \sim t_4$)

(e) 工作模态 V ($t_4 \sim t_5$)　　　　　　　　　(f) 工作模态 VI ($t_5 \sim t_6$)

**图 6.10　移相全桥型零电压开关 PWM 变换器工作模态**

## 1. 工作模态 I：$t_0 \sim t_1$（见图 6.10(a)）

$t_0$ 时刻前，开关管 $S_2$ 和 $S_3$ 导通，原边逆变电路（$S_1 \sim S_4$）输出电压 $u_{AB}$ 为负，谐振电感电流 $i_{Lr}$ 为负，副边整流二极管 $D_6$ 和 $D_7$ 导通，副边整流电路（$D_5 \sim D_8$）输出电压 $u_D$ 为正，且滤波电感电压 $u_L - u_D$ $v_o$ 为正，由 $u_L - L\,\mathrm{d}i_L/\mathrm{d}t$，滤波电感电流 $i_L$ 线性上升。

在 $t_0$ 时刻，开关管 $S_2$ 关断，谐振电感 $L_r$ 与滤波电感 $L$ 串联，寄生电容 $C_2$ 充电，$C_1$ 放电，由于滤波电感 $L$ 较大，在此期间，可近似认为开关管 $S_1$ 电压线性下降、$S_2$ 电压线性上升，$u_{AB}$ 上升；由于滤波电感 $L$ 电压 $u_L = (u_{AB}/n) - v_o$，$u_L$ 先正后负，滤波电感电流 $i_L$ 先上升后下降；由于该过程持续时间较短，且滤波电感 $L$ 值较大，$i_L$ 变化不明显。

## 2. 工作模态 II：$t_1 \sim t_2$（见图 6.10(b)）

在 $t_1$ 时刻，$u_{AB} = 0$。$t_1$ 时刻后，寄生二极管 $D_1$ 导通，开关管 $S_1$ 可实现零电压导通。谐振电感 $L_r$ 与滤波电感 $L$ 仍为串联关系，由于滤波电感电压 $u_L = -v_o$，滤波电感电流 $i_L$ 线性下降，谐振电感电流 $i_{Lr} = i_L/n$。$t_2$ 时刻，开关管 $S_3$ 关断，工作模态 II 结束。

### 3. 工作模态Ⅲ：$t_2 \sim t_3$（见图 6.10(c)）

在 $t_2$ 时刻，开关管 $S_3$ 关断后，谐振电感电流 $i_{Lr}$ 对寄生电容 $C_3$ 充电、$C_4$ 放电，原边逆变电路输出电压 $u_{AB}$ 变为负值，电流 $i_{Lr}$ 的减小幅度比 $i_L$ 大，因此，折算至副边时，变压器原边电流不足以提供全部副边电流 $i_L$，整流二极管 $D_5$ 和 $D_8$ 导通；同时，整流二极管 $D_6$ 和 $D_7$ 仍处于导通状态，电流 $i_{D5}$、$i_{D8}$ 逐渐上升，且电流 $i_{D6}$、$i_{D7}$ 逐渐下降；此时，变压器原副边电压等于 0，谐振电感 $L_r$ 与寄生电容 $C_3$、$C_4$ 发生谐振；滤波电感电压与工作模态Ⅱ相同，即 $u_L = -v_o$，电流 $i_L$ 仍线性下降。$t_3$ 时刻，$u_{AB} = -v_g$ 时，工作模态Ⅲ结束。因为开关管 $S_3$ 电压上升时伴随谐振过程，电压上升速度减慢，开关管 $S_3$ 零电压关断。

### 4. 工作模态Ⅳ：$t_3 \sim t_4$（见图 6.10(d)）

在 $t_3$ 时刻，$u_{AB} = -v_g$，此后寄生二极管 $D_4$ 导通，谐振电感 $L_r$ 储存的能量通过寄生二极管 $D_1$、$D_4$ 回馈到输入电源，在较短时间内，谐振电感电流 $i_{Lr}$ 可下降为 0。在 $t_4$ 时刻，$i_{Lr} = 0$，此时，在变压器副边整流电路中，二极管 $D_5 \sim D_8$ 电流相等。$D_4$ 导通后至 $i_{Lr} = 0$ 期间导通开关管 $S_4$，可实现 $S_4$ 零电压导通，开关损耗降低。

### 5. 工作模态Ⅴ：$t_4 \sim t_5$（见图 6.10(e)）

$t_4$ 时刻后，$i_{Lr} > 0$，变压器原边电流从体二极管 $D_1$、$D_4$ 换流至开关管 $S_1$、$S_4$，在 $t_4$ 时刻，开关管零电压导通。此时，谐振电感 $L_r$ 电压 $u_{Lr} = v_g$，谐振电感电流 $i_{Lr}$ 线性上升，因此，整流电路电流关系为 $i_{D5} = i_{D8} > i_{D6} = i_{D7}$。在 $t_5$ 时刻，谐振电感电流 $i_{Lr} = i_L/n$，副边整流二极管 $D_6$、$D_7$ 关断，$D_5$、$D_8$ 流通滤波电感电流 $i_L$，工作模态Ⅴ结束。

### 6. 工作模态Ⅵ：$t_5 \sim t_6$（见图 6.10(f)）

$t_5$ 时刻后，电感 $L_r$ 与 $L$ 串联，谐振电感电流 $i_{Lr} = i_L/n$，滤波电感电压 $u_L = (u_{AB}/n) - v_o > 0$，$i_{Lr}$ 线性上升。在 $t_6$ 时刻，开关管 $S_1$ 关断，工作模态Ⅵ结束。

在 $t_6 \sim t_{12}$ 时刻，变换器工作模态Ⅶ～Ⅻ与工作模态Ⅰ～Ⅵ对称，故不再赘述。

## 6.2.3 零电压转换 PWM 变换器

应用"零转换"（Zero Transition）技术的软开关 PWM 变换器，称为零转换 PWM 变换器，包括零电流转换（Zero Current Transition，ZCT）和零电压转换（Zero Voltage Transaction，ZVT）PWM 变换器，此类变换器本质上为零开关 PWM 变换器。其中，零电压转换 PWM 变换器是一种常用的软开关变换器，其谐振电路与主开关管并联，有效改善了零开关条件，具有电路简单、效率高等优点，广泛应用于功率因数校正电路（PFC）、DC-DC 变换器等。

本节以 Boost ZVT PWM 变换器为例，介绍 ZVT PWM 变换器工作原理，其基本电路和主要工作波形，分别如图 6.11 和图 6.12 所示。在图 6.11 中，$v_g$ 为变换器输入电压，$v_o$ 为变换器输出电压，$S_1$ 为主开关管，$VD_1$ 为升压二极管，$L_f$ 为升压电感，$C_f$ 为输出滤波电容；$C_r$ 为 $S_1$ 的吸收电容和寄生电容（后文中称为谐振电容），$VD_{s1}$ 为 $S_1$ 的寄生二极管；上述元器件构成 Boost 变换器基本电路。在图 6.11 的虚线框内，辅助开关管 $S_a$、辅助二极管

$VD_a$ 和辅助电感 $L_a$ 构成辅助谐振电路。在图 6.12 中，$u_{GS1}$、$u_{GSa}$ 分别为开关管 $S_1$、$S_a$ 控制信号，$i_g$ 为变换器输入电流（即升压电感 $L_f$ 电流），$i_{S1}$、$i_{La}$ 分别为主开关管 $S_1$、辅助电感 $L_a$ 电流，$u_{VD1}$、$i_{VD1}$ 分别为升压二极管 $VD_1$ 电压、电流。

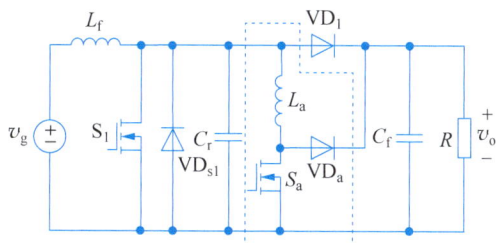

图 6.11 Boost ZVT PWM 变换器

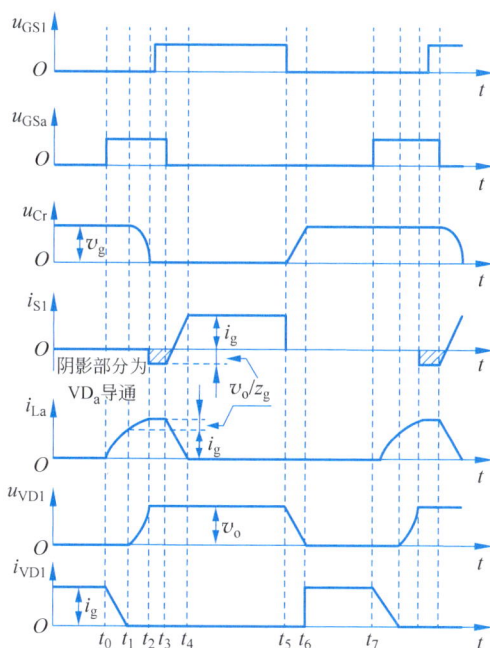

图 6.12 Boost ZVT PWM 变换器的工作波形

在一个开关周期内，Boost ZVT PWM 变换器有 7 种工作模态，如图 6.13 所示。为便于分析，做如下假设：元器件均为理想元器件，且升压电感 $L_f$ 足够大，在一个开关周期内，电感电流 $i_g$ 近似恒定；由于滤波电容 $C_f$ 足够大，在一个开关周期内，滤波电容电压 $v_o$ 近似恒定。

## 1. 工作模态 I：$t_0 \sim t_1$（见图 6.13（a））

$t_0$ 时刻之前，主开关管 $S_1$ 和辅助开关管 $S_a$ 处于截止状态，升压二极管 $VD_1$ 导通；在 $t_0$ 时刻，辅助开关管 $S_a$ 导通，辅助电感电流 $i_{La}$ 从 0 线性上升，上升斜率为 $di_{La}/dt = v_o/L_a$，升压二极管 $VD_1$ 电流线性下降，下降斜率为 $di_{VD1}/dt = -v_o/L_a$；在 $t_1$ 时刻，辅助电感电流 $i_{La}$ 上升至升压电感电流 $i_g$，$VD_1$ 电流下降为 0，$VD_1$ 自然关断，工作模态 I 结束，持续时间为

$$t_1 - t_0 = \frac{L_a i_g}{v_o} \tag{6.5}$$

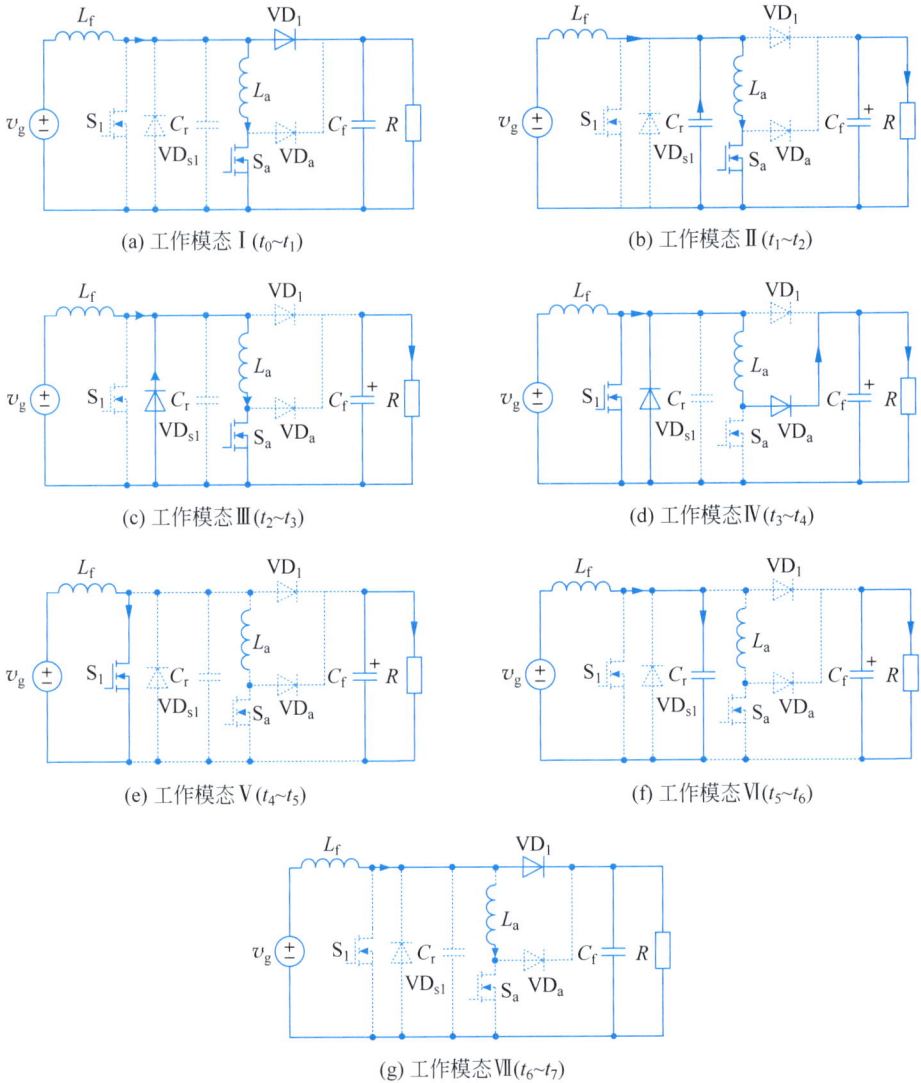
(a) 工作模态 I $(t_0 \sim t_1)$

(b) 工作模态 II $(t_1 \sim t_2)$

(c) 工作模态 III $(t_2 \sim t_3)$

(d) 工作模态 IV $(t_3 \sim t_4)$

(e) 工作模态 V $(t_4 \sim t_5)$

(f) 工作模态 VI $(t_5 \sim t_6)$

(g) 工作模态 VII $(t_6 \sim t_7)$

图 6.13　Boost ZVT PWM 变换器工作模态

## 2. 工作模态 II：$t_1 \sim t_2$（见图 6.13(b)）

在 $t_1$ 时刻，辅助电感 $L_a$ 与谐振电容 $C_r$ 开始谐振，辅助电感电流 $i_{La}$ 上升，谐振电容 $C_r$ 电压 $u_{Cr}$ 下降。$i_{La}$ 和 $u_{Cr}$ 分别为

$$i_{La} = i_g + \frac{v_o}{Z_s} \cdot \sin[\omega(t - t_1)] \tag{6.6}$$

$$u_{Cr} = v_o \cdot \cos[\omega(t - t_1)] \tag{6.7}$$

其中，$\omega = 1/\sqrt{L_a C_r}$ 为辅助电感、谐振电容的谐振角频率，$Z_a = \sqrt{L_a/C_r}$ 为特征阻抗。

当谐振电容 $C_r$ 电压下降为 0 时，主开关 $S_1$ 的寄生二极管 $VD_{s1}$ 导通，将 $S_1$ 的电压钳位为 0；此时，辅助电感电流 $i_{La} = i_g + v_g/Z_a \cdot \sin[\omega(t_2 - t_1)]$。在 $t_2$ 时刻，工作模态 II 结束，持续时间为

$$t_2 - t_1 = \frac{\pi}{2}\sqrt{L_s C_r} \qquad (6.8)$$

### 3. 工作模式Ⅲ：$t_2 \sim t_3$（见图 6.13(c)）

在工作模式Ⅲ中，$S_1$ 的寄生二极管 $VD_{s1}$ 导通，辅助电感 $L_a$ 电流通过 $VD_{s1}$ 续流，此时，开关管 $S_1$ 电压为 0，开关管 $S_1$ 满足零电压导通条件。为确保 $S_1$ 零电压导通，$S_1$ 导通时刻应滞后于 $S_a$ 导通时刻的时间 $t_d$ 为

$$t_d > t_{01} + t_{12} = \frac{L_a i_g}{v_o} + \frac{\pi}{2}\sqrt{L_a C_r} \qquad (6.9)$$

### 4. 工作模式Ⅳ：$t_3 \sim t_4$（见图 6.13(d)）

在 $t_3$ 时刻，辅助开关管 $S_a$ 关断，$S_a$ 电流不为 0，辅助二极管 $VD_a$ 导通，辅助开关管 $S_a$ 电压迅速上升到 $v_o$；因此，$S_a$ 为硬关断。$S_a$ 关断后，辅助电感 $L_a$ 电压为 $-v_o$，$L_a$ 中储存的能量被转移至负载中，辅助电感电流 $i_{La}$ 线性下降，主开关管 $S_1$ 电流 $i_{s1}$ 线性上升。电流 $i_{La}$ 和 $i_{s1}$ 分别为

$$i_{La} = i_{La}(t_2) - \frac{v_o}{L_a}(t - t_3) \qquad (6.10)$$

$$i_{s1} = -\frac{v_o}{Z_a} + \frac{v_o}{L_a}(t - t_3) \qquad (6.11)$$

在 $t_4$ 时刻，辅助电感电流 $i_{La} = 0$，主开关管 $S_1$ 电流 $i_{s1}$ 为升压电感电流 $i_g$，工作模式Ⅳ结束。

### 5. 工作模式Ⅴ：$t_4 \sim t_5$（见图 6.13(e)）

在工作模式Ⅴ中，主开关管 $S_1$ 导通，升压二极管 $VD_1$ 关断；升压电感电流流过 $S_1$，滤波电容 $C_f$ 向负载 $R$ 供电，工作模式与不附加辅助电路的 Boost 变换器一致。

### 6. 工作模式Ⅵ：$t_5 \sim t_6$（见图 6.13(f)）

在 $t_5$ 时刻，主开关管 $S_1$ 关断，此时，升压电感电流 $i_g$ 给谐振电容 $C_r$ 充电，谐振电容 $C_r$ 电压 $u_{Cr}$ 从 0 开始线性上升，表示为

$$u_{Cr} = \frac{i_g}{C_r}(t - t_5) \qquad (6.12)$$

由式(6.12)可知，在 $t_5$ 时刻，谐振电容 $C_r$ 使 $S_1$ 关断后电压上升减缓，主开关管 $S_1$ 零电压关断；在 $t_6$ 时刻，谐振电容 $C_r$ 电压上升为 $v_o$，升压二极管 $VD_1$ 自然导通，工作模式Ⅵ结束。

### 7. 工作模式Ⅶ：$t_6 \sim t_7$（见图 6.13(g)）

在 $t_6$ 时刻，变换器工作模式与不附加辅助谐振电路的 Boost 变换器一致，输入电源 $v_g$ 通过滤波电感 $L_f$ 给滤波电容 $C_f$ 和负载 $R$ 供电。在 $t_7$ 时刻，辅助开关管 $S_a$ 导通，工作模式Ⅶ结束，进入下一个开关周期。

此外,该变换器的辅助谐振电路损耗受其电路参数 $C_r$、$L_a$ 影响较大,此处不做详述。

## 6.2.4 有源钳位正激式变换器

无源钳位技术会增加开关管电压应力、通态损耗,而有源钳位技术可避免上述问题。有源钳位网络由钳位开关管 $S_c$、钳位电容 $C_c$ 和 $S_c$ 的寄生二极管 $VD_c$ 组成,根据钳位电容 $C_c$ 位置,有源钳位正激式变换器主电路有两种形式,如图 6.14 所示。由于两种主电路工作原理一致,本节以图 6.14(a)所示主电路为例,结合图 6.15 所示工作波形,介绍其工作原理。在图 6.14 中,$C_s$ 为主开关管 $S_1$ 的寄生电容,变压器原边、副边绕组匝数比为 $n = N_p/N_s$,$u_{Cc}$、$i_{Cc}$ 分别为钳位电容 $C_c$ 电压、电流,$u_p$、$i_p$ 分别为变压器原边绕组电压、电流。在图 6.15 中,$i_m$ 为变压器励磁电流。

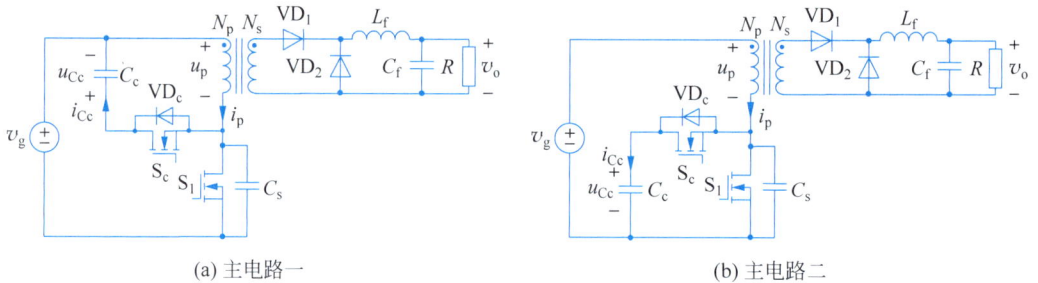

(a) 主电路一        (b) 主电路二

图 6.14 有源钳位正激式变换器主电路

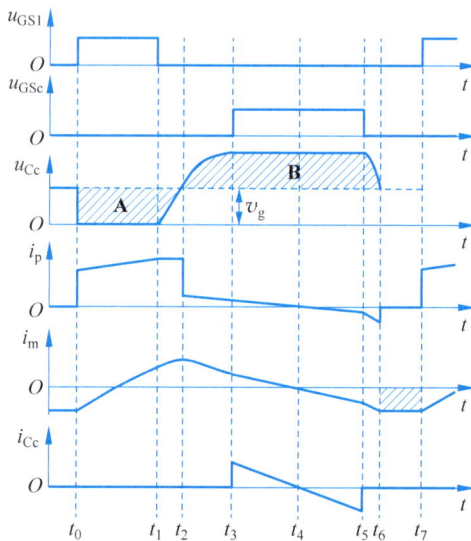

图 6.15 有源钳位正激式变换器的工作波形

在一个开关周期 $T_s$ 内,有源钳位正激式变换器有 7 种工作模式,其等效电路如图 6.16 所示。为便于分析,作以下假设:

(1) 所有元器件为理想器件;

(2) 滤波电感 $L_f$ 足够大,在一个开关周期内,滤波电感电流近似恒定,$L_f$、$C_f$ 及负载电阻 $R$ 等效为电流为 $i_o$ 的恒流源;

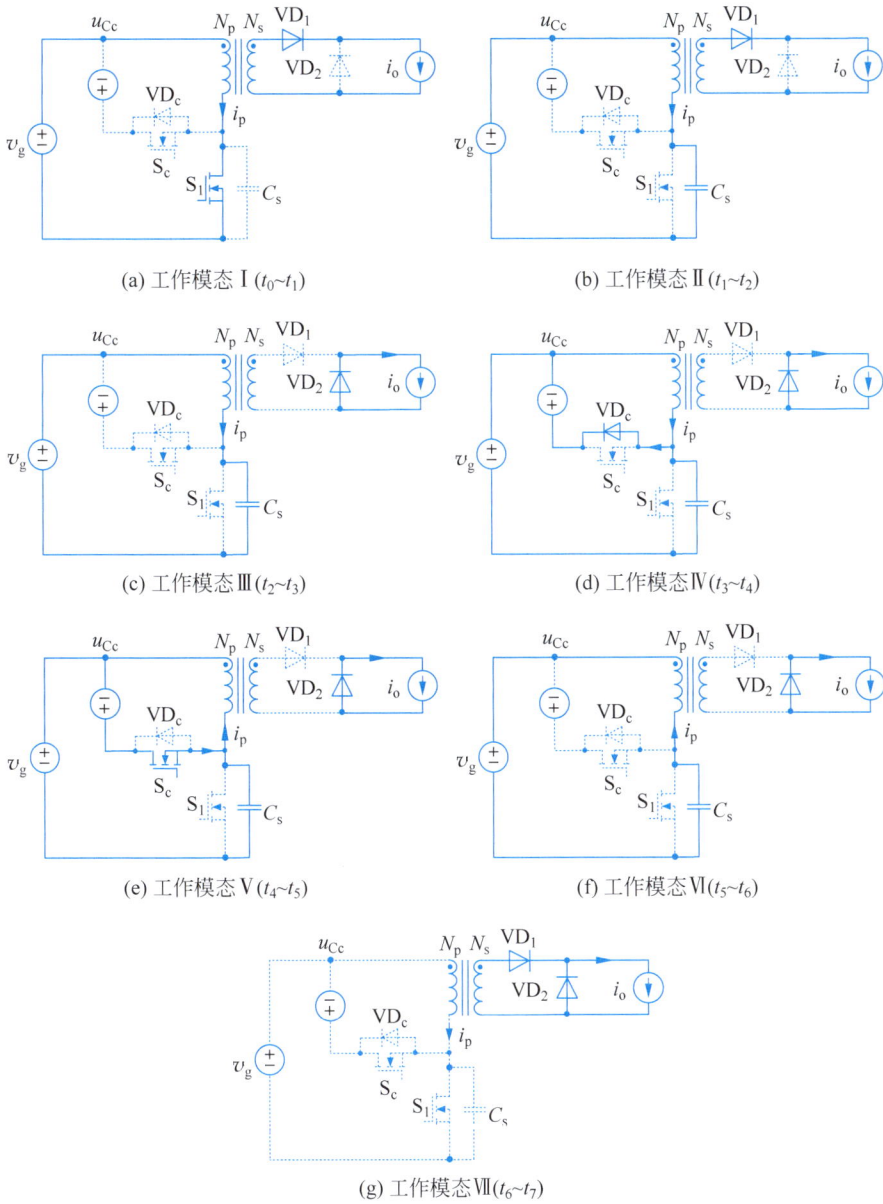

(a) 工作模态 I ($t_0 \sim t_1$)　　　　　　　　　(b) 工作模态 II ($t_1 \sim t_2$)

(c) 工作模态 III ($t_2 \sim t_3$)　　　　　　　　(d) 工作模态 IV ($t_3 \sim t_4$)

(e) 工作模态 V ($t_4 \sim t_5$)　　　　　　　　(f) 工作模态 VI ($t_5 \sim t_6$)

(g) 工作模态 VII ($t_6 \sim t_7$)

图 6.16　有源钳位正激式变换器工作模态

（3）钳位电容 $C_c$ 足够大，其电压近似恒定，等效为电压为 $u_{Cc}$ 的恒压源。

## 1. 工作模态 I：$t_0 \sim t_1$（见图 6.16（a））

$t_0$ 时刻前，主开关管 $S_1$ 电压为输入电压 $v_g$。在 $t_0$ 时刻，主开关管 $S_1$ 导通，此时 $S_1$ 为硬导通，存在导通损耗；$S_1$ 导通后，负载电流 $I_o$ 流过整流二极管 $VD_1$，变压器原边绕组电压为输入电压 $v_g$，变压器励磁电流 $i_m$ 从负向最大励磁电流 $I_{m(-)}$ 开始线性上升，其表达式为

$$i_m = i_m(t_0) + \frac{v_g}{L_m}(t - t_0) \tag{6.13}$$

其中，$L_m$ 为变换器原边励磁电感；由图 6.15，$i_m(t_0)$ 为负向最大励磁电流。

变压器原边电流 $i_p$ 为折算到原边的负载电流 $i_o/n$ 和励磁电流 $i_m$ 之和，其表达式为

$$i_p = \frac{i_o}{n} + i_m = \frac{i_o}{n} + i_m(t_0) + \frac{v_g}{L_m}(t - t_0) \tag{6.14}$$

由式(6.13)，在 $t_1$ 时刻，变压器励磁电流 $i_m(t_1)$ 为

$$i_m(t_1) = i_m(t_0) + \frac{v_g}{L_m}(t_1 - t_0) \tag{6.15}$$

其中，主开关管 $S_1$ 导通时间为 $t_{on} = t_1 - t_0$，$T_s$ 为开关管 $S_1$ 的开关周期，$D_u$ 为占空比，则有

$$t_{on} = D_u T_s \tag{6.16}$$

### 2. 工作模态 Ⅱ：$t_1 \sim t_2$（见图 6.16(b)）

在 $t_1$ 时刻，主开关管 $S_1$ 关断，副边整流二极管 $VD_1$ 继续导通，此时，折算到原边的负载电流 $i_o/n$ 和励磁电流 $i_m$ 给 $S_1$ 寄生电容 $C_s$ 充电。由于励磁电流 $i_m$ 远小于折算到原边的负载电流 $i_o/n$，因此寄生电容 $C_s$ 电压 $u_{C_s}$ 从 0 线性上升，其表达式为

$$u_{C_s} = \frac{1}{C_s} \cdot \frac{i_o}{n} \cdot (t - t_1) \tag{6.17}$$

由于主开关管 $S_1$ 关断时，其电压上升速度被寄生电容 $C_s$ 减缓，$S_1$ 可实现零电压关断；在此期间，励磁电流 $i_m$ 为

$$i_m = i_m(t_1) + \frac{v_g}{L_m}(t - t_1) - \frac{1}{2L_m C_s} \cdot \frac{i_o}{n}(t - t_1)^2 \tag{6.18}$$

在 $t_2$ 时刻，寄生电容 $C_s$ 电压上升为输入电压 $v_g$，工作模态 Ⅱ 结束，其持续时间为

$$t_2 - t_1 = nC_s v_g / i_o \tag{6.19}$$

此时，励磁电流 $i_m$ 达到正向最大值 $i_m(t_2)$，其表达式为

$$i_m(t_2) = i_m(t_0) + \frac{v_g}{L_m}t_{on} + \frac{nC_s v_g^2}{2L_m i_o} \tag{6.20}$$

### 3. 工作模态 Ⅲ：$t_2 \sim t_3$（见图 6.16(c)）

在 $t_2 \sim t_3$ 时段，由于寄生电容 $C_s$ 电压继续上升，变压器原边绕组电压 $u_p$ 变为负值，因此，副边绕组电压也为负值，整流二极管 $VD_1$ 截止，负载电流经过续流二极管 $VD_2$ 续流。此时，原边励磁电流不再包含负载电流，励磁电感 $L_m$ 与寄生电容 $C_s$ 发生串联谐振，励磁电流从 $i_m(t_2)$ 开始减小，寄生电容电压从 $v_g$ 上升，电容电压和励磁电流表达式分别为

$$u_{C_s} = v_g + i_m(t_2) + Z_m \sin[\omega_m(t - t_2)] \tag{6.21}$$

$$i_p = i_m = i_m(t_2)\cos[\omega_m(t - t_2)] \tag{6.22}$$

式中，$Z_m = \sqrt{L_m/C_s}$ 为励磁电感与寄生电容的特征阻抗，$\omega_m = 1/\sqrt{L_m C_s}$ 为励磁电感与寄生电容的谐振角频率。

在 $t_3$ 时刻，寄生电容电压上升至 $v_g + u_{C_c}$，工作模态 Ⅲ 结束，其持续时间为

$$t_3 - t_2 = \frac{1}{\omega_m}\arcsin\left(\frac{u_{C_c}}{i_m(t_2) + Z_m}\right) \tag{6.23}$$

此时,变压器原边电流及励磁电流为

$$i_p(t_3) = i_m(t_3) = i_m(t_2)\sqrt{1 - \left(\frac{u_{C_c}}{i_m(t_2) + Z_m}\right)^2} \tag{6.24}$$

### 4. 工作模态 Ⅳ：$t_3 \sim t_4$（见图 6.16(d)）

当寄生电容电压上升至 $v_g + u_{C_c}$ 时,钳位二极管 $VD_c$ 导通;励磁电流 $i_m$ 流经钳位二极管 $VD_c$,寄生电容电压被钳位为 $v_g + u_{C_c}$,负载电流 $i_o$ 继续流经续流二极管 $VD_2$。此时,变压器原边绕组电压为 $-u_{C_c}$,励磁电流 $i_m$ 线性下降,其表达式为

$$i_m = i_m(t_3) - \frac{u_{C_c}}{L_m}(t - t_3) \tag{6.25}$$

由于钳位二极管 $VD_c$ 导通,钳位开关管 $S_c$ 电压被钳位为 $0$,$S_c$ 可以实现零电压导通。在 $t_4$ 时刻,励磁电流下降为 $0$,工作模态 Ⅳ 结束,持续时间为

$$t_4 - t_3 = \frac{i_m(t_3)}{u_{C_c}} \tag{6.26}$$

### 5. 工作模态 Ⅴ：$t_4 \sim t_5$（见图 6.16(e)）

在工作模态 Ⅴ 中,钳位二极管 $VD_c$ 关断,励磁电流 $i_m$ 经钳位开关管 $S_c$ 反向流动,其表达式为

$$i_m = -\frac{u_{C_c}}{L_m}(t - t_4) \tag{6.27}$$

当励磁电流 $i_m = -i_p(t_3)$ 时,钳位开关管 $S_c$ 截止;由于钳位电容和寄生电容的存在,钳位开关管 $S_c$ 关断时,其电压上升速率减缓,$S_c$ 可实现零电压关断。工作模态 Ⅴ 的持续时间为

$$t_5 - t_4 = \frac{L_m i_p(t_3)}{u_{C_c}} \tag{6.28}$$

### 6. 工作模态 Ⅵ：$t_5 \sim t_6$（见图 6.16(f)）

钳位开关管 $S_c$ 截止后,励磁电流经过 $C_s$,寄生电容 $C_s$ 放电,励磁电流反向增加。在工作模态 Ⅵ 中,励磁电流与电容 $C_s$ 电压分别表示为

$$i_m = -i_p(t_3)\cos[\omega_m(t - t_5)] - \frac{u_{C_c}}{Z_m}\sin[\omega_m(t - t_5)] \tag{6.29}$$

$$u_{C_s} = v_g + u_{C_c}\cos[\omega_m(t - t_5)] - Z_m i_p(t_3)\sin[\omega_m(t - t_5)] \tag{6.30}$$

在 $t_6$ 时刻,谐振电容电压 $u_{C_s}$ 下降为 $v_g$,工作模态 Ⅵ 结束;此时,励磁电流为

$$i_m(t_6) = -i_p(t_3)\cos[\omega_m(t_6 - t_5)] + \frac{u_{C_c}}{Z_m}\sin[\omega_m(t_6 - t_5)] \tag{6.31}$$

### 7. 工作模态 Ⅶ：$t_6 \sim t_7$（见图 6.16(g)）

在工作模态 Ⅶ 中,寄生电容 $C_s$ 电压继续下降,原边、副边绕组电压均为正电压,整流二

极管 $VD_1$ 导通；由于原边绕组电流较小，不足以提供负载电流，续流二极管 $VD_2$ 继续导通；由于 $VD_1$ 和 $VD_2$ 同时导通，副边绕组及原边绕组电压被钳位为 0；变压器励磁电流保持为其最小电流 $i_m(t_6)=i_m(t_0)$ 不变，流经副边整流二极管 $VD_1$；此时，变压器原边绕组电流为 0，即 $i_p=0$。根据变压器匝比 $n$ 及原边、副边绕组电流关系，副边整流二极管 $VD_1$ 电流为

$$i_{VD1}=-ni_m(t_6) \tag{6.32}$$

副边续流二极管 $VD_2$ 电流为

$$i_{VD2}=i_o-i_{VD1}=i_o+ni_m(t_6) \tag{6.33}$$

在 $t_7$ 时刻，主开关管 $S_1$ 导通，工作模式Ⅶ结束，进入下一个开关周期。

与普通正激式变换器相比，有源钳位正激式变换器优点如下：

(1) 主开关管 $S_1$ 及钳位开关管 $S_c$ 均可实现零电压开关，开关损耗降低。

(2) 因为存在变压器励磁电流 $i_m$ 为负值的工作状态，所以变压器磁通可从正值变为负值，即工作于磁化曲线的Ⅰ、Ⅲ两个象限；而普通正激式变换器的变压器磁通只能为正值，即只工作于磁化曲线的Ⅰ象限；因此，有源钳位正激式变换器的变压器磁心利用率较高；输出功率相同时，有源钳位正激式变换器的变压器磁心尺寸小、绕组匝数少，且体积、重量较小。

(3) 有源钳位正激式变换器可省去复位绕组，变压器制造工艺得以简化，有利于降低成本。

有源钳位正激式变换器具有诸多优点，其开关器件数量少于移相全桥型零电压开关 PWM 变换器，谐振电容电压应力及谐振电感电流应力均小于零电压准谐振变换器；因此，该变换器被广泛应用于中小功率、高功率密度电源装置，如模块化的隔离型 DC-DC 变换器。

## 6.2.5　有源钳位反激式变换器

与有源钳位正激式变换器类似，有源钳位反激式变换器分为高端和低端有源钳位反激式变换器。本节以图 6.17 所示高端有源钳位反激式变换器为例，阐述工作原理。需要说明的是，本节所述有源钳位反激式变换器为高端有源钳位反激式变换器。

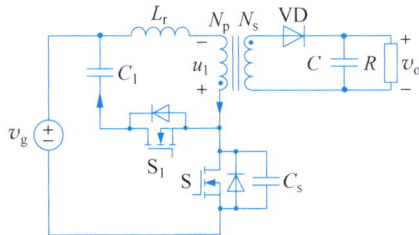

图 6.17　有源钳位反激式变换器

有源钳位反激式变换器工作模态及波形，分别如图 6.18 和图 6.19 所示。为便于分析工作过程，在图 6.18 中，$L_r$ 为变压器漏感，$C_s$ 为开关管寄生电容(等效为主开关管 S 及辅助开关管 $S_1$ 寄生电容之和)，并假设滤波电容 $C$ 容值较大，其电压近似恒定；变换器主开关管 S 及辅助开关管 $S_1$ 采用互补控制信号 $u_{GS}$、$u_{GS1}$，并在控制信号 $u_{GS}$、$u_{GS1}$ 间设置死区时间(如图 6.19 所示)。

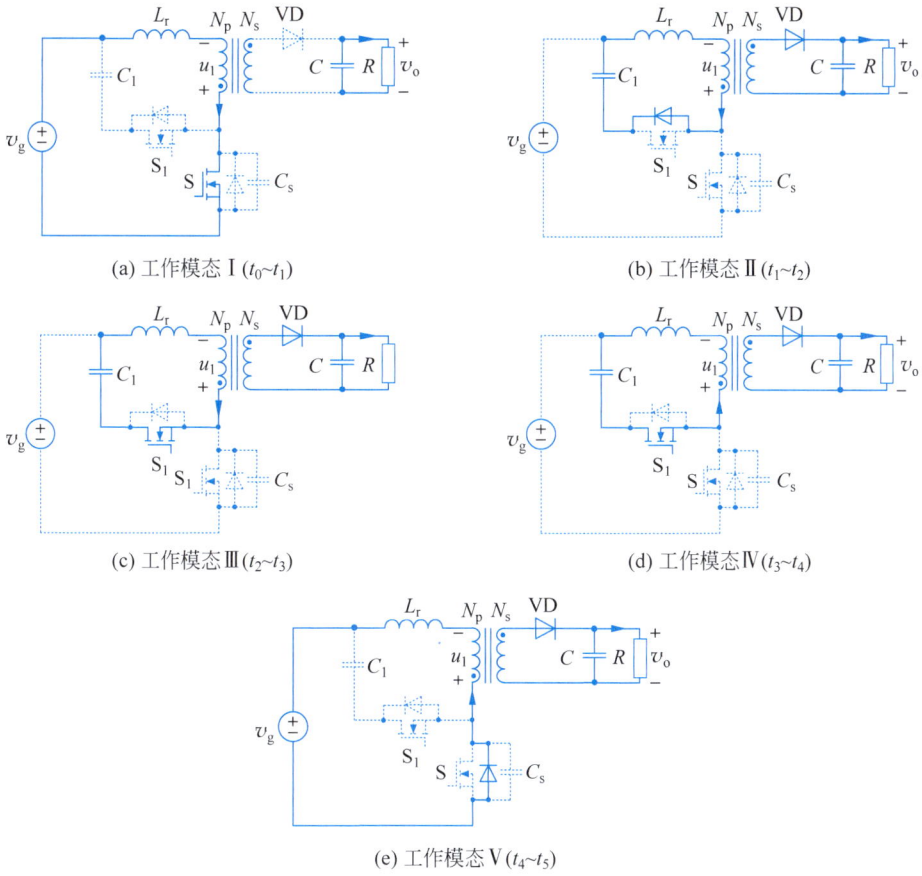

(a) 工作模态 I ($t_0\sim t_1$)　　　　(b) 工作模态 II ($t_1\sim t_2$)

(c) 工作模态 III ($t_2\sim t_3$)　　　　(d) 工作模态 IV ($t_3\sim t_4$)

(e) 工作模态 V ($t_4\sim t_5$)

**图 6.18　有源钳位反激式变换器工作模态**

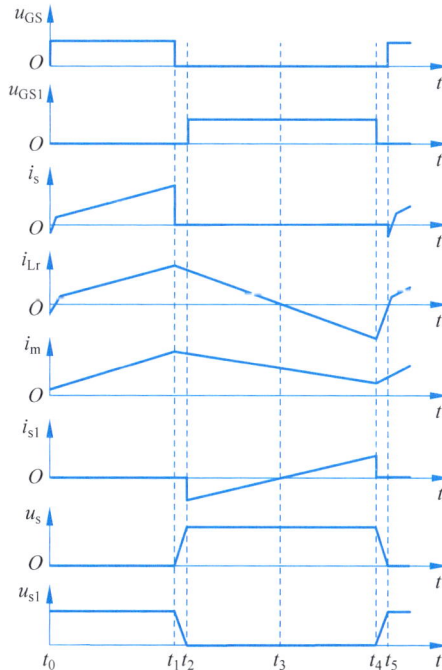

**图 6.19　有源钳位反激式变换器的工作波形**

113

由于变压器原边绕组电压平均值为 0,主开关管 S 控制信号的占空比为 $D$ 时,变换器钳位电容 $C_1$ 电压 $u_{c1}$、变换器输出电压 $v_o$ 分别为

$$U_{C_1} = \frac{D}{1-D} v_g \tag{6.34}$$

$$v_o = \frac{N_p}{N_s} \frac{D}{1-D} v_g \tag{6.35}$$

下面根据图 6.18 及图 6.19,分析在一个开关周期内有源钳位反激式变换器工作模态。

### 1. 工作模态 I:$t_0 \sim t_1$(见图 6.18(a))

在 $t_0$ 时刻,主开关管 S 导通,变压器副边二极管 VD 截止,变压器原边绕组电流线性增加。在 $t_1$ 时刻,主开关管 S 关断,工作模态 I 结束。

### 2. 工作模态 II:$t_1 \sim t_2$(见图 6.18(b))

在 $t_1$ 时刻,主开关管 S 关断后,变压器原边绕组电流给寄生电容 $C_s$ 充电,当 $C_s$ 电压上为 $u_{C1} + v_g$ 时,$S_1$ 的寄生二极管导通;同时,变压器副边二极管 VD 导通,开始向负载 $R$ 提供能量,并将变压器原边绕组电压 $u_1$ 钳位在 $nv_o$(变压器原边、副边绕组匝数比 $n = N_p/N_s$)。

### 3. 工作模态 III:$t_2 \sim t_3$(见图 6.18(c))

变压器漏感 $L_r$ 与钳位电容 $C_1$ 发生串联谐振,变压器原边绕组电流下降,副边绕组电流上升;在变压器原边绕组电流下降至 0 以前,开关管 $S_1$ 导通;在开关管 $S_1$ 导通前,其寄生二极管处于导通态,开关管 $S_1$ 可实现零电压导通。

### 4. 工作模态 IV:$t_3 \sim t_4$(见图 6.18(d))

在 $t_3$ 时刻,变压器原边绕组电流下降为 0 后,开始反向增加,钳位电容 $C_1$ 向变压器原边绕组放电,原边绕组电流由 0 变为负值。在 $t_4$ 时刻,开关管 $S_1$ 关断,工作模态 IV 结束。

### 5. 工作模态 V:$t_4 \sim t_5$(见图 6.18(e))

在 $t_4$ 时刻,开关管 $S_1$ 关断时,变压器原边绕组电流方向自下而上。$S_1$ 关断后,寄生电容 $C_s$ 放电,漏感 $L_r$ 与 $C_s$ 发生谐振,变压器副边整流二极管 VD 继续导通,并将变压器原边绕组电压 $u_1$ 钳位在 $nv_o$;当漏感 $L_r$ 储能足够,寄生电容 $C_s$ 电压降为 0,主开关管 S 的寄生二极管导通。在 $t_5$ 时刻,S 导通,由于 S 的寄生二极管处于通态,开关管 S 电压为 0,可实现零电压导通。随后,漏感 $L_r$ 电流由负变正,逐渐上升,漏感 $L_r$ 电流等于变压器励磁电流时,变压器副边二极管 VD 关断。在工作模态 V 中,主开关管 S 实现软开关的条件为

$$\frac{1}{2} L_r i_{L_r}^2(t_4) \geqslant \frac{1}{2} C_s \left( \frac{v_g}{1-D} \right)^2 \tag{6.36}$$

其中,在 $t_4$ 时刻,变压器原边电流为 $i_{L_r}(t_4)$,其数值与变压器原边正向励磁电流峰值近似。

此外,为最大限度地利用谐振峰值,开关管 S 应于谐振达到峰值时导通,所以开关管 S 与 $S_1$ 间的控制信号死区时间 $\Delta t$ 应满足

$$\Delta t = \frac{1}{4} t_r = \frac{\pi}{2} \sqrt{L_r C_s} \tag{6.37}$$

与传统反激式变换器相比,有源钳位反激式变换器可以避免变压器漏感 $L_r$ 能量损耗,实现主开关管 S 及辅助开关管 $S_1$ 的零电压导通,并降低副边整流二极管 VD 反向恢复引起的关断损耗和开关噪声,使变换器可以工作在高频开关状态,提高变换器工作效率及功率密度。

## 6.2.6  软开关 PWM 三电平直流变换器

当输入电压上升时,DC-DC 变换器开关管电压应力上升,需使用高耐压开关管。然而,高耐压开关管特性通常不够理想。例如,高耐压 IGBT、MOSFET 导通电阻及损耗较大。软开关三电平直流变换器能使开关管电压应力降为 1/2 输入电压,降低开关管导通电阻及损耗。

软开关三电平直流变换器分为半桥和全桥拓扑,二者工作原理相似。就软开关工作方式而言,三电平直流变换器与移相全桥型变换器类似,也分为 ZVS 型和 ZCS 型。ZVS 半桥软开关三电平直流变换器的拓扑结构和主要工作波形,分别如图 6.20 和图 6.21 所示。

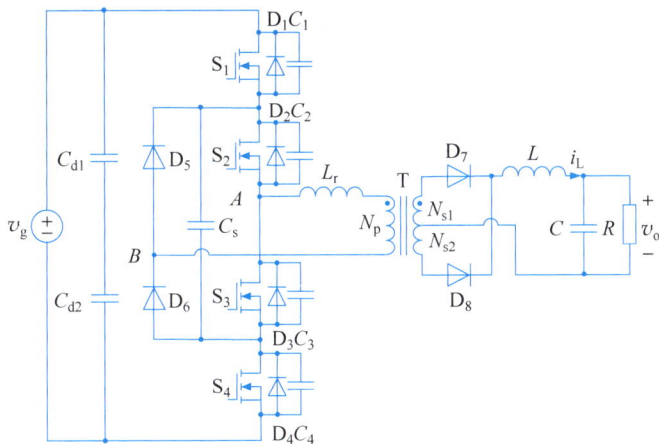

图 6.20  ZVS 半桥软开关三电平直流变换器的拓扑结构

为便于分析,假设开关器件为理想元器件,并忽略变换器寄生损耗;此外,稳态运行时,假设变换器输入电容 $C_{d1}$、$C_{d2}$ 及 $C_s$ 上的电压均为 $v_g/2$。下面结合图 6.20 和图 6.21 进行分析。

### 1. 工作模态 I:$t_0 \sim t_1$

开关管 $S_1$ 与 $S_2$ 均处于通态,变压器原边绕组电压为 $v_g/2$,变压器副边整流二极管 $D_7$ 处于通态,向负载 R 传递能量。在 $t_1$ 时刻,开关管 $S_1$ 关断,工作模态 I 结束;此时,电容 $C_s$ 电压为 $v_g/2$,开关管 $S_3$、$S_4$ 承受的电压均为 $v_g/2$。

### 2. 工作模态 II:$t_1 \sim t_2$

在 $t_1$ 时刻,开关管 $S_1$ 关断,变压器原边绕组电流 $i_{Lr}$ 通过开关管 $S_2$ 给 $C_1$ 充电;电容

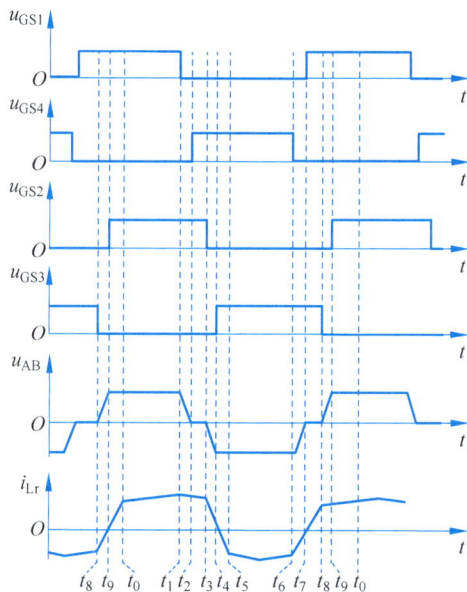

图 6.21 ZVS 半桥软开关三电平直流变换器的工作波形

$C_1$ 减缓了开关管 $S_1$ 电压上升速度，$S_1$ 实现零电压关断，降低了关断损耗。电容 $C_s$ 和 $C_4$ 通过 $S_2$ 放电，由于 $C_s$ 远大于 $C_4$，近似认为 $C_s$ 电压保持为 $v_g/2$。此外，漏感 $L_r$ 和输出滤波电感 $L$ 串联，等效电感值较大，因此可认为变压器原边绕组电流 $i_{Lr}$ 近似恒定。当寄生电容 $C_1$ 电压上升至 $v_g/2$ 时，电容 $C_4$ 电压下降为 0，此时，$A$ 点电位为 $v_g/2$，二极管 $D_3$ 自然导通，电压 $u_{AB}$ 为 0。

### 3. 工作模态Ⅲ：$t_2 \sim t_3$

在 $t_2$ 时刻，开关管 $S_4$ 导通，由于寄生电容 $C_4$ 电压为 0，$S_4$ 可实现零电压导通；开关管 $S_4$ 导通后，变换器工作状态保持不变。在 $t_3$ 时刻，开关管 $S_2$ 关断，工作模态Ⅲ结束。

### 4. 工作模态Ⅳ：$t_3 \sim t_4$

在 $t_3$ 时刻，开关管 $S_2$ 关断，变压器副边整流二极管 $D_1$ 和 $D_2$ 同时导通，变压器原边、副边绕组电压均为 0，相当于短路。因此，开关管 $S_2$、$S_3$ 寄生电容 $C_2$、$C_3$ 与漏感 $L_r$ 构成谐振电路，在谐振过程中，谐振电感 $L_r$ 电流不断减小，$A$ 点电位不断下降，直到开关管 $S_3$ 的寄生二极管 $D_3$ 导通。在 $t_4$ 时刻，开关管 $S_3$ 导通，由于寄生二极管 $D_3$ 处于导通状态，因此开关管 $S_3$ 可实现零电压导通，开关管 $S_3$ 导通损耗为 0。

### 5. 工作模态Ⅴ：$t_4 \sim t_5$

开关管 $S_3$ 导通后，漏感 $L_r$ 电流 $i_{Lr}$ 继续减小，减小至 0 后反向增大。$t_5$ 时刻，$i_{Lr} = -i_L/n$，变压器副边整流二极管 $D_7$ 电流下降为 0 并关断，滤波电感电流 $i_L$ 全部转移到二极管 $D_8$ 中，工作模态Ⅴ结束。

$t_0 \sim t_5$ 时段为变换器前半个开关周期，在后半个开关周期内，变换器工作过程与 $t_0 \sim t_5$

时段完全对称,故不再赘述。

由上述工作原理可知,图 6.20 所示变换器开关管 $S_1 \sim S_4$ 最高电压应力均为 $v_g/2$,若参数设计恰当,开关管 $S_1 \sim S_4$ 均可实现零电压导通,开关损耗低,变换器工作效率高。

## 6.3 LC 串联谐振变换器

在一个开关周期内,LC 串联谐振变换器可以实现完整的谐振过程。此外,利用谐振过程中的电压、电流特性,适时选择开关管关断时刻,LC 串联谐振变换器可以实现软开关。

图 6.22 所示为基于全桥电路的 LC 串联谐振变换器,其中,谐振电感 $L_r$、谐振电容 $C_r$ 与变压器原边绕组串联。LC 串联谐振变换器调制策略为:开关管 $S_1$、$S_4$ 同时导通或关断,$S_2$、$S_3$ 同时导通或关断;在一个开关周期内,两组开关管导通相位相差 $180°$,且导通时间相等,可通过变频控制实现输出电压调节。由图 6.22 可知,LC 谐振电路电压为

$$u_{LC} = u_{AB} - u_p = \begin{cases} v_g - nv_o, & i_{Lr} > 0 \text{ 且 } S_1/S_4 \text{ 导通} \\ v_g + nv_o, & i_{Lr} < 0 \text{ 且 } D_1/D_4 \text{ 导通} \\ -v_g + nv_o, & i_{Lr} < 0 \text{ 且 } S_2/S_3 \text{ 导通} \\ -v_g - nv_o, & i_{Lr} > 0 \text{ 且 } D_2/D_3 \text{ 导通} \end{cases} \tag{6.38}$$

式中,$n = N_p/N_s$ 为变压器原边、副边绕组匝数比。

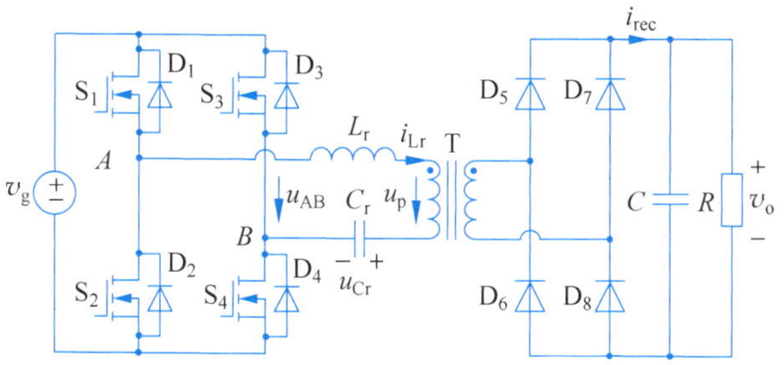

图 6.22 基于全桥电路的 LC 串联谐振变换器

根据开关频率 $f_s$ 与谐振频率 $f_r$ 之间的关系,LC 串联谐振变换器开关频率 $f_s$ 的工作范围分为 3 种:

(1) $f_s < 0.5 f_r$;

(2) $0.5 f_r < f_s < f_r$;

(3) $f_r < f_s$。

定义变换器谐振角频率 $\omega_r = 2\pi f_r = 1/\sqrt{L_r C_r}$、谐振周期 $T_r = 2\pi\sqrt{L_r C_r}$、谐振特征阻抗 $Z_r = \sqrt{L_r/C_r}$。下面分别对 3 种开关频率范围内的工作原理进行分析。

### 6.3.1 $f_s < 0.5 f_r$ 时的工作原理

当 LC 串联谐振变换器满足 $f_s < 0.5 f_r$ 条件时,在一个开关周期内,至少可以实现两次完整谐振过程,主要工作波形如图 6.23 所示。在一个开关周期内,变换器有 6 种工作模态,等效电路图如图 6.24 所示。

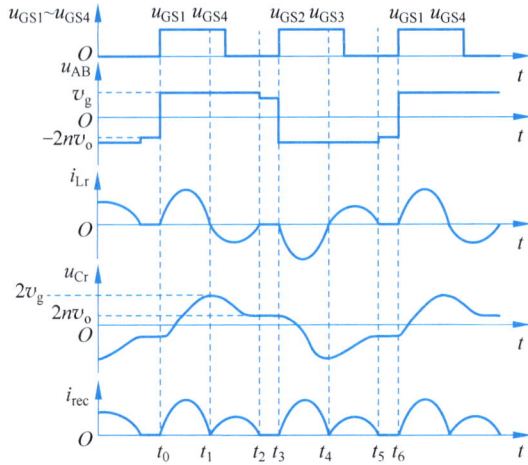

图 6.23　当 $f_s < 0.5 f_r$ 时，LC 串联谐振变换器的工作波形

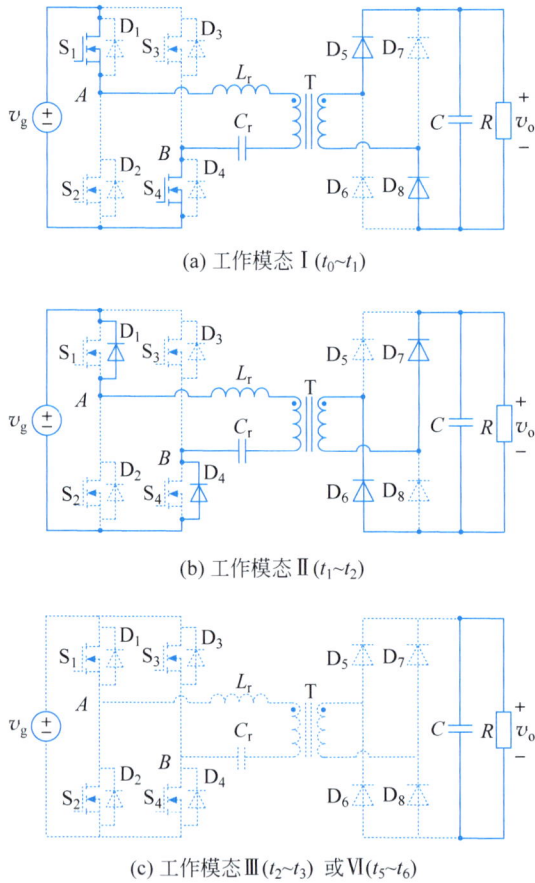

(a) 工作模态 Ⅰ $(t_0 \sim t_1)$

(b) 工作模态 Ⅱ $(t_1 \sim t_2)$

(c) 工作模态 Ⅲ $(t_2 \sim t_3)$ 或 Ⅵ $(t_5 \sim t_6)$

图 6.24　当 $f_s < 0.5 f_r$ 时，LC 串联谐振变换器工作模态

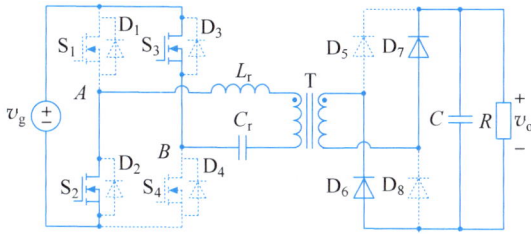

(d) 工作模态 IV ($t_3 \sim t_4$)

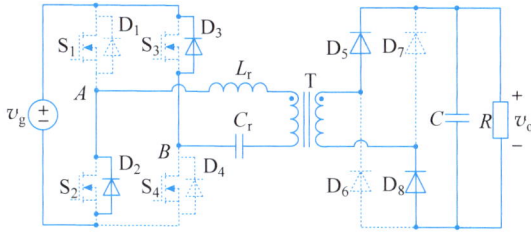

(e) 工作模态 V ($t_4 \sim t_5$)

图 6.24 （续）

### 1. 工作模态 I：$t_0 \sim t_1$（见图 6.24(a)）

$t_0$ 时刻前，除负载由滤波电容 $C$ 供能外，变换器其他支路没有电流。$t_0$ 时刻，开关管 $S_1$、$S_4$ 同时导通，在外电压作用下，谐振电感电流 $i_{Lr}$ 开始增加，即开关管 $S_1$、$S_4$ 电流缓慢增加，$S_1$ 与 $S_4$ 导通损耗降低。此时，变压器副边二极管 $D_5$ 和 $D_8$ 导通，LC 谐振电路电压 $u_{LC} = v_g - n v_o$，初始条件 $u_{Cr}(t_0) = -2nv_o$，$i_{Lr}(t_0) = 0$。根据电感、电容基本关系及 $t_0$ 时刻变换器初始条件，列写微分方程，可得变换器谐振电容电压 $u_{Cr}$ 与谐振电感电流 $i_{Lr}$ 分别为

$$u_{Cr}(t) = (v_g - n v_o) - (v_g + n v_o)\cos[\omega_r(t - t_0)], \quad t \in (t_0, t_1) \tag{6.39}$$

$$i_{Lr}(t) = \frac{(v_g + n v_o)\sin[\omega_r(t - t_0)]}{Z_r}, \quad t \in (t_0, t_1) \tag{6.40}$$

在 $t_1$ 时刻，谐振电感电流 $i_{Lr}(t_1) = 0$，谐振电容电压 $u_{Cr}(t_1) - 2v_g$，工作模态 I 经历时间为 $0.5T_r$，$T_r = 2\pi\sqrt{L_r C_r}$ 为谐振周期。

### 2. 工作模态 II：$t_1 - t_2$（见图 6.24(b)）

$t_1$ 时刻后，进入后半个谐振周期，谐振电感电流 $i_{Lr}$ 变负，寄生二极管 $D_1$ 和 $D_4$ 导通，开关管 $S_1$ 与 $S_4$ 电压变为 0，$S_1$ 与 $S_4$ 可实现零电压关断。此阶段中，LC 谐振电路电压 $u_{LC} = v_g + n v_o$，根据 $t_1$ 时刻谐振电感电流与谐振电容电压的初值，可得

$$u_{Cr}(t) = (v_g + n v_o) + (v_g - n v_o)\cos[\omega_r(t - t_1)], \quad t \in (t_1, t_2) \tag{6.41}$$

$$i_{Lr}(t) = -\frac{(v_g - n v_o)\sin\omega_r(t - t_1)}{Z_r}, \quad t \in (t_1, t_2) \tag{6.42}$$

在 $t_2$ 时刻，谐振电感电流 $i_{Lr}(t_2) = 0$，谐振电容电压 $u_{Cr}(t_2) = 2nv_o$，工作模态 II 结束，此模态持续时间为 $0.5T_r$。

### 3. 工作模态Ⅲ：$t_2 \sim t_3$（见图6.24(c)）

在 $t_2$ 时刻，开关管 $S_2$、$S_3$ 尚未导通，而开关管 $S_1$、$S_4$ 已关断；因此，$t_2$ 时刻后，除负载 $R$ 由滤波电容 $C$ 供能外，变换器其他支路没有电流；该工作模态一直持续到开关管 $S_2$、$S_3$ 导通为止。

工作模态Ⅳ、Ⅴ、Ⅵ（分别如图6.24(d)、图6.24(e)和图6.24(c)所示），与前3种工作模态为对称关系；参照前面的介绍，可分别列写出谐振变换器电压、电流关系，此处不再赘述。

当 $f_s < 0.5 f_r$ 时，LC串联谐振变换器的工作模态Ⅰ、工作模态Ⅱ、工作模态Ⅳ、工作模态Ⅴ固定，开关管关断时刻发生在工作模态Ⅱ与工作模态Ⅴ中，通过调节工作模态Ⅲ与工作模态Ⅵ的时间，可以调节输出电压，实现变频控制。

## 6.3.2　$0.5 f_r < f_s < f_r$ 时的工作原理

LC串联谐振变换器满足 $0.5 f_r < f_s < f_r$ 条件时，由于半个开关周期不足以提供一个完整谐振过程时间，则谐振电容电压、谐振电感电流为不规则正弦波形，主要工作波形如图6.25所示。在图6.25中，当 $0.5 f_r < f_s < f_r$ 时，在一个开关周期内，LC串联谐振变换器有4种工作模态，分别如图6.24(a)、(b)、(d)、(e)所示。

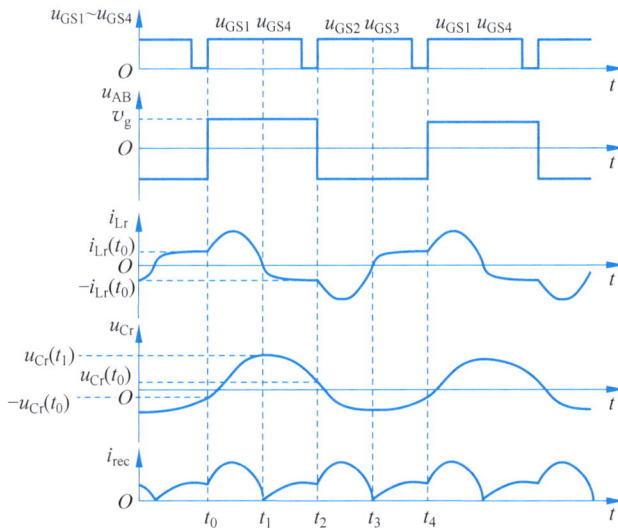

图6.25　当 $0.5 f_r < f_s < f_r$ 时，LC串联谐振变换器主要工作波形

### 1. 工作模态Ⅰ：$t_0 \sim t_1$（见图6.24(a)）

$t_0$ 时刻前，谐振电感电流大于0，其值为 $i_{Lr}(t_0)$，谐振电容电压小于0，其值为 $u_{Cr}(t_0)$，整流电路二极管 $D_5$、$D_8$ 导通。在 $t_0$ 时刻，开关管 $S_1$、$S_4$ 导通，寄生二极管 $D_2$、$D_3$ 截止并承受反向电压，产生较大反向恢复损耗；开关管 $S_1$、$S_4$ 除流过谐振电感电流 $i_{Lr}$ 外，还会流过二极管反向恢复电流，导致导通过程产生较大电流尖峰。因此，在 $t_0$ 时刻，开关管 $S_1$、$S_4$ 的导通属于硬导通，存在较大导通损耗。

根据 LC 串联谐振电路电压 $u_{LC} = v_g - nv_o$,以及谐振电容电压、谐振电感电流初始条件,可得

$$u_{Cr}(t) = (v_g - nv_o) - [v_g - nv_o - u_{Cr}(t_0)]\cos[\omega_r(t - t_0)] +$$
$$Z_r i_{Lr}(t_0) i_{Lr}(t_0)\sin[\omega_r(t - t_0)], \quad t \in (t_0, t_1) \tag{6.43}$$

$$i_{Lr}(t) = i_{Lr}(t_0)\cos[\omega_r(t - t_0)] + \frac{[v_g - nv_o - u_{Cr}(t_0)]\sin[\omega_r(t - t_0)]}{Z_r}, \quad t \in (t_0, t_1) \tag{6.44}$$

在 $t_1$ 时刻,谐振电感电流 $i_{Lr}$ 降为 0,工作模态 I 结束。

### 2. 工作模态 II:$t_1 \sim t_2$(见图 6.24(b))

$t_1$ 时刻以后,谐振电感电流 $i_{Lr}$ 由正变负,寄生二极管 $D_1$、$D_4$ 开始导通,将开关管 $S_1$、$S_4$ 电压钳位为 0。因此,在谐振电感电流为负的时间内,可实现 $S_1$、$S_4$ 的零电压关断。工作模态 II 持续到开关管 $S_1$、$S_4$ 导通时刻。

根据 LC 串联谐振电路电压 $u_{LC} = v_g + nv_o$,以及谐振电感电流、谐振电容电压初始条件 $i_{Lr}(t_1) = 0$、$u_{Cr}(t_1)$,可得

$$u_{Cr}(t) = (v_g + nv_o) - [v_g + nv_o - u_{Cr}(t_1)]\cos\omega_r(t - t_1), \quad t \in (t_1, t_2) \tag{6.45}$$

$$i_{Lr}(t) = \frac{(v_g + nv_o) - u_{Cr}(t_1)}{Z_r}\sin\omega_r(t - t_1), \quad t \in (t_1, t_2) \tag{6.46}$$

在 $t_2$ 时刻,开关管 $S_2$、$S_3$ 导通,工作模态 II 结束。寄生二极管 $D_1$、$D_4$ 截止并承受反向电压,产生较大反向恢复损耗;开关管 $S_2$、$S_3$ 除流过谐振电感电流 $i_{Lr}$ 外,还会流过二极管的反向恢复电流,导致导通过程中产生较大电流尖峰。因此,在 $t_2$ 时刻,开关管 $S_2$、$S_3$ 的导通属于硬导通,存在较大导通损耗。

工作模态 IV 和工作模态 V 分别如图 6.24(d)和图 6.24(e)所示,与前两种工作模态对称。根据上面的介绍,可分别写出工作模态 IV 和工作模态 V 的谐振电容电压、谐振电感电流表达式,此处不再赘述。

由上述分析可知,通过变频控制调节谐振电感电流峰值,就可调节从输入端向输出端传输的能量,并调节谐振变换器输出电压。

## 6.3.3 $f_s > f_r$ 时的工作原理

LC 串联谐振变换器满足 $f_s > f_r$ 条件时,谐振电感电流继续工作于电流连续导电模式,主要工作波形如图 6.26 所示。由图 6.26 可知,当 $f_s > f_r$ 时,在一个开关周期内,LC 串联谐振变换器有 4 种工作模态,分别如图 6.24(b)、(a)、(d)、(e)所示。

### 1. 工作模态 I:$t_0 \sim t_1$(见图 6.24(b))

$t_0$ 时刻前,谐振电感电流 $i_{Lr}(t_0)$ 小于 0,谐振电容电压 $u_{Cr}(t_0)$ 小于 0,全桥电路中开关管 $S_2$、$S_3$ 导通。在 $t_0$ 时刻,开关管 $S_2$、$S_3$ 关断,为硬关断;寄生二极管 $D_1$、$D_4$ 导通,此后导通开关管 $S_1$、$S_4$,可实现 $S_1$、$S_4$ 的零电压导通。

根据谐振电路电压 $u_{LC} = v_g + nv_o$,以及 $t_0$ 时刻谐振电感电流、谐振电容电压初始条

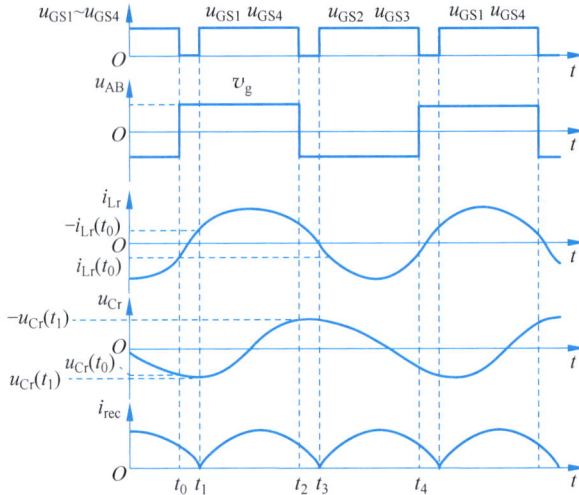

图 6.26 当 $f_s > f_r$ 时,LC 串联谐振变换器主要工作波形

件,可得

$$u_{Cr}(t) = (v_g + nv_o) - [v_g + nv_o - u_{Cr}(t_0)]\cos[\omega_r(t-t_0)] +$$
$$Z_r i_{Lr}(t_0) i_{Lr}(t_0)\sin[\omega_r(t-t_0)], \quad t \in (t_0, t_1) \tag{6.47}$$

$$i_{Lr}(t) = i_{Lr}(t_0)\cos[\omega_r(t-t_0)] + \frac{(v_g + nv_o) - u_{Cr}(t_0)}{Z_r}\sin[\omega_r(t-t_0)], \quad t \in (t_1 \sim t_2) \tag{6.48}$$

在 $t_1$ 时刻,谐振电感电流 $i_{Lr}$ 上升至 0,工作模式 Ⅰ 结束。

### 2. 工作模式 Ⅱ:$t_1 \sim t_2$(见图 6.24(a))

$t_1$ 时刻后,谐振电感电流由负变正,开关管 $S_1$、$S_4$ 流通电流。在工作模式 Ⅱ 中,谐振电容电压由负变正。根据 LC 串联谐振电路电压 $u_{LC} = v_g - nv_o$,以及谐振电感电流、谐振电容电压的初始条件 $i_{Lr}(t_1) = 0$,$u_{Cr}(t_1)$,可得谐振变换器电压、电流关系式为

$$u_{Cr}(t) = (v_g - nv_o) - [v_g - nv_o - u_{Cr}(t_1)]\cos[\omega_r(t-t_1)], \quad t \in (t_1, t_2) \tag{6.49}$$

$$i_{Lr}(t) = \frac{v_g - nv_o - u_{Cr}(t_1)}{Z_r}\sin[\omega_r(t-t_1)], \quad t \in (t_1, t_2) \tag{6.50}$$

在 $t_2$ 时刻,开关管 $S_1$、$S_4$ 关断,与开关管 $S_2$、$S_3$ 一致,开关管 $S_1$、$S_4$ 的关断属于硬关断。

工作模式 Ⅲ 和工作模式 Ⅳ 分别如图 6.24(d)和图 6.24(e)所示,与前两种工作模式对称。根据上面的介绍,可分别列写工作模式 Ⅲ 和工作模式 Ⅳ 的谐振电容电压、谐振电感电流关系,此处不再赘述。值得说明的是,折算到变压器原边时,LC 串联谐振变换器的输出电压折算值 $nv_o$ 必定小于输入电压 $v_g$。

## 6.3.4 增益特性

由整流电路工作特性可知,整流输入电压始终与输入电流同相位,且幅值为直流输出电压;因此,仅从相位关系来看,整流电路及负载呈现阻性。如此,当逆变电路产生方波电压

并施加至谐振电路及负载时,若逆变电路开关频率高于 LC 串联谐振频率,则阻抗呈现感性,逆变输出电流滞后于电压;若逆变电路开关频率低于 LC 串联谐振频率,则阻抗呈现容性,逆变输出电流超前于电压。

通常情况下,逆变电路开关频率 $f_s$ 与串联谐振频率 $f_r$ 接近;假设谐振电路品质因数值足够高,由于 LC 串联谐振电路具有较强选频特性,其电流近似为频率为 $f_s$ 的正弦波。

假设输出滤波电容 $C$ 足够大,则输出电压 $v_o$ 近似恒定。同时,假设 LC 谐振电路品质因数值较高,其电流波形近似正弦波,由于输出电流与谐振电路电流平均值相等,可得

$$\frac{v_o}{R} = \frac{2\sqrt{2}}{\pi} I_{Lr} \tag{6.51}$$

其中,$v_o$ 为直流输出电压,$R$ 为负载电阻,$I_{Lr}$ 为谐振电路电流 $i_{Lr}$ 的有效值。

整流电路输入侧电压波形为与电流同相的方波,且幅值为直流输出电压,因此,整流电路输入侧的电压基波有效值为

$$U_R = \frac{2\sqrt{2}}{\pi} v_o \tag{6.52}$$

由上述分析可知,整流电路及其负载的基波等效电路,如图 6.27 所示。在图 6.27 中,$U_S$ 为逆变输出电压的基波有效值,$R_e$ 为整流电路及负载的等效电阻;由式(6.51)、式(6.52)可知,等效电阻 $R_e$ 可表示为

$$R_e = \frac{U_R}{I} = \frac{8}{\pi^2} R \tag{6.53}$$

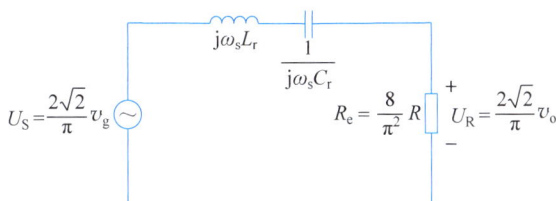

图 6.27 LC 串联谐振变换器的基波等效电路

根据图 6.27,可得 LC 串联谐振变换器直流电压增益 $M$ 为

$$M = \frac{U_R}{U_S} = \left| \frac{R_e}{R_e + sL + \frac{1}{sC}} \right| = \frac{1}{\sqrt{1 + \frac{\left(\omega L - \frac{1}{\omega C}\right)^2}{R_e^2}}} = \frac{1}{\sqrt{1 + Q_e^2\left(\frac{1}{F} - F\right)^2}} \tag{6.54}$$

式中,品质因数 $Q_e = \omega_s L_r / R_e = \pi^2 Q/8$,频率标幺值 $F$ 为开关频率 $f_s$ 与谐振频率 $f_r$ 之比,表示为 $F = f_s/f_r$。

LC 串联谐振变换器工作于不同开关频率时,式(6.54)描述了其等效电路的输入/输出基波电压关系;此外,由于逆变电路输出及整流电路输入电压均为 180°方波,两者基波因数相同,因此,式(6.54)同样可以描述逆变直流侧电压与整流输出侧直流电压的关系。

由式(6.54)可知,当品质因数 $Q$ 值不同时,LC 串联谐振变换器直流电压增益 $M$ 与频率的关系曲线,如图 6.28 所示。由于谐振变换器的输出电压主要通过开关频率调节,因此,

直流电压增益 $M$ 与开关频率的关系是谐振变换器分析与设计的关键因素。

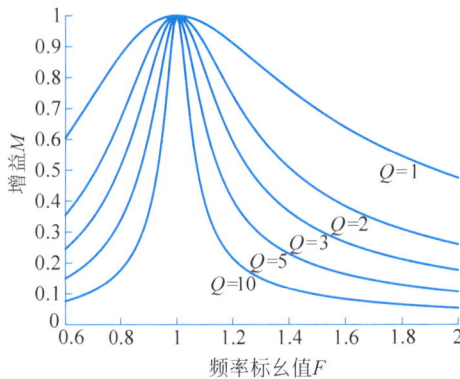

图 6.28　LC 串联谐振变换器的直流电压增益特性曲线

需要注意的是,上述结论是在忽略谐振电路谐波时得到,即假设谐振电路电流波形为正弦波。然而,由于谐振电路的 $Q$ 值不能为无穷大,谐振电路电流存在谐波,$Q$ 值低时,式(6.54)的准确性会受到影响。

# 6.4　LC 并联谐振变换器

除 LC 串联谐振变换器外,在一个开关周期内,LC 并联谐振变换器也可实现完整谐振过程,其拓扑结构如图 6.29 所示。

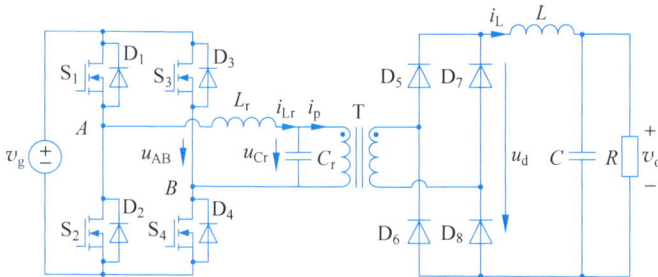

图 6.29　基于全桥电路的 LC 并联谐振变换器

由图 6.29 可知,LC 并联谐振变换器谐振电容 $C_r$ 并联于变压器原边绕组,谐振电感 $L_r$ 连接于全桥电路交流侧;此外,由于谐振电容 $C_r$ 相当于电压源,因此,在变换器输出滤波电容之前,需使用电感 $L$ 缓冲电容 $C_r$ 和 $C$ 的电压差。LC 并联谐振变换器调制策略与 LC 串联谐振变换器相同,在图 6.29 中,变换器逆变电路输出电压 $u_{AB}$ 同为方波。与传统桥式变换器整流电路输出电压不同,由于变压器原边绕组与谐振电容并联,LC 并联谐振变换器整流电路输出电压 $u_d$ 为谐振电压绝对值;因此,滤波电感电流 $i_L$ 不再呈现线性上升或下降过程,而是斜率变化的升降过程。

通常情况,滤波电感较大,可将其电流等效为电流源 $i_p$;若将 LC 并联谐振电路视作整体,其输入为电压源 $u_{AB}$,输出为电流源 $i_p$,且电流源大小为 $i_L/n$,则上述谐振电路的输入电压、输出电流与变换器特征量的关系为

$$u_{AB} = \begin{cases} v_g, & S_1/S_4 \text{ 或 } D_1/D_4 \text{ 导通} \\ -v_g, & S_2/S_3 \text{ 或 } D_2/D_3 \text{ 导通} \end{cases} \quad (6.55)$$

$$i_p = \begin{cases} i_L/n, & u_{Cr} > 0 \\ -i_L/n, & u_{Cr} < 0 \end{cases} \quad (6.56)$$

式中,$n$ 为变压器原边、副边绕组匝数比。根据开关频率 $f_s$ 与 LC 谐振频率 $f_r$ 的关系,LC 并联谐振变换器的开关频率工作范围分为 3 种:

(1) $f_s < 0.5 f_r$;

(2) $0.5 f_r < f_s < f_r$;

(3) $f_r < f_s$。

定义变换器谐振角频率 $\omega_r = 2\pi f_r = 1/\sqrt{L_r C_r}$、谐振周期 $T_r = 2\pi\sqrt{L_r C_r}$、谐振特征阻抗 $Z_r = \sqrt{L_r/C_r}$。下面分别对 3 种开关频率范围内的工作原理进行分析。

## 6.4.1  $f_s < 0.5 f_r$ 时的工作原理

LC 并联谐振变换器满足 $f_s < 0.5 f_r$ 条件时,在一个开关周期内,至少可以完成两次完整的谐振过程,主要工作波形如图 6.30 所示。如图 6.30 所示,在一个开关周期内,变换器有 6 种工作模式,等效电路图如图 6.31 所示。

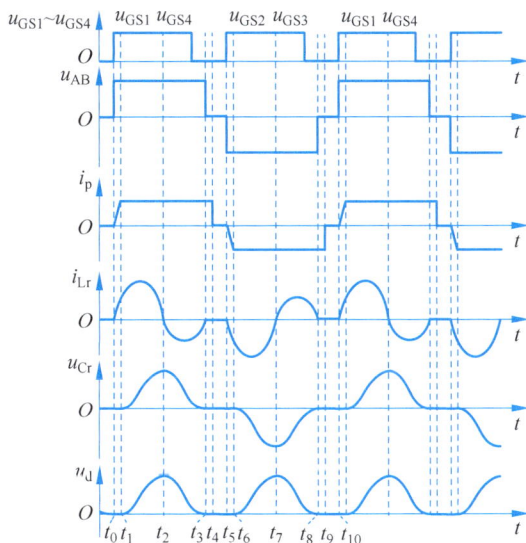

图 6.30  当 $f_s < 0.5 f_r$ 时,LC 并联谐振变换器主要工作波形

1) 工作模式 I : $t_0 \sim t_1$(见图 6.31(a))

$t_0$ 时刻前,电感电流 $i_L$ 通过 4 个整流二极管 $D_5 \sim D_8$ 续流,谐振电容电压被整流二极管钳位为 0,滤波电容 $C$ 向负载供电。在 $t_0$ 时刻,开关管 $S_1$ 与 $S_4$ 导通,谐振电感电流 $i_{Lr}$(在该工作模式中等于谐振电路输出电流 $i_p$)缓慢增加,开关管 $S_1$ 与 $S_4$ 实现零电流导通;当 $i_{Lr} < I_L/n$ 时,整流二极管 $D_5 \sim D_8$ 继续导通,$D_5$、$D_8$ 电流逐渐增加,$D_6$、$D_7$ 电流逐渐减小。在 $t_1$ 时刻,当 $i_{Lr} = I_L/n$ 时,$D_6$、$D_7$ 关断,工作模式 I 结束。

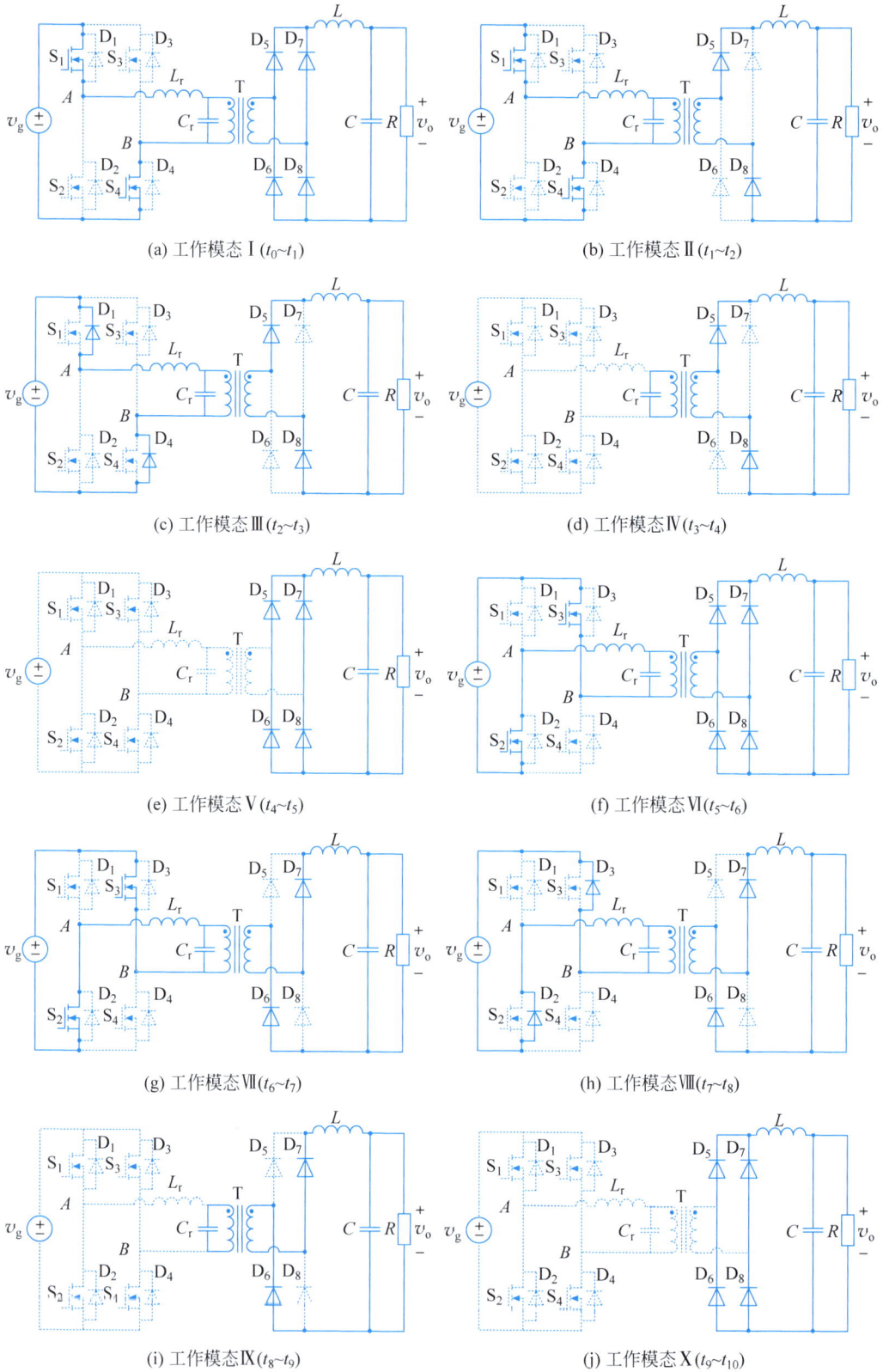

(a) 工作模态 I $(t_0 \sim t_1)$

(b) 工作模态 II $(t_1 \sim t_2)$

(c) 工作模态 III $(t_2 \sim t_3)$

(d) 工作模态 IV $(t_3 \sim t_4)$

(e) 工作模态 V $(t_4 \sim t_5)$

(f) 工作模态 VI $(t_5 \sim t_6)$

(g) 工作模态 VII $(t_6 \sim t_7)$

(h) 工作模态 VIII $(t_7 \sim t_8)$

(i) 工作模态 IX $(t_8 \sim t_9)$

(j) 工作模态 X $(t_9 \sim t_{10})$

图 6.31　当 $f_{\mathrm{s}} < 0.5 f_{\mathrm{r}}$ 时,LC 并联谐振变换器工作模态

2) 工作模态 II 和工作模态 III：$t_1 \sim t_3$（见图 6.31(b)和图 6.31(c)）

$t_1$ 时刻后，当 $i_{Lr} > I_L/n$ 时，谐振过程开始。在 $t_2$ 时刻，谐振电感电流 $i_{Lr}$ 为 0。$t_2$ 时刻后，谐振电感电流变为负值，开关管 $S_1$、$S_4$ 的体二极管 $D_1$、$D_4$ 导通，此时，开关管 $S_1$、$S_4$ 可实现零电压及零电流关断；此外，变压器副边整流电路工作状态不变，谐振电压逐渐减小，直至 $t_3$ 时刻，谐振电感电流 $i_{Lr}$ 由负变 0，工作模态 II 结束。

3) 工作模态 IV：$t_3 \sim t_4$（见图 6.31(d)）

$t_3$ 时刻后，开关管 $S_1 \sim S_4$ 中均无电流，谐振电感电流 $i_{Lr}$ 保持为 0，因此，谐振电感端电压为 0，前级逆变电路输出电压 $u_{AB}$ 等于谐振电容电压 $u_{Cr}$；由于谐振电容电压 $u_{Cr}$ 大于 0，经整流二极管 $D_5$、$D_8$，谐振电容存储的能量向负载释放，变压器副边整流电路状态仍与工作模态 II 一致。在 $t_4$ 时刻，谐振电容电压 $u_{Cr}$ 为 0，工作模态 III 结束。

4) 工作模态 V：$t_4 \sim t_5$（见图 6.31(e)）

$t_4$ 时刻后，变压器原边不再向副边提供能量，因此，整流二极管 $D_5 \sim D_8$ 全部导通，并且续流。在 $t_5$ 时刻，开关管 $S_2$、$S_3$ 导通，后半个开关周期开始。

$t_5 \sim t_{10}$ 时段为变换器后半个开关周期工作过程，其工作波形与前半个开关周期对称，对应工作模态如图 6.31(f)～(j)所示，此处不再赘述。

LC 并联谐振变换器工作于 $f_s < 0.5f_r$ 的条件时，其输出电压可通过改变工作模态 IV、VIII 的时间调节，即实现变频控制。

## 6.4.2　$0.5f_r < f_s < f_r$、$f_s > f_r$ 时的工作原理

当 LC 并联谐振变换器满足 $0.5f_r < f_s < f_r$ 或 $f_s > f_r$ 的条件时，变换器半个开关周期时间小于完整的谐振过程；因此，在上述两种工作方式中，LC 谐振单元始终处于谐振状态。当满足 $0.5f_r < f_s < f_r$ 或 $f_s > f_r$ 的条件时，在一个开关周期内，LC 并联谐振变换器均有 6 种工作模态，分别如图 6.32 和图 6.33 所示。

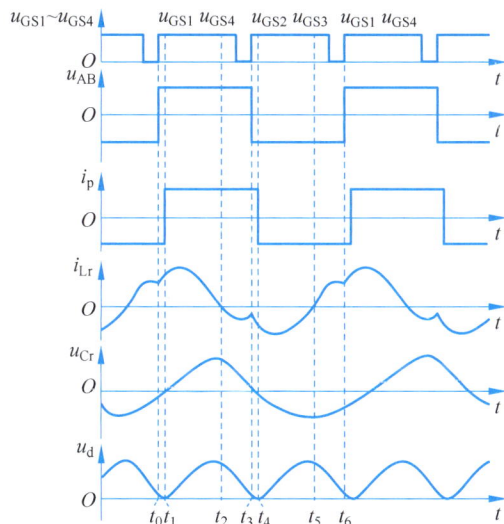

图 6.32　当 $0.5f_r < f_s < f_r$ 时，LC 并联谐振变换器主要工作波形

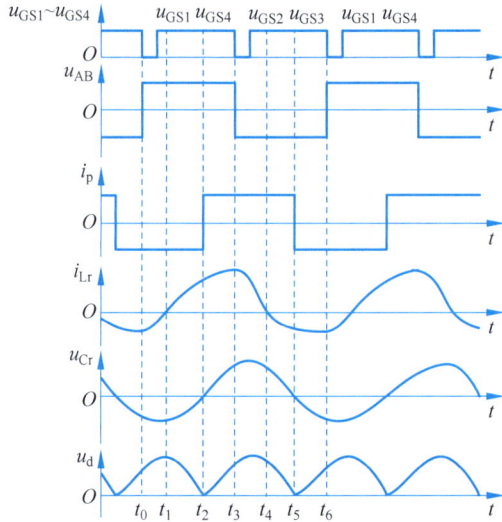

图 6.33　当 $f_s > f_r$ 时，LC 并联谐振变换器主要工作波形

需要注意的是，当 $f_s < 0.5 f_r$ 时，开关管 $S_1 \sim S_4$ 总能实现零电压/零电流导通与零电压关断；然而，当 $0.5 f_r < f_s < f_r$ 时，虽然开关管可以实现零电压/零电流关断，但导通过程为硬导通，存在导通损耗；当 $f_s > f_r$ 时，开关管可以实现零电压/零电流导通，但关断过程为硬关断，存在关断损耗。

### 6.4.3　增益特性

基于 LC 并联谐振变换器的基波等效电路，可推导其直流电压增益。为便于分析，假设变换器输出滤波电感足够大，其电流可近似为恒定值，则整流电路输入电流为方波；同时，假设谐振网络品质因数值较高，则输出电容电压可近似为正弦波。由于变换器输出电压与整流电路输入电压平均值相等，可得

$$v_o = \frac{2\sqrt{2}}{\pi} U_R \tag{6.57}$$

其中，$v_o$ 为输出直流电压，$U_R$ 为整流电路输入电压有效值。

由于整流电路输入电流波形为电压同相的方波，且其幅值为输出电流，因此，整流电路输入电流基波有效值 $I_R$ 为

$$I_R = \frac{2\sqrt{2}}{\pi} \frac{v_o}{R} \tag{6.58}$$

其中，$R$ 为负载电阻。

综上，整流电路及其负载的基波等效电路，如图 6.34 所示。在图 6.34 中，$U_S$ 为逆变电路输出电压的基波有效值，$R_e$ 为整流电路及负载的等效电阻。由式（6.57）和式（6.58），可得

$$R_e = \frac{U_R}{I_R} = \frac{\pi^2}{8} \tag{6.59}$$

由图 6.34 可得 LC 并联谐振变换器的输出与输入电压比，即直流电压增益 $M$ 为

$$M = \frac{v_o}{U_S} = \frac{8}{\pi^2} \frac{U_R}{U_S} = \frac{8}{\pi^2} \left| \frac{\dfrac{R_e \cdot \dfrac{1}{sC}}{R_e + \dfrac{1}{sC}}}{\dfrac{R_e \cdot \dfrac{1}{sC}}{R_e + \dfrac{1}{sC}} + sL} \right| = \frac{8}{\pi^2} \frac{1}{\sqrt{(1-F^2)^2 + \left(\dfrac{F}{Q_e}\right)^2}} \tag{6.60}$$

式中,品质因数 $Q_e = R_e/\omega_s L_r = \pi^2 R/8$,频率标幺值 $F$ 为开关频率与谐振频率比,即 $F = f_s/f_r$。

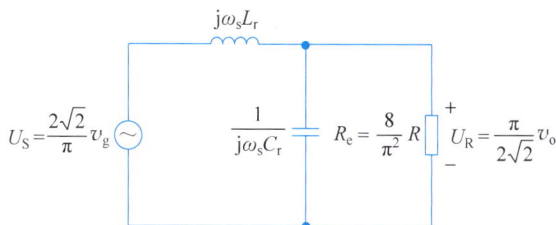

图 6.34　LC 并联谐振变换器的基波等效电路

工作于不同频率时,LC 并联谐振变换器等效电路的直流电压增益 $M$ 如式(6.60)所示。谐振变换器品质因数 $Q$ 不同时,由式(6.60)可得 $M$ 与 $F$ 的关系曲线,如图 6.35 所示,该曲线为 LC 并联谐振变换器分析和设计的关键依据。

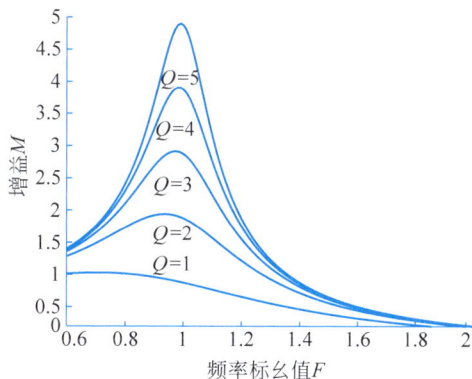

图 6.35　LC 并联谐振变换器的直流电压增益特性曲线

需要说明的是,上述结论是忽略谐振电路谐波分量时得到;当谐振变换器品质因数 $Q$ 较低时,谐振电容电压谐波分量将影响式(6.60)的准确性。

# 6.5　LLC 谐振变换器

串并联谐振变换器基于传统 LC 串联谐振变换器和 LC 并联谐振变换器进行了改进。其兼具串联谐振和并联谐振变换器的优点:

(1)谐振电容起到隔直作用,且谐振电路电流可根据负载调节,轻载工作效率高;

(2)可工作于空载条件,对滤波电容电流脉动能力要求低。

然而,由于此类变换器在传统串联谐振变换器基础上增加了谐振元器件,电路特性更为复杂。LLC 谐振变换器和 LCC 谐振变换器均属于串并联谐振变换器。

图 6.36 为半桥 LLC 谐振变换器的电路结构。在图 6.36 中,开关管 $S_1$、$S_2$ 构成半桥逆变电路,为 LLC 谐振单元输入侧电路,其输出电压 $u_A$ 是含有直流分量 $0.5v_g$ 的矩形波,直流分量由谐振电容 $C_r$ 承担,即 $C_r$ 也具有隔直功能。串联谐振电感 $L_r$ 和并联谐振电感 $L_m$ 分别与变压器原边绕组串联、并联,在实际变换器中,$L_r$ 与 $L_m$ 可以采用变压器漏感与励磁电感分别实现(下面统称 $L_m$ 为励磁电感)。变压器后级采用全波整流电路,适用于低输出电压场合。此外,半桥逆变电路也可被其他形式的逆变电路替代,如全桥逆变电路等。逆变及整流电路的选择,视变换器的输入/输出参数以及应用场合而定。

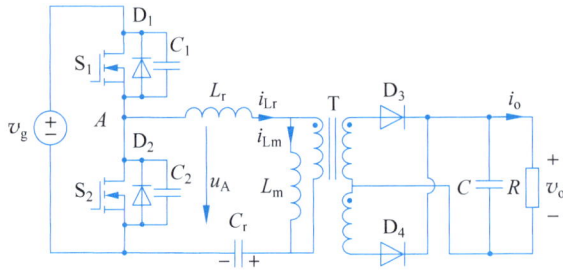

图 6.36　半桥 LLC 谐振变换器

LLC 谐振变换器的谐振电路有两个谐振频率:

(1) 串联谐振电感 $L_r$ 和谐振电容 $C_r$ 的谐振频率 $f_r$;

(2) 串联谐振电感 $L_r$ 与励磁电感 $L_m$ 的串联等效电感和谐振电容 $C_r$ 的谐振频率 $f_m$。两个谐振频率分别为

$$\begin{cases} f_r = \dfrac{1}{2\pi\sqrt{L_r C_r}} \\ f_m = \dfrac{1}{2\pi\sqrt{(L_r + L_m)C_r}} \end{cases} \tag{6.61}$$

在传统 LC 串联谐振变换器中,为实现原边逆变电路开关管 ZVS,开关频率必须高于谐振电路的谐振频率;因此,在半桥逆变电路输出侧,谐振电路与负载呈感性。由式(6.61)中的谐振频率 $f_r$ 和 $f_m$ 可知,LLC 谐振变换器的开关频率工作范围为 $f_m < f_s < f_r$ 和 $f_s > f_r$。在两种工作范围下,变换器工作原理、工作特性有所不同。

## 6.5.1　$f_m < f_s < f_r$ 时的工作原理

当半桥 LLC 谐振变换器满足 $f_m < f_s < f_r$ 的条件时,其主要工作波形如图 6.37 所示。在一个开关周期内,变换器有 8 种工作模态,如图 6.38 所示。

### 1. 工作模态 I:$t_0 \sim t_1$(见图 6.38(a))

$t_0$ 时刻前,开关管 $S_2$ 导通,谐振电感电流 $i_{Lr}$、励磁电流 $i_{Lm}$ 均为负值,且 $|i_{Lr}| > |i_{Lm}|$;此时,励磁电感 $L_m$ 电压被导通的整流二极管 $D_4$ 钳位为 $-nv_o$,励磁电感 $L_m$ 不参与谐振。在 $t_0$ 时刻,谐振电流 $i_{Lr}$、励磁电流 $i_{Lm}$ 均为负值,且 $|i_{Lr}| = |i_{Lm}|$,整流二极管 $D_4$ 零电流

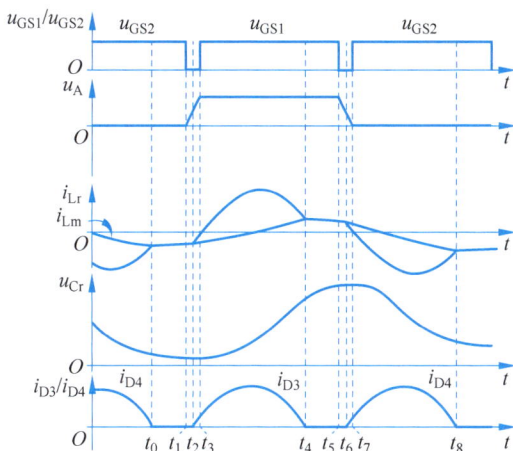

图 6.37　当 $f_m < f_s < f_r$ 时，半桥 LLC 谐振变换器主要工作波形

关断，励磁电感 $L_m$、串联谐振电感 $L_r$ 和谐振电容 $C_r$ 经开关管 $S_2$ 形成谐振电路；在此阶段，由于励磁电感 $L_m$ 较大，谐振周期较长，谐振电感电流 $i_{Lr}$ 变化不明显。在 $t_1$ 时刻，开关管 $S_1$、$S_2$ 关断，工作模态 I 结束。

**2. 工作模态 II：$t_1 \sim t_2$（见图 6.38(b)）**

在 $t_1$ 时刻，开关管 $S_2$ 关断，由于开关管寄生电容较小，可认为电容 $C_1$ 线性放电，谐振电感电流 $i_{Lr}$ 给 $C_2$ 线性充电；在此过程中，开关管 $S_1$ 电压逐渐下降，开关管 $S_2$ 电压逐渐上升。在 $t_2$ 时刻，谐振电路输入电压 $u_A(t_2) = u_{Cr}(t_2)$，工作模态 II 结束。

**3. 工作模态 III：$t_2 \sim t_3$（见图 6.38(c)）**

$t_2$ 时刻后，$u_A$ 继续增加，励磁电感 $L_m$ 电压大于 0，即变压器原边电压大于 0，变压器副边整流二极管 $D_3$ 导通，励磁电感 $L_m$ 电压被钳位为 $nv_o$，$n$ 为变压器原边、副边绕组匝数比。此段时间内，励磁电感 $L_m$ 电流 $i_{Lm}$ 线性增加，串联谐振电感 $L_r$ 与谐振电容 $C_r$ 构成电路继续给 $C_1$ 放电、$C_2$ 充电。在 $t_3$ 时刻，$u_A(t_3) = v_g$，工作模态 III 结束。

**4. 工作模态 IV：$t_3 \sim t_4$（见图 6.38(d)）**

$t_3$ 时刻后，二极管 $D_1$ 导通，在谐振电感电流 $i_{Lr}$ 为负值（即二极管 $D_1$ 保持导通）期间，可实现开关管 $S_1$ 零电压导通。此工作模态中，串联谐振电感 $L_r$ 与谐振电容 $C_r$ 谐振，$L_m$ 电压仍被钳位为 $nv_o$，则作用于谐振电路的电压为 $0.5v_g - nv_o$，二极管 $D_3$ 电流为 $n(i_{Lr} - i_{Lm})$。在 $t_4$ 时刻，$i_{Lr} = i_{Lm}$，二极管 $D_3$ 电流变为 0 后，$D_3$ 截止，无反向恢复损耗，实现零电流关断，工作模态 IV 结束。

在后半周期内，LLC 谐振变换器的工作模态分别如图 6.38(e)～(h)所示；由于后半个开关周期与前半个开关周期对称，此处不再赘述。

由上述工作模态分析可知，当 $f_m < f_s < f_r$ 时，LLC 谐振变换器开关管 $S_1$、$S_2$ 均可实现零电压导通，整流二极管 $D_3$、$D_4$ 均可实现零电流关断，开关损耗较小。

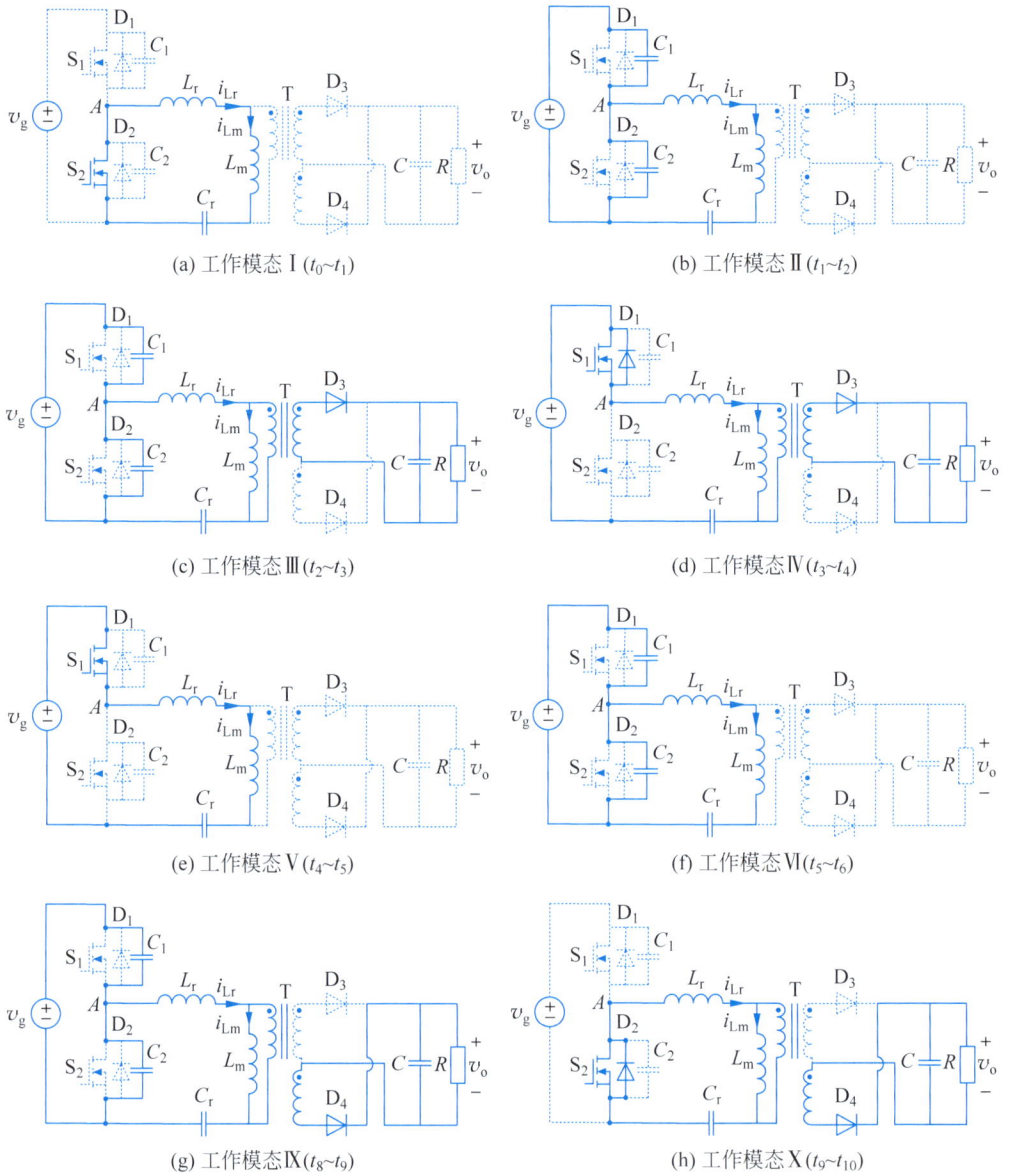

(a) 工作模态 I ($t_0 \sim t_1$)　　　　　　　　　　(b) 工作模态 II ($t_1 \sim t_2$)

(c) 工作模态 III ($t_2 \sim t_3$)　　　　　　　　　　(d) 工作模态 IV ($t_3 \sim t_4$)

(e) 工作模态 V ($t_4 \sim t_5$)　　　　　　　　　　(f) 工作模态 VI ($t_5 \sim t_6$)

(g) 工作模态 IX ($t_8 \sim t_9$)　　　　　　　　　　(h) 工作模态 X ($t_9 \sim t_{10}$)

**图 6.38　当 $f_m < f_s < f_r$ 时，半桥 LLC 谐振变换器工作模态**

## 6.5.2　$f_s > f_r$ 时的工作原理

当 $f_s > f_r$ 时，励磁电感 $L_m$ 电压被整流二极管 $D_3$ 或 $D_4$ 钳位为 $-nv_o$，由于励磁电感 $L_m$ 不参与谐振，此时半桥 LLC 谐振变换器工作原理与 $f_s > f_r$ 时的 LC 串联谐振变换器类似。考虑开关管寄生电容，在一个开关周期内，半桥 LLC 谐振变换器有 6 种工作模态，工作波形与工作模态分别如图 6.39 和图 6.40 所示。

### 1. 工作模态 I：$t_0 \sim t_1$（见图 6.40（a））

$t_0$ 时刻前，谐振电感电流 $i_{Lr} > i_{Lm}$，变压器原边电流 $i_{Nw1} = i_{Lr} - i_{Lm}$ 为正值，变压器副

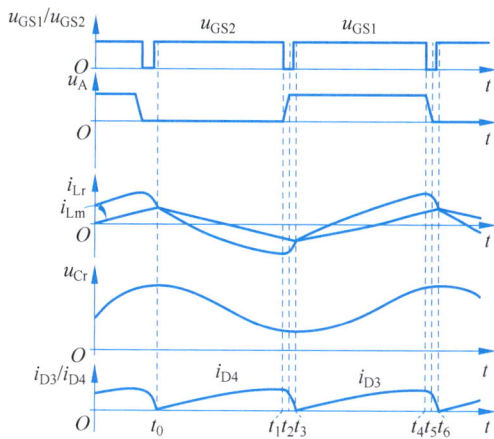

图 6.39　当 $f_s > f_r$ 时，半桥 LLC 谐振变换器主要工作波形

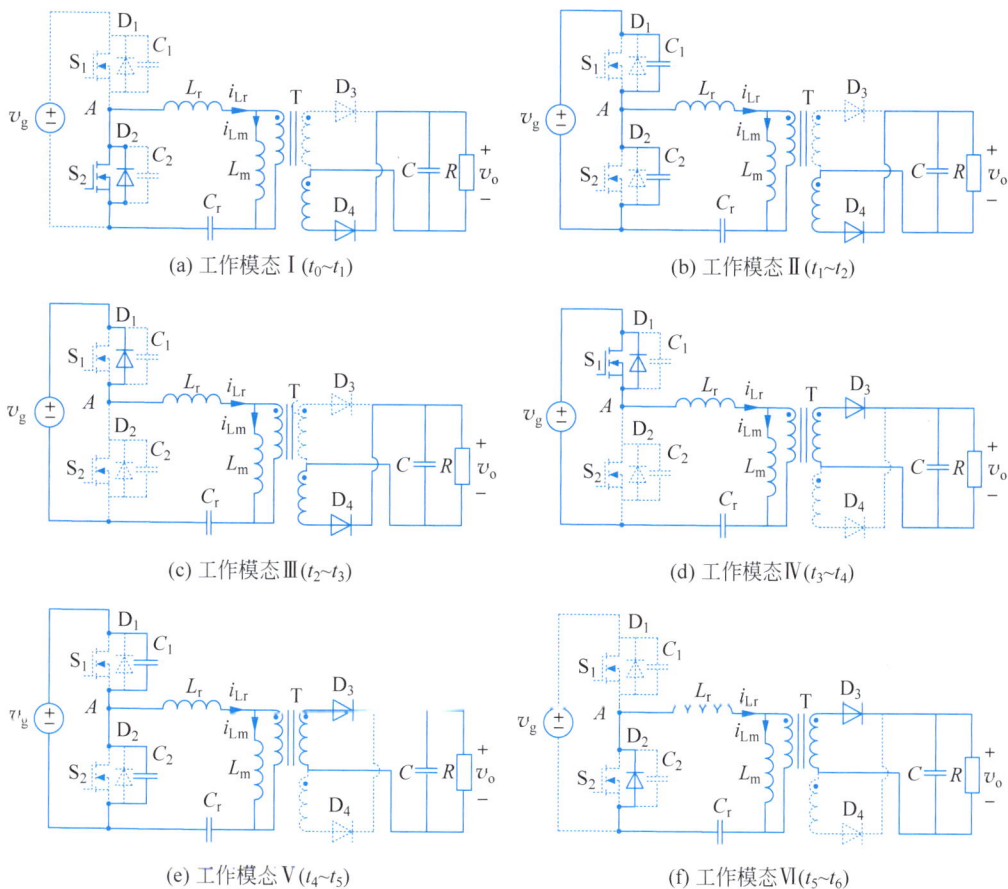

(a) 工作模态 I $(t_0 \sim t_1)$

(b) 工作模态 II $(t_1 \sim t_2)$

(c) 工作模态 III $(t_2 \sim t_3)$

(d) 工作模态 IV $(t_3 \sim t_4)$

(e) 工作模态 V $(t_4 \sim t_5)$

(f) 工作模态 VI $(t_5 \sim t_6)$

图 6.40　当 $f_s > f_r$ 时，半桥 LLC 谐振变换器工作模态

边整流管 $D_3$ 导通；由于开关管 $S_1$ 关断、开关管 $S_2$ 导通，且谐振电感电流 $i_{Lr}$ 为正值，二极管 $D_2$ 处于导通状态。在 $t_0$ 时刻，$i_{Lr} = i_{Lm}$ 为正值，整流二极管 $D_3$ 截止。$t_0$ 时刻后，谐振电感电流 $i_{Lr}$ 继续减小，$i_{Nw1}$ 变为负值，对应整流二极管 $D_4$ 导通；谐振电感 $L_r$ 与谐振电容

$C_r$ 继续谐振，作用于谐振电路的电压为 $nv_o$，谐振电感电流 $i_{Lr}$ 由正变负后，二极管 $D_2$ 关断。在此阶段，励磁电感 $L_m$ 电压被钳位为 $-nv_o$，励磁电感电流 $i_{Lm}$ 开始线性下降。$t_1$ 时刻，开关管 $S_2$ 关断，工作模态 I 结束。

**2. 工作模态 II：$t_1 \sim t_2$（见图 6.40(b)）**

在 $t_1$ 时刻，开关管 $S_2$ 关断；由于开关管寄生电容较小，电容 $C_1$ 线性放电，谐振电感电流给 $C_2$ 线性充电；开关管 $S_1$ 的端电压逐渐下降，开关管 $S_2$ 的端电压逐渐上升。在 $t_2$ 时刻，电压 $u_A(t_2) = v_g$，工作模态 II 结束。

**3. 工作模态 III：$t_2 \sim t_3$（见图 6.40(c)）**

$t_2$ 时刻后，二极管 $D_1$ 导通，开关管 $S_1$ 电压为 0，可实现开关管 $S_1$ 零电压导通。在 $t_3$ 时刻，$i_{Lr} = i_{Lm}$，工作模态 III 结束。在 $t_3$ 时刻后，$i_{Lr} > i_{Lm}$，整流二极管 $D_4$ 截止，$D_3$ 导通。

在后半周期内，半桥 LLC 谐振变换器的工作模态，分别如图 6.40(d)～(f) 所示，且与前半周期对称，此处不再赘述。

当 $f_s > f_r$ 时，半桥 LLC 谐振变换器开关管 $S_1$、$S_2$ 均可实现零电压导通，且整流二极管导通与关断均发生于零电流时刻，因此，变换器开关损耗较小。

当 $f_s < f_m$ 时，LLC 谐振电路与负载电路呈现容性，不利于变换器效率提升，设计参数时，通常会避免 $f_s < f_m$ 的情况。

### 6.5.3 增益特性

由图 6.39 可知，LLC 谐振电路输入电压 $u_A$ 直流分量为 $0.5v_g$，基波分量为

$$u_{A\_f}(t) = \frac{2}{\pi} v_g \sin(2\pi f_s t) \tag{6.62}$$

采用一次谐波近似法（First Harmonic Approximation，FHA）对谐振变换器进行稳态分析，假设谐振电感电流

$$i_{Lr}(t) = \sqrt{2} I_{Lr} \sin(2\pi f_s t - \varphi) \tag{6.63}$$

其中，$I_{Lr}$ 为谐振电感电流 $i_{Lr}$ 的有效值，$\varphi$ 为谐振电感电流与电压 $u_A$ 的相位差。

整流二极管电流为准正弦电流，且在过零时刻翻转，因此，整流电路输入电压是幅值为 $v_o$ 的方波，且与输入电流同相。整流电路的输入基波电压与电流分别为

$$u_{o\_rec}(t) = \frac{4}{\pi} U_{o\_res} \sin(2\pi f_s t - \gamma) \tag{6.64}$$

$$i_{o\_rec}(t) = \sqrt{2} I_{o\_res} \sin(2\pi f_s t - \gamma) \tag{6.65}$$

其中，$I_{o\_res}$ 为 $i_{o\_rec}$ 的有效值，$\gamma$ 为 $i_{o\_rec}$ 与 $u_{o\_rec}$ 之间的相位差。

由式(6.65)可得输出平均电流 $I_o$ 为

$$I_o = \frac{2}{T_s} \int_0^{0.5T_s} |i_{o\_rec}(t)| \, dt = \frac{2\sqrt{2}}{\pi} I_{o\_rec} = \frac{P_o}{v_o} = \frac{U}{R_o} \tag{6.66}$$

其中，$T_s$ 为开关周期，$P_o$ 为变换器输出功率。由于整流电路输入电压与电流同相，因此可将整流电路、输出滤波电路视作谐振电路的等效电阻 $R_{o\_ac}$，其表达式为

$$R_{o\_ac} = \frac{u_{o\_rec}(t)}{i_{rec}(t)} = \frac{U_{o\_rec}}{I_{rec}} = \frac{8v_o^2}{\pi^2 P_o} = \frac{8}{\pi^2}R \tag{6.67}$$

为便于分析,将等效电阻 $R_{o\_ac}$ 折算至变压器原边,得到等效电阻

$$R_{ac} = n^2 R_{o\_ac} \tag{6.68}$$

由如图 6.41 所示的半桥 LLC 谐振电路的交流等效电路,可得谐振电路传递函数为

$$H(s) = n\frac{u_{o\_rec}(s)}{u_{A\_f}(s)} = \frac{R_{ac}//sL_m}{\frac{1}{sC_r} + sL_r + (R_{ac}//sL_m)} \tag{6.69}$$

$$= \frac{-L_m C_r R_{ac}\omega^2}{-j\omega^3 L_r L_m C_r - \omega^2 L_r R_{ac}(L_r + L_m) + j\omega L_m + R_{ac}}$$

从而得到半桥 LLC 谐振变换器的直流电压增益为

$$M_{dc} = \frac{v_o}{v_g} = \frac{\pi u_{o\_rec}(s)}{2\sqrt{2}}\frac{\sqrt{2}}{\pi u_{A\_f}(s)} = \frac{1}{2n}H(s) = \frac{1}{2n}|H(j\omega)| \tag{6.70}$$

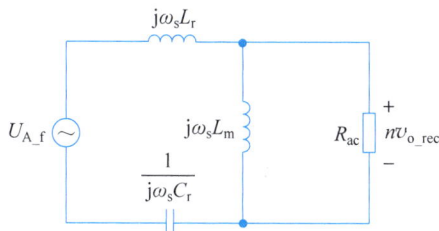

图 6.41 LLC 谐振电路的交流等效电路

定义电路参数:品质因数 $Q = Z_o/R_{ac} = Z_o/(n^2 R_{o\_ac}) = Z_o P_o/(n^2 v_o^2)$,电感系数 $\lambda = L_r/L_m$,归一化频率 $f_n = f_s/f_r$,输出阻抗参数 $Z_o = \sqrt{L_r/C_r} = 2\pi f_r L_r = 1/(2\pi f_r C_r)$。将以上参数代入式(6.70),可得到半桥 LLC 谐振变换器的归一化直流电压增益为

$$M_{dc} = \frac{v_o}{v_g} = \frac{1}{2n}\left|\frac{1}{1 + \lambda\left(1 - \frac{1}{f_n^2}\right) + j\left(f_n - \frac{1}{f_n}\right)Q}\right| = \frac{1}{2n}\frac{1}{\sqrt{\left(1 + \lambda - \frac{\lambda}{f_n^2}\right)^2 + Q^2\left(f_n - \frac{1}{f_n}\right)^2}} \tag{6.71}$$

由式(6.70)和式(6.71),可得到谐振电路的归一化直流电压增益为

$$|H(j\omega)| = \frac{1}{\sqrt{\left(1 + \lambda - \frac{\lambda}{f_n^2}\right)^2 + Q^2\left(f_n - \frac{1}{f_n}\right)^2}} \tag{6.72}$$

由式(6.72)得到半桥 LLC 谐振变换器的直流电压增益曲线,如图 6.42 所示。在图 6.42 中,电感系数 $\lambda = 0.2$ 时,改变品质因数 $Q$,可得到变换器的不同直流电压增益曲线。由图 6.42 可知,随着变换器开关频率增加,每条增益曲线均先增加再减小,并在某个频率点处有拐点,且拐点频率随负载减轻而减小,但不会减小为 0。由此,对于半桥 LLC 谐振变换器,输入电压在较大范围内变化时,可通过调节变换器开关频率实现输出电压的稳定,即实现变频控制。

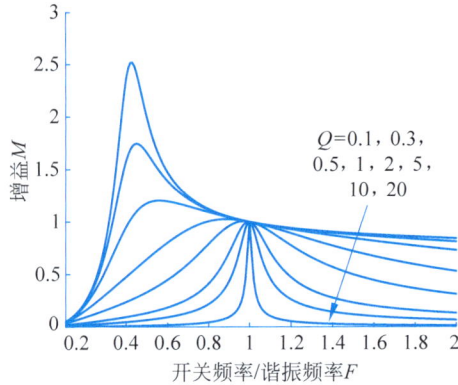

图 6.42　LLC 谐振变换器的增益特性曲线

# 6.6　LCC 谐振变换器

图 6.43 为全桥 LCC 谐振变换器的电路结构。在图 6.43 中,开关管 $S_1 \sim S_4$ 构成全桥逆变电路,为 LCC 谐振电路输入侧电路。$C_r$ 和 $C_s$ 分别为串联谐振电容和并联谐振电容。$L_r$ 为串联谐振电感,可用变压器漏感实现。变压器原边、副边绕组的匝数比为 $n$。$D_5 \sim D_8$ 构成副边输出侧整流电路。$C$ 为输出滤波电容,$R$ 为负载。

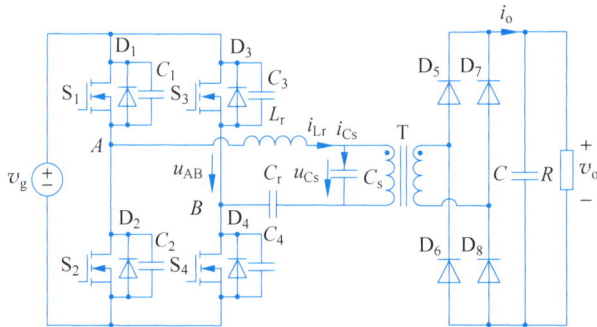

图 6.43　全桥 LCC 谐振变换器的电路结构

根据全桥 LCC 谐振变换器的开关频率 $f_s$ 与谐振频率 $f_r$ 的关系,当 $f_s > f_r$ 时,谐振电感电流 $i_{Lr}$(逆变电路输出电流)相位滞后于桥臂输出电压 $u_{AB}$,呈感性,通过合理设计,可使开关管在全负载范围内实现 ZVS。当 $f_s < 0.5f_r$ 时,开关管可在全负载范围内实现 ZCS。当 $0.5f_r < f_s < f_r$ 时,谐振电感电流 $i_{Lr}$ 超前于电压 $u_{AB}$,呈容性,且变换器逆变电路同一桥臂开关管可能直通,导致变换器不能可靠工作。因此,在实际应用中,应尽量避免变换器工作于 $0.5f_r < f_s < f_r$。下面分别介绍全桥 LCC 谐振变换器工作于 $f_s > f_r$ 和 $f_s < 0.5f_r$ 两种工作模式的工作原理。

## 6.6.1　$f_s > f_r$ 时的工作原理

当 LCC 谐振变换器满足 $f_s > f_r$ 的条件时,其主要工作波形如图 6.44 所示。在前半个开关周期内,变换器有 4 种工作模态,如图 6.45 所示。

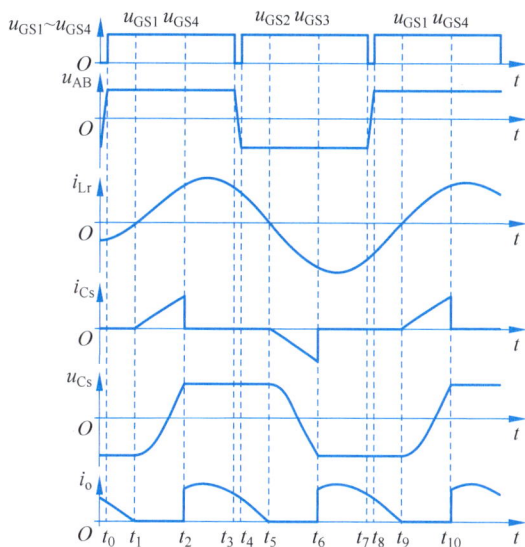

图 6.44 当 $f_s > f_r$ 时,全桥 LCC 谐振变换器主要工作波形

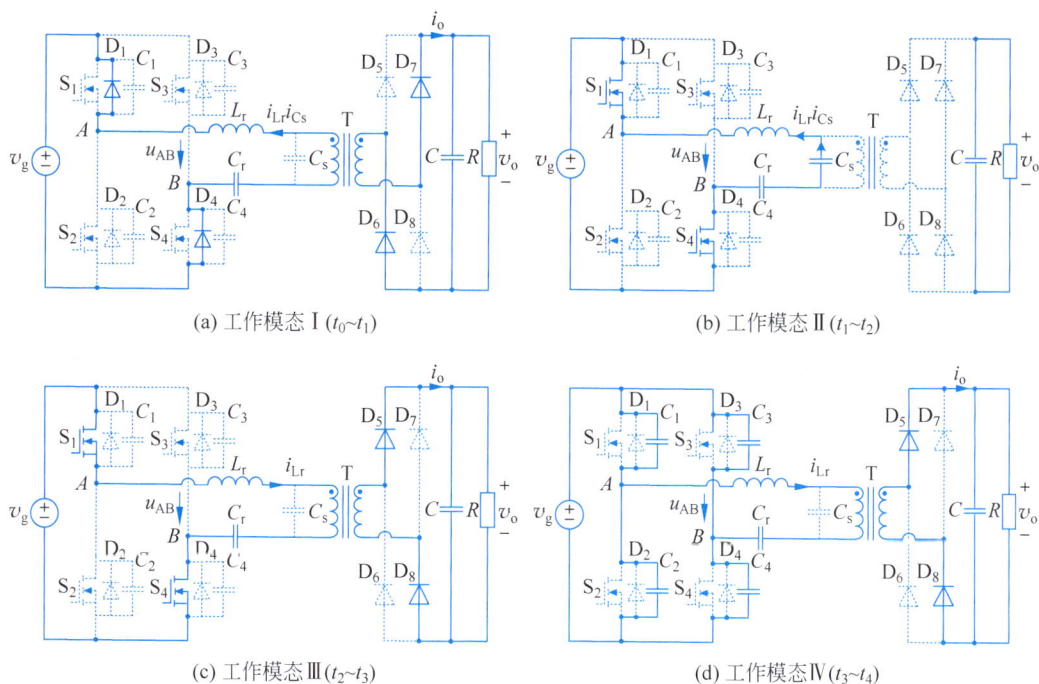

(a) 工作模态 I $(t_0 \sim t_1)$

(b) 工作模态 II $(t_1 \sim t_2)$

(c) 工作模态 III $(t_2 \sim t_3)$

(d) 工作模态 IV $(t_3 \sim t_4)$

图 6.45 当 $f_s > f_r$ 时,全桥 LCC 谐振变换器工作模态

## 1. 工作模态 I: $t_0 \sim t_1$(见图 6.45(a))

$t_0$ 时刻前,体二极管 $D_1$ 和 $D_4$ 导通,将 $S_1$ 和 $S_4$ 电压钳位为 0。$t_0$ 时刻,开关管 $S_1$ 和 $S_4$ 零电压导通;此时,谐振电感电流 $i_{Lr}$ 为负,流经 $D_4$、$T$、$L_r$、$C_r$ 和 $D_1$,$L_r$ 和 $C_r$ 发生串联

谐振；整流二极管 $D_6$ 和 $D_7$ 导通，并联谐振电容 $C_s$ 电压 $u_{Cs}$ 被钳位为 $-nv_o$，原边向副边传递能量，同时谐振电路的储能回馈给输入电源。在 $t_1$ 时刻，谐振电感电流 $i_{Lr}$ 谐振为 0，二极管 $D_6$ 和 $D_7$ 实现零电流关断，工作模态 Ⅰ 结束。

### 2. 工作模态Ⅱ：$t_1 \sim t_2$（见图 6.45(b)）

在 $t_1$ 时刻，谐振电感电流 $i_{Lr}$ 由负变正，并且上升，$i_{Lr}$ 流经 $S_1$、$C_r$、$L_r$、$C_s$ 和 $S_4$，$L_r$、$C_r$ 和 $C_s$ 发生谐振；谐振电感电流 $i_{Lr}$ 给 $C_s$ 充电，其电压 $u_{Cs}$ 从 $-nv_o$ 上升；此时，副边整流二极管均关断，变压器原边、副边脱离，负载 $R$ 由输出滤波电容 $C$ 供电。在 $t_2$ 时刻，工作模态 Ⅱ 结束。

### 3. 工作模态Ⅲ：$t_2 \sim t_3$（见图 6.45(c)）

在 $t_2$ 时刻，$u_{Cs}$ 电压上升为 $nv_o$，整流二极管 $D_5$ 和 $D_8$ 导通，并联谐振电容 $C_s$ 电压 $u_{Cs}$ 被钳位为 $nv_o$；此时，谐振电感电流 $i_{Lr}$ 为正，$i_{Lr}$ 流经 $S_1$、$C_r$、$L_r$、T 和 $S_4$，$L_r$ 和 $C_r$ 发生串联谐振，变压器原边向副边传递能量。在 $t_3$ 时刻，工作模态 Ⅲ 结束。

### 4. 工作模态Ⅳ：$t_3 \sim t_4$（见图 6.45(d)）

在 $t_3$ 时刻，开关管 $S_1$ 和 $S_4$ 关断，谐振电感电流 $i_{Lr}$ 从 $S_1$ 和 $S_4$ 转移至寄生电容 $C_1 \sim C_4$，$i_{Lr}$ 给 $C_1$ 和 $C_4$ 充电，$C_2$ 和 $C_3$ 放电；在此阶段，由于谐振电感 $L_r$ 较大，可认为 $i_{Lr}$ 近似恒定，并等效为恒流源；电容 $C_1$ 和 $C_4$ 电压从 0 线性上升，电容 $C_2$ 和 $C_3$ 电压从 $v_g$ 线性下降。在 $t_4$ 时刻，$C_2$ 和 $C_3$ 电压下降为 0，开关管 $S_2$ 和 $S_3$ 可以实现零电压导通，工作模态 Ⅳ 结束。

从 $t_4$ 时刻起，变换器进入后半个开关周期，其工作原理类似于前半个开关周期，此处不再赘述。

由 LCC 谐振变换器工作原理可知，当 $f_s > f_r$ 时，开关管 $S_1 \sim S_4$ 可实现零电压导通，且变换器工作于连续电流模式。

## 6.6.2　$f_r < 0.5 f_s$ 时的工作原理

当 $f_r < 0.5 f_s$ 时，全桥 LCC 谐振变换器有两种工作模式，本节定义为 DCM1 和 DCM2 模式。

### 1. DCM1 模式工作原理

当工作于 DCM1 模式时，全桥 LCC 谐振变换器主要工作波形及工作模态分别如图 6.46 和图 6.47 所示。

1）工作模态Ⅰ：$t_0 \sim t_1$（见图 6.47(a)）

$t_0$ 时刻前，谐振电感电流 $i_{Lr}$ 为 0，串联谐振电容电压 $u_{Cr}$ 为负。在 $t_0$ 时刻，开关管 $S_1$ 和 $S_4$ 导通，谐振电感电流 $i_{Lr}$ 从 0 谐振上升，谐振电感电流 $i_{Lr}$ 经 $S_1$、$C_r$、$L_r$ 和 $S_4$，$L_r$ 和 $C_r$ 发生串联谐振；此时，整流二极管 $D_5$ 和 $D_8$ 导通，并联谐振电容 $C_s$ 电压 $u_{Cs}$ 被输出电压钳位为 $nv_o$，变压器原边向副边传递能量。在 $t_1$ 时刻，工作模态 Ⅰ 结束。

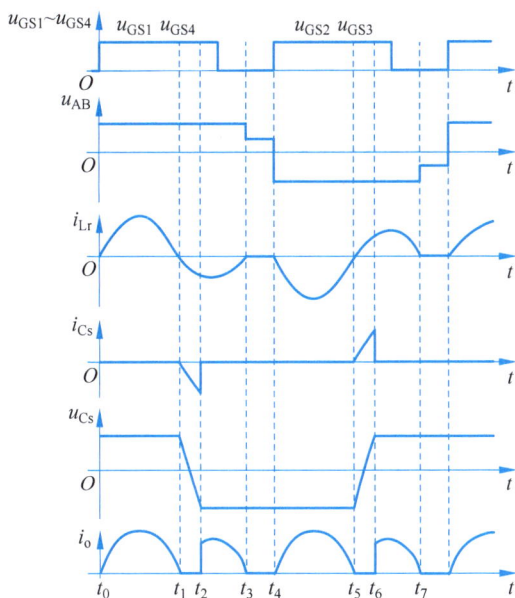

图 6.46 工作于 DCM1 模式时,全桥 LCC 谐振变换器主要工作波形

2) 工作模态 Ⅱ: $t_1 \sim t_2$(见图 6.47(b))

在 $t_1$ 时刻,谐振电感电流 $i_{Lr}$ 下降过 0,并沿负方向增加,$i_{Lr}$ 流经 $D_4$、$C_s$、$L_r$、$C_r$ 和 $D_1$,$L_r$、$C_r$ 和 $C_s$ 发生串联谐振;谐振电感电流 $i_{Lr}$ 给 $C_s$ 放电,电容 $C_s$ 电压由 $nv_o$ 下降;此时,谐振电路储能回馈给输入电源,副边整流二极管 $D_5 \sim D_8$ 均截止,变压器原边、副边脱离,负载 $R$ 由输出滤波电容 $C$ 供电。在 $t_2$ 时刻,工作模态 Ⅱ 结束。

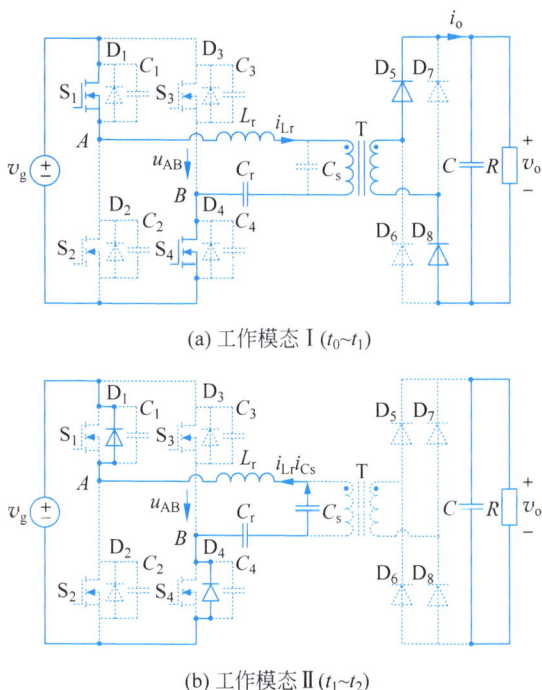

(a) 工作模态 Ⅰ ($t_0 \sim t_1$)

(b) 工作模态 Ⅱ ($t_1 \sim t_2$)

图 6.47 工作于 DCM1 模式时,全桥 LCC 谐振变换器工作模态

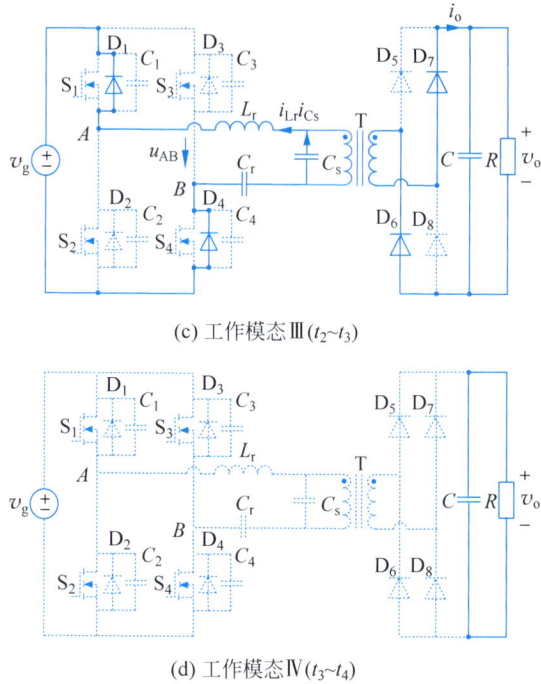

(c) 工作模式Ⅲ($t_2 \sim t_3$)

(d) 工作模式Ⅳ($t_3 \sim t_4$)

图 6.47 （续）

3）工作模式Ⅲ：$t_2 \sim t_3$（见图 6.47(c)）

在 $t_2$ 时刻，并联谐振电容 $C_s$ 两端电压 $u_{Cs}$ 变为 $-nv_o$，整流二极管 $D_6$ 和 $D_7$ 导通，$u_{Cs}$ 被输出电压钳位为 $-nv_o$；此时，谐振电感电流 $i_{Lr}$ 为负，$i_{Lr}$ 流经 $D_4$、$T$、$L_r$、$C_r$ 和 $D_1$，$L_r$ 和 $C_r$ 发生串联谐振；电路由原边向副边传递能量，谐振电路储能回馈给输入电源。在 $t_3$ 时刻，谐振电感电流 $i_{Lr}$ 谐振为 0，二极管 $D_6$ 和 $D_7$ 零电流关断，工作模式Ⅲ结束。

4）工作模式Ⅳ：$t_3 \sim t_4$（见图 6.47(d)）

在 $t_3 \sim t_4$ 时段，所有开关管和二极管均关断，谐振电感电流 $i_{Lr}$ 为 0，电压 $u_{Cs}$ 和 $u_{Cr}$ 保持恒定，负载 $R$ 由输出滤波电容 $C$ 供电。在 $t_4$ 时刻，工作模式Ⅳ结束。

在 $t_4$ 时刻，开关管 $S_2$ 和 $S_3$ 导通，变换器进入后半个开关周期，其工作原理类似于前半个开关周期，此处不再赘述。

**2. DCM2 模式工作原理**

当工作于 DCM2 模式时，全桥 LCC 谐振变换器的主要工作波形和工作模态分别如图 6.48 和图 6.49 所示。由图 6.47 和图 6.48，可以看出 DCM1 和 DCM2 模式区别如下：在 $t_1 \sim t_3$ 时段，谐振电感电流 $i_{Lr}$ 反向，并联谐振电容电压 $u_{Cs}$ 若能由 $nv_o$ 下降为 $-nv_o$，为 DCM1 模式；反之，则为 DCM2 模式。当工作于 DCM2 模式时，变换器也存在 4 种工作模态。

1）工作模态Ⅰ：$t_0 \sim t_1$（见图 6.49(a)）

$t_0$ 时刻前，谐振电感电流 $i_{Lr}$ 为 0，串联谐振电容电压 $u_{Cr}$ 为负。在 $t_0$ 时刻，开关管 $S_1$ 和 $S_4$ 导通，由于 $i_{Lr}$ 从 0 谐振，并沿正方向上升，$i_{Lr}$ 流经 $S_1$、$C_r$、$L_r$、$C_s$ 和 $S_4$，$L_r$、$C_r$ 和 $C_s$

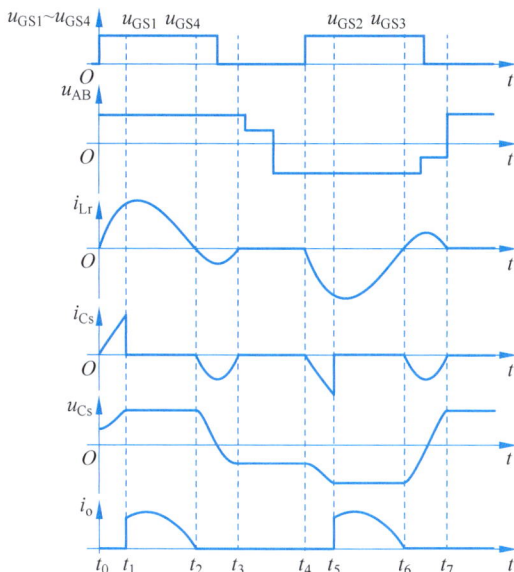

图 6.48　当工作于 DCM2 模式时，全桥 LCC 谐振变换器主要工作波形

发生串联谐振；$i_{Lr}$ 给 $C_s$ 充电，$u_{Cs}$ 电压上升；此时，副边整流二极管 $D_5 \sim D_8$ 均截止，变压器原边、副边脱离，负载 $R$ 由输出滤波电容 $C$ 供电。在 $t_1$ 时刻，工作模态 I 结束。

2）工作模态 II：$t_1 \sim t_2$（见图 6.49(b)）

在 $t_1$ 时刻，并联谐振电容 $C_s$ 电压 $u_{Cs}$ 上升为 $nv_o$ 后，继续上升，此时，整流二极管 $D_5$ 和 $D_8$ 导通，$u_{Cs}$ 被输出电压钳位为 $nv_o$；电感电流 $i_{Lr}$ 为正，$i_{Lr}$ 流经 $S_1$、$L_r$、$C_r$ 和 $S_4$、$L_r$ 和 $C_r$ 发生串联谐振，变压器原边向副边传递能量。在 $t_2$ 时刻，谐振电感电流 $i_{Lr}$ 谐振为 0，$D_5$ 和 $D_8$ 实现零电流关断，工作模态 II 结束。

3）工作模态 III：$t_2 \sim t_3$（见图 6.49(c)）

在 $t_2$ 时刻，谐振电感电流 $i_{Lr}$ 下降为负，并沿负方向增加，$i_{Lr}$ 流经 $D_4$、$L_r$、$C_r$、$C_s$ 和 $D_1$、$L_r$、$C_r$、$C_s$ 发生串联谐振；同时，并联谐振电容 $C_s$ 放电，$u_{Cs}$ 从 $nv_o$ 下降；谐振电路储能回馈给输入电源，副边整流二极管均截止，变压器原边、副边脱离，负载 $R$ 由 $C$ 供电。在 $t_3$ 时刻，谐振电感电流 $i_{Lr}$ 谐振为 0，二极管 $D_6$ 和 $D_7$ 实现零电流关断，工作模态 III 结束。

4）工作模态 IV：$t_3 \sim t_4$（见图 6.49(d)）

在 $t_3 \sim t_4$ 时段，所有开关管和二极管均关断，谐振电感电流 $i_{Lr}$ 为 0，电压 $u_{Cs}$ 和 $u_{Cr}$ 保持恒定，负载 $R$ 由输出滤波电容 $C$ 供电。在 $t_4$ 时刻，开关管 $S_2$ 和 $S_3$ 导通，工作模态 IV 结束，变换器进入后半个开关周期，其工作原理类似于前半个开关周期，此处不再赘述。

由上述分析，当全桥 LCC 谐振变换器工作于 DCM1 模式时，只需保证开关管在 $t_1 \sim t_3$ 时段关断，即可实现零电流关断，体二极管为自然导通和关断；当变换器工作于 DCM2 模式时，只需保证开关管在 $t_2 \sim t_3$ 时段关断，即可实现零电流关断，体二极管为自然导通和关断。

此外，通过调节工作模态 IV 持续时间，即可控制谐振电感电流 $i_{Lr}$ 为 0 的时间，从而可以调节全桥 LCC 谐振变换器输出电压。

(a) 工作模态 I $(t_0 \sim t_1)$

(b) 工作模态 II $(t_1 \sim t_2)$

(c) 工作模态 III $(t_2 \sim t_3)$

(d) 工作模态 IV $(t_3 \sim t_4)$

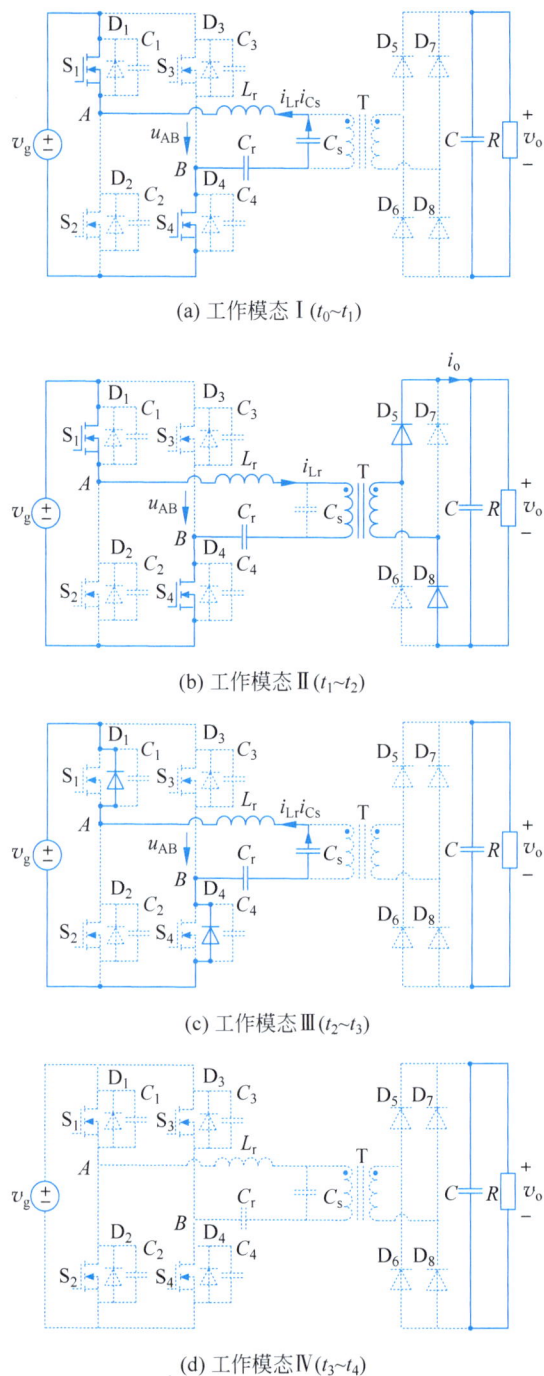

图 6.49 当工作于 DCM2 模式时,全桥 LCC 谐振变换器工作模态

## 6.6.3 增益特性

在 LC 并联谐振变换器基础上,全桥 LCC 谐振变换器增加串联谐振电容 $C_r$。为便于分析,假设并联谐振电容 $C_s$ 电压波形近似正弦波,获得如图 6.50 所示全桥 LCC 谐振变换器

基波等效电路。在图 6.50 中,负载等效电阻 $R_e$ 计算方法与 LC 并联谐振变换器相同。

由图 6.50 可知,全桥 LCC 谐振变换器输出与输入电压比 $M$ 为

$$M = \frac{v_o}{v_g} = \frac{8}{\pi^2} \frac{U_R}{U_S} = \frac{8}{\pi^2} \left| \frac{1}{1 + \dfrac{X_{C_r}}{X_{C_s}} - \dfrac{X_L}{X_{C_s}} + \dfrac{\mathrm{j}X_L}{R_e} - \dfrac{\mathrm{j}X_{C_r}}{R_e}} \right|$$

$$= \frac{8}{\pi^2} \frac{1}{\sqrt{\left(1 + \dfrac{C_s}{C_r} - F^2 \dfrac{C_s}{C_e}\right)^2 + Q_e \left(F - \dfrac{1}{F}\right)^2}} \qquad (6.73)$$

其中,$Q_e = \omega_s L_r / R_e = 8Q/\pi^2$ 为品质因数,频率标幺值 $F$ 为开关频率与谐振频率之比,即 $F = f_s / f_r$,$f_r = 1/(2\pi\sqrt{L_r C_r})$ 为谐振频率。

将电容 $C_r$、$C_s$ 串联,并将串联等效电容与谐振电感 $L_r$ 的谐振频率作为电路参数,式(6.73)可化简为

$$M = \frac{v_o}{v_g} = \frac{8}{\pi^2} \frac{U_R}{U_S} = \frac{8}{\pi^2} \left| \frac{1}{1 + \dfrac{X_{C_r}}{X_{C_s}} - \dfrac{X_L}{X_{C_s}} + \dfrac{\mathrm{j}X_L}{R_e} - \dfrac{\mathrm{j}X_{C_r}}{R_e}} \right|$$

$$= \frac{8}{\pi^2} \frac{1}{\sqrt{\left(1 + \dfrac{C_s}{C_r} - F^2 \left(1 + \dfrac{C_s}{C_r}\right)\right)^2 + Q_e \left(F - \dfrac{1}{F\left(1 + \dfrac{C_r}{C_s}\right)}\right)^2}} \qquad (6.74)$$

式中,$Q_e = \omega_s L_r / R_e = 8Q/\pi^2$ 为品质因数,频率标幺值 $F$ 为开关频率与谐振频率之比,即 $F = f_s / f_r$,谐振频率 $f_r = \dfrac{1}{2\pi \sqrt{L \dfrac{C_r C_s}{C_r + C_s}}}$。

根据式(6.74),可计算不同品质因数 $Q$ 时的全桥 LCC 谐振变换器电压增益 $M$;当电容 $C_s = C_r$ 时,全桥 LCC 谐振变换器增益特性曲线如图 6.51 所示。

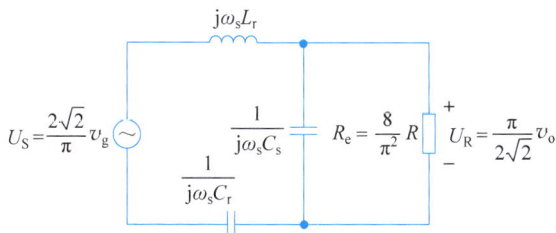

图 6.50　LCC 谐振变换器的基波等效电路

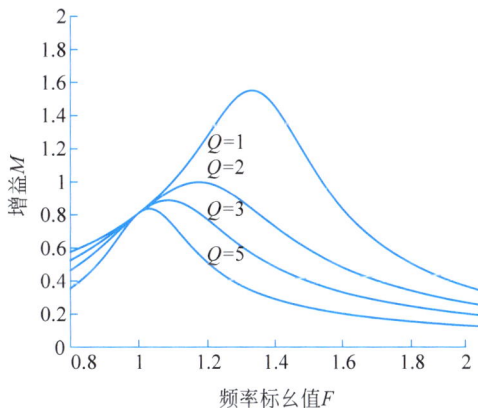

图 6.51　当 $C_r = C_s$ 时,不同品质因数时的全桥 LCC 谐振变换器的增益特性曲线

第7章

# 开关DC-DC变换器状态空间平均建模

随着电力电子装置在功率传输与变换中的广泛应用，开关变换器的建模分析成为研究重点。由于开关变换器是一种强非线性时变电路，不能用常规的线性电路理论进行分析，要准确找到其解析解十分困难。1976 年，美国加利福尼亚理工学院的 R. D. Middlebrook 和 S. Cuk 提出了状态空间平均法，得到了开关变换器的解析模型。本章介绍开关 DC-DC 变换器状态空间平均法，并具体分析 Buck、Boost 和 Buck-Boost 变换器的状态空间平均模型。

状态空间平均法在一个开关周期内对变量求取平均值，对电路信号进行平均处理（时间平均）。采用状态空间平均法对开关 DC-DC 变换器进行建模时，需要满足 3 个前提条件。

(1) 低频假设：小信号变量频率 $f_g$ 远小于开关变换器开关频率 $f_s$，即 $f_g \ll f_s$；

(2) 小纹波假设：开关变换器特征频率 $f_o$ 远小于开关变换器开关频率 $f_s$，即 $f_o \ll f_s$；

(3) 小信号假设：小信号变量频率 $f_g$ 总是小于开关变换器特征频率 $f_o$。

在上述假设条件成立下，开关变换器状态变量的瞬时值近似等于其平均值，可近似看作滤除了变量纹波，而不会对变量中的直流信息和交流小信号信息产生大的影响。

基于状态空间平均法的开关 DC-DC 变换器建模过程可分为 3 个步骤：

(1) 分阶段列写状态方程，建立状态空间平均模型；

(2) 小信号化状态空间平均模型，并进行线性近似；

(3) 分离扰动，建立直流稳态方程和线性化交流小信号方程。

## 7.1 CCM 开关 DC-DC 变换器状态空间平均建模

### 7.1.1 状态空间平均模型

以状态方程形式建立各平均变量间的关系，称为状态空间平均方程。由第 2 章的介绍可知，开关 DC-DC 变换器工作于 CCM 时，在一个开关周期 $T$ 内，存在两种工作模式，两种工作模式持续时间分别为开关管导通时间 $[0,dT]$ 和开关管关断时间 $[dT,T]$，其中，$d$ 为开关管导通占空比。下面介绍每种工作模式的状态方程和输出方程。

**工作模式 I $[0,dT]$**：开关管导通，二极管关断。此模式内，开关 DC-DC 变换器的状态方程和输出方程为

$$
\begin{cases}
\dfrac{\mathrm{d}\boldsymbol{x}(t)}{\mathrm{d}t} = \boldsymbol{A}_1 \boldsymbol{x}(t) + \boldsymbol{B}_1 \boldsymbol{u}(t) \\[2mm]
\boldsymbol{y}(t) = \boldsymbol{C}_1 \boldsymbol{x}(t) + \boldsymbol{E}_1 \boldsymbol{u}(t)
\end{cases}
\tag{7.1}
$$

**工作模态Ⅱ**$[dT, T]$：开关管关断，二极管导通。此模态内，开关 DC-DC 变换器的状态方程和输出方程为

$$
\begin{cases}
\dfrac{\mathrm{d}\boldsymbol{x}(t)}{\mathrm{d}t} = \boldsymbol{A}_2 \boldsymbol{x}(t) + \boldsymbol{B}_2 \boldsymbol{u}(t) \\[2mm]
\boldsymbol{y}(t) = \boldsymbol{C}_2 \boldsymbol{x}(t) + \boldsymbol{E}_2 \boldsymbol{u}(t)
\end{cases}
\tag{7.2}
$$

其中，$\boldsymbol{x}(t)$、$\boldsymbol{u}(t)$ 和 $\boldsymbol{y}(t)$ 分别为状态向量、输入向量和输出向量；$\boldsymbol{A}_1$、$\boldsymbol{A}_2$ 和 $\boldsymbol{B}_1$、$\boldsymbol{B}_2$ 分别为工作模态Ⅰ和工作模态Ⅱ的状态矩阵和输入矩阵；$\boldsymbol{C}_1$、$\boldsymbol{C}_2$ 和 $\boldsymbol{E}_1$、$\boldsymbol{E}_2$ 分别为工作模态Ⅰ和工作模态Ⅱ的输出矩阵和传递矩阵。

式(7.1)和式(7.2)描述了 CCM 开关 DC-DC 变换器在一个开关周期内的状态方程，当满足小纹波假设，可认为状态向量在一个开关周期内保持不变；当满足低频假设，状态向量 $\boldsymbol{x}(t)$、输入向量 $\boldsymbol{u}(t)$ 和输出向量 $\boldsymbol{y}(t)$ 分别近似等于一个开关周期内的时间平均值 $\bar{\boldsymbol{x}}(t)$、$\bar{\boldsymbol{u}}(t)$ 和 $\bar{\boldsymbol{y}}(t)$。因此，在一个开关周期内，对所有变量进行时间平均(加权平均)，有

$$
\frac{\mathrm{d}\bar{\boldsymbol{x}}(t)}{\mathrm{d}t} = d(t)(\boldsymbol{A}_1 \bar{\boldsymbol{x}}(t) + \boldsymbol{B}_1 \bar{\boldsymbol{u}}(t)) + d'(t)(\boldsymbol{A}_2 \bar{\boldsymbol{x}}(t) + \boldsymbol{B}_2 \bar{\boldsymbol{u}}(t))
\tag{7.3}
$$

其中，$d(t)$ 是开关管的导通占空比，$d'(t) = 1 - d(t)$。

类似地，在一个开关周期内，CCM 开关 DC-DC 变换器的平均输出方程为

$$
\bar{\boldsymbol{y}}(t) = d(t)(\boldsymbol{C}_1 \bar{\boldsymbol{x}}(t) + \boldsymbol{E}_1 \bar{\boldsymbol{u}}(t)) + d'(t)(\boldsymbol{C}_2 \bar{\boldsymbol{x}}(t) + \boldsymbol{E}_2 \bar{\boldsymbol{u}}(t))
\tag{7.4}
$$

将式(7.3)和式(7.4)重新组合成线性连续系统的状态空间方程后，在一个开关周期内，得到 CCM 开关 DC-DC 变换器的状态空间平均方程和平均输出方程为

$$
\begin{cases}
\dfrac{\mathrm{d}\bar{\boldsymbol{x}}(t)}{\mathrm{d}t} = (d(t)\boldsymbol{A}_1 + d'(t)\boldsymbol{A}_2)\bar{\boldsymbol{x}}(t) + (d(t)\boldsymbol{B}_1 + d'(t)\boldsymbol{B}_2)\bar{\boldsymbol{u}}(t) \\[2mm]
\bar{\boldsymbol{y}}(t) = (d(t)\boldsymbol{C}_1 + d'(t)\boldsymbol{C}_2)\bar{\boldsymbol{x}}(t) + (d(t)\boldsymbol{E}_1 + d'(t)\boldsymbol{E}_2)\bar{\boldsymbol{u}}(t)
\end{cases}
\tag{7.5}
$$

将式(7.5)表示为状态空间平均模型的标准形式：

$$
\begin{cases}
\dfrac{\mathrm{d}\bar{\boldsymbol{x}}(t)}{\mathrm{d}t} = \boldsymbol{A}\bar{\boldsymbol{x}}(t) + \boldsymbol{B}\bar{\boldsymbol{u}}(t) \\[2mm]
\bar{\boldsymbol{y}}(t) = \boldsymbol{C}\bar{\boldsymbol{x}}(t) + \boldsymbol{E}\bar{\boldsymbol{u}}(t)
\end{cases}
\tag{7.6}
$$

其中，$\boldsymbol{A} = D\boldsymbol{A}_1 + D'\boldsymbol{A}_2$，$\boldsymbol{B} = D\boldsymbol{B}_1 + D'\boldsymbol{B}_2$，$\boldsymbol{C} = D\boldsymbol{C}_1 + D'\boldsymbol{C}_2$，$\boldsymbol{E} = D\boldsymbol{E}_1 + D'\boldsymbol{E}_2$，$D' = 1 - D$，$D$ 和 $D'$ 分别为 $d(t)$ 和 $d'(t)$ 的直流分量。

比较式(7.5)和式(7.6)可知，在开关 DC-DC 变换器的状态空间平均模型中，状态方程的状态矩阵 $\boldsymbol{A}$ 和输入矩阵 $\boldsymbol{B}$ 分别对应状态矩阵 $\boldsymbol{A}_1$、$\boldsymbol{A}_2$ 和输入矩阵 $\boldsymbol{B}_1$、$\boldsymbol{B}_2$ 的加权平均值；输出方程的输出矩阵 $\boldsymbol{C}$ 和传递矩阵 $\boldsymbol{E}$ 分别对应输出矩阵 $\boldsymbol{C}_1$、$\boldsymbol{C}_2$ 和传递矩阵 $\boldsymbol{E}_1$、$\boldsymbol{E}_2$ 的加权平均值。

## 7.1.2　直流稳态和交流小信号方程

基于状态空间平均模型，采用线性化近似和分离扰动求 CCM 开关 DC-DC 变换器的直流稳态方程和线性化交流小信号方程。式(7.5)中，当输入向量 $\bar{\boldsymbol{u}}(t)$ 和控制变量 $d(t)$ 存在

小信号扰动时，即

$$\bar{u}(t) = U + \hat{u}(t), d(t) = D + \hat{d}(t), d'(t) = D' - \hat{d}(t) \tag{7.7}$$

时，将引起状态向量和输出向量的小信号扰动，即

$$\bar{x}(t) = X + \hat{x}(t), \quad \bar{y}(t) = Y + \hat{y}(t) \tag{7.8}$$

其中，$X$、$U$、$Y$ 和 $D$ 分别为 $\bar{x}(t)$、$\bar{u}(t)$、$\bar{y}(t)$ 和 $d(t)$ 的直流分量；$\hat{x}(t)$、$\hat{u}(t)$、$\hat{y}(t)$ 和 $\hat{d}(t)$ 分别为 $\bar{x}(t)$、$\bar{u}(t)$、$\bar{y}(t)$ 和 $d(t)$ 的交流小信号分量。

对于小信号扰动，存在

$$\hat{x}(t) \ll X, \quad \hat{u}(t) \ll U, \quad \hat{y}(t) \ll Y, \quad \hat{d}(t) \ll D \tag{7.9}$$

从而，式(7.5)可改写为

$$
\begin{cases}
\dfrac{\mathrm{d}(X + \hat{x}(t))}{\mathrm{d}t} = \left[(D + \hat{d}(t))A_1 + (D' - \hat{d}(t))A_2\right](X + \hat{x}(t)) + \\
\qquad\qquad \left[(D + \hat{d}(t))B_1 + (D' - \hat{d}(t))B_2\right](U + \hat{u}(t)) \\
Y + \hat{y}(t) = \left[(D + \hat{d}(t))C_1 + (D' - \hat{d}(t))C_2\right](X + \hat{x}(t)) + \\
\qquad\qquad \left[(D + \hat{d}(t))E_1 + (D' - \hat{d}(t))E_2\right](U + \hat{u}(t))
\end{cases}
\tag{7.10}
$$

合并同类项，有

$$
\begin{cases}
\dfrac{\mathrm{d}(X + \hat{x}(t))}{\mathrm{d}t} = AX + BU + A\hat{x}(t) + B\hat{u}(t) + \left[(A_1 - A_2)X + (B_1 - B_2)U\right]\hat{d}(t) + \\
\qquad\qquad \left[(A_1 - A_2)\hat{x}(t) + (B_1 - B_2)\hat{u}(t)\right]\hat{d}(t) \\
Y + \hat{y}(t) = CX + EU + C\hat{x}(t) + E\hat{u}(t) + \left[(C_1 - C_2)X + (E_1 - E_2)U\right]\hat{d}(t) + \\
\qquad\qquad \left[(C_1 - C_2)\hat{x}(t) + (E_1 - E_2)\hat{u}(t)\right]\hat{d}(t)
\end{cases}
\tag{7.11}
$$

其中，交流小信号 $\hat{x}(t)$、$\hat{u}(t)$ 和 $\hat{d}(t)$ 的乘积项 $\hat{x}(t)\hat{d}(t)$、$\hat{u}(t)\hat{d}(t)$ 为非线性项。当变换器满足小信号假设时，非线性项幅值远小于式中其余各项幅值，将其省略不会对分析结果造成大的误差。

因此，对式(7.11)线性化近似得到

$$
\begin{cases}
\dfrac{\mathrm{d}(X + \hat{x}(t))}{\mathrm{d}t} = AX + BU + A\hat{x}(t) + B\hat{u}(t) + \left[(A_1 - A_2)X + (B_1 - B_2)U\right]\hat{d}(t) \\
Y + \hat{y}(t) = CX + EU + C\hat{x}(t) + E\hat{u}(t) + \left[(C_1 - C_2)X + (E_1 - E_2)U\right]\hat{d}(t)
\end{cases}
\tag{7.12}
$$

分离式(7.12)中的直流稳态部分和交流小信号部分，可以得到开关 DC-DC 变换器的直流稳态方程和交流小信号方程。

### 1. 直流稳态方程

式(7.12)分离扰动，得到开关 DC-DC 变换器的直流稳态方程为

$$
\begin{cases}
\dfrac{\mathrm{d}X}{\mathrm{d}t} = AX + BU \\
Y = CX + EU
\end{cases}
\tag{7.13}
$$

其中,直流稳态时$\dfrac{\mathrm{d}\boldsymbol{X}}{\mathrm{d}t}=0$。求解式(7.13)可得开关 DC-DC 变换器的直流稳态工作点(静态工作点)为

$$\begin{cases} \boldsymbol{X}=-\boldsymbol{A}^{-1}\boldsymbol{B}\boldsymbol{U} \\ \boldsymbol{Y}=(\boldsymbol{E}-\boldsymbol{C}\boldsymbol{A}^{-1}\boldsymbol{B})\boldsymbol{U} \end{cases} \tag{7.14}$$

**2. 交流小信号方程**

式(7.12)分离扰动,得到开关 DC-DC 变换器线性化后的交流小信号方程为

$$\begin{cases} \dfrac{\mathrm{d}\hat{\boldsymbol{x}}(t)}{\mathrm{d}t}=\boldsymbol{A}\hat{\boldsymbol{x}}(t)+\boldsymbol{B}\hat{\boldsymbol{u}}(t)+[(\boldsymbol{A}_1-\boldsymbol{A}_2)\boldsymbol{X}+(\boldsymbol{B}_1-\boldsymbol{B}_2)\boldsymbol{U}]\hat{d}(t) \\ \hat{\boldsymbol{y}}(t)=\boldsymbol{C}\hat{\boldsymbol{x}}(t)+\boldsymbol{E}\hat{\boldsymbol{u}}(t)+[(\boldsymbol{C}_1-\boldsymbol{C}_2)\boldsymbol{X}+(\boldsymbol{E}_1-\boldsymbol{E}_2)\boldsymbol{U}]\hat{d}(t) \end{cases} \tag{7.15}$$

对式(7.15)进行拉普拉斯变换,可得

$$\begin{cases} s\hat{\boldsymbol{x}}(s)=\boldsymbol{A}\hat{\boldsymbol{x}}(s)+\boldsymbol{B}\hat{\boldsymbol{u}}(s)+[(\boldsymbol{A}_1-\boldsymbol{A}_2)\boldsymbol{X}+(\boldsymbol{B}_1-\boldsymbol{B}_2)\boldsymbol{U}]\hat{d}(s) \\ \hat{\boldsymbol{y}}(s)=\boldsymbol{C}\hat{\boldsymbol{x}}(s)+\boldsymbol{E}\hat{\boldsymbol{u}}(s)+[(\boldsymbol{C}_1-\boldsymbol{C}_2)\boldsymbol{X}+(\boldsymbol{E}_1-\boldsymbol{E}_2)\boldsymbol{U}]\hat{d}(s) \end{cases} \tag{7.16}$$

求解式(7.16)得

$$\begin{cases} \hat{\boldsymbol{x}}(s)=(s\boldsymbol{I}-\boldsymbol{A})^{-1}\boldsymbol{B}\hat{\boldsymbol{u}}(s)+(s\boldsymbol{I}-\boldsymbol{A})^{-1}[(\boldsymbol{A}_1-\boldsymbol{A}_2)\boldsymbol{X}+(\boldsymbol{B}_1-\boldsymbol{B}_2)\boldsymbol{U}]\hat{d}(s) \\ \hat{\boldsymbol{y}}(s)=[\boldsymbol{C}(s\boldsymbol{I}-\boldsymbol{A})^{-1}\boldsymbol{B}+\boldsymbol{E}]\hat{\boldsymbol{u}}(s)+\{\boldsymbol{C}(s\boldsymbol{I}-\boldsymbol{A})^{-1} \\ \quad [(\boldsymbol{A}_1-\boldsymbol{A}_2)\boldsymbol{X}+(\boldsymbol{B}_1-\boldsymbol{B}_2)\boldsymbol{U}]+[(\boldsymbol{C}_1-\boldsymbol{C}_2)\boldsymbol{X}+(\boldsymbol{E}_1-\boldsymbol{E}_2)\boldsymbol{U}]\}\hat{d}(s) \end{cases}$$
$$\tag{7.17}$$

其中,$\boldsymbol{I}$ 为与 $\boldsymbol{A}$ 阶数相同的单位矩阵。

## 7.1.3 交流小信号传递函数

基于式(7.17),当控制变量 $\hat{d}(s)=0$ 时,可得状态向量 $\hat{\boldsymbol{x}}(s)$ 对输入向量 $\hat{\boldsymbol{u}}(s)$ 的传递函数为

$$G_{x,u}(s)=\dfrac{\hat{\boldsymbol{x}}(s)}{\hat{\boldsymbol{u}}(s)}\bigg|_{\hat{d}(s)=0}=(s\boldsymbol{I}-\boldsymbol{A})^{-1}\boldsymbol{B} \tag{7.18}$$

同理,当输入向量 $\hat{\boldsymbol{u}}(s)=0$ 时,可得状态向量 $\hat{\boldsymbol{x}}(s)$ 对控制变量 $\hat{d}(s)$ 的传递函数为

$$G_{x,d}(s)=\dfrac{\hat{\boldsymbol{x}}(s)}{\hat{d}(s)}\bigg|_{\hat{u}(s)=0}=(s\boldsymbol{I}-\boldsymbol{A})^{-1}[(\boldsymbol{A}_1-\boldsymbol{A}_2)\boldsymbol{X}+(\boldsymbol{B}_1-\boldsymbol{B}_2)\boldsymbol{U}] \tag{7.19}$$

当控制变量 $\hat{d}(s)=0$ 时,可得输出向量 $\hat{\boldsymbol{y}}(s)$ 对输入向量 $\hat{\boldsymbol{u}}(s)$ 的传递函数为

$$G_{y,u}(s)=\dfrac{\hat{\boldsymbol{y}}(s)}{\hat{\boldsymbol{u}}(s)}\bigg|_{\hat{d}(s)=0}=\boldsymbol{C}(s\boldsymbol{I}-\boldsymbol{A})^{-1}\boldsymbol{B}+\boldsymbol{E} \tag{7.20}$$

当输入向量 $\hat{\boldsymbol{u}}(s)=0$ 时,可得输出向量 $\hat{\boldsymbol{y}}(s)$ 对控制变量 $\hat{d}(s)$ 的传递函数为

$$G_{y,d}(s)=\dfrac{\hat{\boldsymbol{y}}(s)}{\hat{d}(s)}\bigg|_{\hat{u}(s)=0}=\boldsymbol{C}(s\boldsymbol{I}-\boldsymbol{A})^{-1}[(\boldsymbol{A}_1-\boldsymbol{A}_2)\boldsymbol{X}+(\boldsymbol{B}_1-\boldsymbol{B}_2)\boldsymbol{U}]+$$
$$(\boldsymbol{C}_1-\boldsymbol{C}_2)\boldsymbol{X}+(\boldsymbol{E}_1-\boldsymbol{E}_2)\boldsymbol{U} \tag{7.21}$$

## 7.2 DCM 开关 DC-DC 变换器状态空间平均建模

### 7.2.1 状态空间平均模型

由第 2 章的介绍可知,当开关 DC-DC 变换器工作于 DCM 时,在一个开关周期 $T$ 内存在 3 种工作模态:前两个工作模态与 CCM 相同,持续时间分别为 $[0,d_1 T]$ 和 $[d_1 T,(d_1+d_2)T]$,第三个工作模态持续时间为 $[(d_1+d_2)T,T]$,其中,$d_1$ 为开关管导通占空比,$d_2$ 为二极管导通占空比。

**工作模态 Ⅲ** $[(d_1+d_2)T,T]$:开关管和二极管均关断。此时开关 DC-DC 变换器的状态方程和输出方程为

$$\begin{cases} \dfrac{\mathrm{d}\boldsymbol{x}(t)}{\mathrm{d}t} = \boldsymbol{A}_3 \boldsymbol{x}(t) + \boldsymbol{B}_3 \boldsymbol{u}(t) \\ \boldsymbol{y}(t) = \boldsymbol{C}_3 \boldsymbol{x}(t) + \boldsymbol{E}_3 \boldsymbol{u}(t) \end{cases} \tag{7.22}$$

其中,$\boldsymbol{A}_3$、$\boldsymbol{B}_3$ 分别为工作模态 Ⅲ 的状态矩阵和输入矩阵;$\boldsymbol{C}_3$、$\boldsymbol{E}_3$ 分别为工作模态 Ⅲ 的输出矩阵和传递矩阵。

类似于 CCM 开关 DC-DC 变换器的分析,可得 DCM 开关 DC-DC 变换器在一个开关周期内的状态空间平均方程和平均输出方程:

$$\begin{cases} \dfrac{\mathrm{d}\bar{\boldsymbol{x}}(t)}{\mathrm{d}t} = (d_1(t)\boldsymbol{A}_1 + d_2(t)\boldsymbol{A}_2 + d_3(t)\boldsymbol{A}_3)\bar{\boldsymbol{x}}(t) + (d_1(t)\boldsymbol{B}_1 + d_2(t)\boldsymbol{B}_2 + d_3(t)\boldsymbol{B}_3)\bar{\boldsymbol{u}}(t) \\ \bar{\boldsymbol{y}}(t) = (d_1(t)\boldsymbol{C}_1 + d_2(t)\boldsymbol{C}_2 + d_3(t)\boldsymbol{C}_3)\bar{\boldsymbol{x}}(t) + (d_1(t)\boldsymbol{E}_1 + d_2(t)\boldsymbol{E}_2 + d_3(t)\boldsymbol{E}_3)\bar{\boldsymbol{u}}(t) \end{cases}$$

$$\tag{7.23}$$

其中,$\bar{\boldsymbol{x}}(t)$、$\bar{\boldsymbol{u}}(t)$ 和 $\bar{\boldsymbol{y}}(t)$ 是状态向量、输入向量和输出向量在一个开关周期内的时间平均值;$d_1(t)$ 为开关管导通占空比,$d_2(t)$ 为二极管导通占空比,$d_3(t)=1-d_1(t)-d_2(t)$。

式(7.23)所描述的状态空间平均模型表示为标准形式:

$$\begin{cases} \dfrac{\mathrm{d}\bar{\boldsymbol{x}}(t)}{\mathrm{d}t} = \boldsymbol{A}\bar{\boldsymbol{x}}(t) + \boldsymbol{B}\bar{\boldsymbol{u}}(t) \\ \bar{\boldsymbol{y}}(t) = \boldsymbol{C}\bar{\boldsymbol{x}}(t) + \boldsymbol{E}\bar{\boldsymbol{u}}(t) \end{cases} \tag{7.24}$$

其中,$\boldsymbol{A}=D_1\boldsymbol{A}_1+D_2\boldsymbol{A}_2+D_3\boldsymbol{A}_3$,$\boldsymbol{B}=D_1\boldsymbol{B}_1+D_2\boldsymbol{B}_2+D_3\boldsymbol{B}_3$;

$\boldsymbol{C}=D_1\boldsymbol{C}_1+D_2\boldsymbol{C}_2+D_3\boldsymbol{C}_3$,$\boldsymbol{E}=D_1\boldsymbol{E}_1+D_2\boldsymbol{E}_2+D_3\boldsymbol{E}_3$;

$D_3=1-D_1-D_2$,$D_1$、$D_2$ 和 $D_3$ 分别为 $d_1(t)$、$d_2(t)$ 和 $d_3(t)$ 的直流分量。

### 7.2.2 直流稳态和交流小信号方程

当 DCM 开关 DC-DC 变换器的输入向量 $\bar{\boldsymbol{u}}(t)$ 和控制变量 $d(t)$ 存在小信号扰动时,即

$$\bar{\boldsymbol{u}}(t)=\boldsymbol{U}+\hat{\boldsymbol{u}}(t),\ d_1(t)=D_1+\hat{d}_1(t),\ d_2(t)=D_2+\hat{d}_2(t),\ d_3(t)=D_3+\hat{d}_3(t)$$

$$\tag{7.25}$$

时,将引起状态向量和输出变量的小信号扰动,即

$$\bar{\boldsymbol{x}}(t)=\boldsymbol{X}+\hat{\boldsymbol{x}}(t),\quad \bar{\boldsymbol{y}}(t)=\boldsymbol{Y}+\hat{\boldsymbol{y}}(t) \tag{7.26}$$

其中，$\boldsymbol{X}$、$\boldsymbol{U}$、$\boldsymbol{Y}$、$D_1$、$D_2$ 和 $D_3$ 分别是 $\bar{x}(t)$、$\bar{u}(t)$、$\bar{y}(t)$、$d_1(t)$、$d_2(t)$ 和 $d_3(t)$ 的直流分量；$\hat{x}(t)$、$\hat{u}(t)$、$\hat{y}(t)$、$\hat{d}_1(t)$、$\hat{d}_2(t)$ 和 $\hat{d}_3(t)$ 分别是 $\bar{x}(t)$、$\bar{u}(t)$、$\bar{y}(t)$、$d_1(t)$、$d_2(t)$ 和 $d_3(t)$ 的交流小信号分量；$\hat{d}_1(t)+\hat{d}_2(t)+\hat{d}_3(t)=0$。

小信号扰动远小于直流分量，即

$$\hat{x}(t) \ll \boldsymbol{X}, \quad \hat{u}(t) \ll \boldsymbol{U}, \quad \hat{y}(t) \ll \boldsymbol{Y},$$

$$\hat{d}_1(t) \ll D_1, \quad \hat{d}_2(t) \ll D_2, \quad \hat{d}_3(t) \ll D_3 \tag{7.27}$$

从而，式(7.23)可改写为

$$\begin{cases} \dfrac{\mathrm{d}(\boldsymbol{X}+\hat{x}(t))}{\mathrm{d}t} = \{[D_1+\hat{d}_1(t)]\boldsymbol{A}_1 + [D_2+\hat{d}_2(t)]\boldsymbol{A}_2 + [D_3+\hat{d}_3(t)]\boldsymbol{A}_3\}\{\boldsymbol{X}+\hat{x}(t)\} + \\ \qquad\qquad \{[D_1+\hat{d}_1(t)]\boldsymbol{B}_1 + [D_2+\hat{d}_2(t)]\boldsymbol{B}_2 + [D_3+\hat{d}_3(t)]\boldsymbol{B}_3\}\{\boldsymbol{U}+\hat{u}(t)\} \\ \boldsymbol{Y}+\hat{y}(t) = \{[D_1+\hat{d}_1(t)]\boldsymbol{C}_1 + [D_2+\hat{d}_2(t)]\boldsymbol{C}_2 + [D_3+\hat{d}_3(t)]\boldsymbol{C}_3\}\{\boldsymbol{X}+\hat{x}(t)\} + \\ \qquad\qquad \{[D_1+\hat{d}_1(t)]\boldsymbol{E}_1 + [D_2+\hat{d}_2(t)]\boldsymbol{E}_2 + [D_3+\hat{d}_3(t)]\boldsymbol{E}_3\}\{\boldsymbol{U}+\hat{u}(t)\} \end{cases} \tag{7.28}$$

合并同类项得

$$\begin{cases} \dfrac{\mathrm{d}(\boldsymbol{X}+\hat{x}(t))}{\mathrm{d}t} = \boldsymbol{A}\boldsymbol{X} + \boldsymbol{B}\boldsymbol{U} + \boldsymbol{A}\hat{x}(t) + \boldsymbol{B}\hat{u}(t) + [(\boldsymbol{A}_1-\boldsymbol{A}_3)\boldsymbol{X} + (\boldsymbol{B}_1-\boldsymbol{B}_3)\boldsymbol{U}]\hat{d}_1(t) + \\ \qquad [(\boldsymbol{A}_2-\boldsymbol{A}_3)\boldsymbol{X} + (\boldsymbol{B}_2-\boldsymbol{B}_3)\boldsymbol{U}]\hat{d}_2(t) + [(\boldsymbol{A}_1-\boldsymbol{A}_3)\hat{d}_1(t) + \\ \qquad (\boldsymbol{A}_2-\boldsymbol{A}_3)\hat{d}_2(t)]\hat{x}(t) + [(\boldsymbol{B}_1-\boldsymbol{B}_3)\hat{d}_1(t) + (\boldsymbol{B}_2-\boldsymbol{B}_3)\hat{d}_2(t)]\hat{u}(t) \\ \boldsymbol{Y}+\hat{y}(t) = \boldsymbol{C}\boldsymbol{X} + \boldsymbol{E}\boldsymbol{U} + \boldsymbol{C}\hat{x}(t) + \boldsymbol{E}\hat{u}(t) + [(\boldsymbol{C}_1-\boldsymbol{C}_3)\boldsymbol{X} + (\boldsymbol{E}_1-\boldsymbol{E}_3)\boldsymbol{U}]\hat{d}_1(t) + \\ \qquad [(\boldsymbol{C}_2-\boldsymbol{C}_3)\boldsymbol{X} + (\boldsymbol{E}_2-\boldsymbol{E}_3)\boldsymbol{U}]\hat{d}_2(t) + [(\boldsymbol{C}_1-\boldsymbol{C}_3)\hat{d}_1(t) + \\ \qquad (\boldsymbol{C}_2-\boldsymbol{C}_3)\hat{d}_2(t)]\hat{x}(t) + [(\boldsymbol{E}_1-\boldsymbol{E}_3)\hat{d}_1(t) + (\boldsymbol{E}_2-\boldsymbol{E}_3)\hat{d}_2(t)]\hat{u}(t) \end{cases} \tag{7.29}$$

同理，对式(7.29)线性化近似得到

$$\begin{cases} \dfrac{\mathrm{d}(\boldsymbol{X}+\hat{x}(t))}{\mathrm{d}t} = \boldsymbol{A}\boldsymbol{X} + \boldsymbol{B}\boldsymbol{U} + \boldsymbol{A}\hat{x}(t) + \boldsymbol{B}\hat{u}(t) + [(\boldsymbol{A}_1-\boldsymbol{A}_3)\boldsymbol{X} + (\boldsymbol{B}_1-\boldsymbol{B}_3)\boldsymbol{U}]\hat{d}_1(t) + \\ \qquad [(\boldsymbol{A}_2-\boldsymbol{A}_3)\boldsymbol{X} + (\boldsymbol{B}_2-\boldsymbol{B}_3)\boldsymbol{U}]\hat{d}_2(t) \\ \boldsymbol{Y}+\hat{y}(t) = \boldsymbol{C}\boldsymbol{X} + \boldsymbol{E}\boldsymbol{U} + \boldsymbol{C}\hat{x}(t) + \boldsymbol{E}\hat{u}(t) + [(\boldsymbol{C}_1-\boldsymbol{C}_3)\boldsymbol{X} + (\boldsymbol{E}_1-\boldsymbol{E}_3)\boldsymbol{U}]\hat{d}_1(t) + \\ \qquad [(\boldsymbol{C}_2-\boldsymbol{C}_3)\boldsymbol{X} + (\boldsymbol{E}_2-\boldsymbol{E}_3)\boldsymbol{U}]\hat{d}_2(t) \end{cases} \tag{7.30}$$

分离式(7.30)中的直流稳态部分和交流小信号部分，可得 DCM 开关 DC-DC 变换器的直流稳态方程和交流小信号方程。其中，直流稳态方程同式(7.13)，交流小信号方程分析如下。

式(7.30)分离扰动后，得到 DCM 开关 DC-DC 变换器线性化后的交流小信号方程为

$$\begin{cases} \dfrac{\mathrm{d}\hat{\pmb{x}}(t)}{\mathrm{d}t} = \pmb{A}\hat{\pmb{x}}(t) + \pmb{B}\hat{\pmb{u}}(t) + \big[(\pmb{A}_1 - \pmb{A}_3)\pmb{X} + (\pmb{B}_1 - \pmb{B}_3)\pmb{U}\big]\hat{d}_1(t) + \\ \qquad\qquad \big[(\pmb{A}_2 - \pmb{A}_3)\pmb{X} + (\pmb{B}_2 - \pmb{B}_3)\pmb{U}\big]\hat{d}_2(t) \\ \hat{\pmb{y}}(t) = \pmb{C}\hat{\pmb{x}}(t) + \pmb{E}\hat{\pmb{u}}(t) + \big[(\pmb{C}_1 - \pmb{C}_3)\pmb{X} + \\ \qquad\qquad (\pmb{E}_1 - \pmb{E}_3)\pmb{U}\big]\hat{d}_1(t) + \big[(\pmb{C}_2 - \pmb{C}_3)\pmb{X} + (\pmb{E}_2 - \pmb{E}_3)\pmb{U}\big]\hat{d}_2(t) \end{cases} \quad (7.31)$$

对式(7.31)进行拉普拉斯变换，可得

$$\begin{cases} s\hat{\pmb{x}}(s) = \pmb{A}\hat{\pmb{x}}(s) + \pmb{B}\hat{\pmb{u}}(s) + \big[(\pmb{A}_1 - \pmb{A}_3)\pmb{X} + (\pmb{B}_1 - \pmb{B}_3)\pmb{U}\big]\hat{d}_1(s) + \\ \qquad\qquad \big[(\pmb{A}_2 - \pmb{A}_3)\pmb{X} + (\pmb{B}_2 - \pmb{B}_3)\pmb{U}\big]\hat{d}_2(s) \\ \hat{\pmb{y}}(s) = \pmb{C}\hat{\pmb{x}}(s) + \pmb{E}\hat{\pmb{u}}(s) + \big[(\pmb{C}_1 - \pmb{C}_3)\pmb{X} + (\pmb{E}_1 - \pmb{E}_3)\pmb{U}\big]\hat{d}_1(s) + \\ \qquad\qquad \big[(\pmb{C}_2 - \pmb{C}_3)\pmb{X} + (\pmb{E}_2 - \pmb{E}_3)\pmb{U}\big]\hat{d}_2(s) \end{cases} \quad (7.32)$$

求解式(7.32)得

$$\begin{cases} \hat{\pmb{x}}(s) = (s\pmb{I} - \pmb{A})^{-1}\pmb{B}\hat{\pmb{u}}(s) + (s\pmb{I} - \pmb{A})^{-1}\big[(\pmb{A}_1 - \pmb{A}_3)\pmb{X} + (\pmb{B}_1 - \pmb{B}_3)\pmb{U}\big]\hat{d}_1(s) + \\ \qquad\qquad (s\pmb{I} - \pmb{A})^{-1}\big[(\pmb{A}_2 - \pmb{A}_3)\pmb{X} + (\pmb{B}_2 - \pmb{B}_3)\pmb{U}\big]\hat{d}_2(s) \\ \hat{\pmb{y}}(s) = \big[\pmb{C}(s\pmb{I} - \pmb{A})^{-1}\pmb{B} + \pmb{E}\big]\hat{\pmb{u}}(s) + \langle \pmb{C}(s\pmb{I} - \pmb{A})^{-1} \\ \qquad\qquad \big[(\pmb{A}_1 - \pmb{A}_3)\pmb{X} + (\pmb{B}_1 - \pmb{B}_3)\pmb{U}\big] + \big[(\pmb{C}_1 - \pmb{C}_3)\pmb{X} + (\pmb{E}_1 - \pmb{E}_3)\pmb{U}\big]\rangle\hat{d}_1(s) + \langle \pmb{C}(s\pmb{I} - \pmb{A})^{-1} \\ \qquad\qquad \big[(\pmb{A}_2 - \pmb{A}_3)\pmb{X} + (\pmb{B}_2 - \pmb{B}_3)\pmb{U}\big] + \big[(\pmb{C}_2 - \pmb{C}_3)\pmb{X} + (\pmb{E}_2 - \pmb{E}_3)\pmb{U}\big]\rangle\hat{d}_2(s) \end{cases}$$

$$(7.33)$$

## 7.3 Buck 变换器状态空间平均建模

以如图 7.1 所示的 Buck 变换器为例，采用状态空间平均法，建立 Buck 变换器的状态空间平均模型，得到其直流稳态方程和交流小信号方程，并建立其状态空间平均等效电路模型和交流小信号等效电路模型。

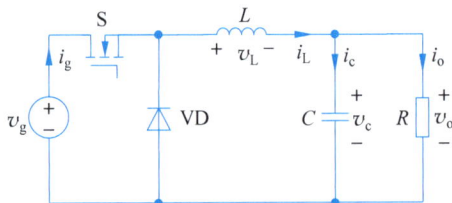

图 7.1　Buck 变换器电路拓扑

### 7.3.1 CCM Buck 变换器状态空间平均建模

当如图 7.1 所示的 Buck 变换器工作于 CCM 时，一个开关周期 $T$ 内存在两种工作模态，如图 7.2 所示。选取电感电流 $i_\mathrm{L}$ 和电容电压 $v_\mathrm{c}$ 为状态变量，构成状态向量 $\pmb{x}(t) =$

$[i_L \quad v_c]^T$；选取输入电流 $i_g$ 和输出电压 $v_o$ 为输出变量，构成输出向量 $\boldsymbol{y}(t) =$ $[i_g \quad v_o]^T$；选取输入电压作为输入向量，即 $\boldsymbol{u}(t) = v_g$。

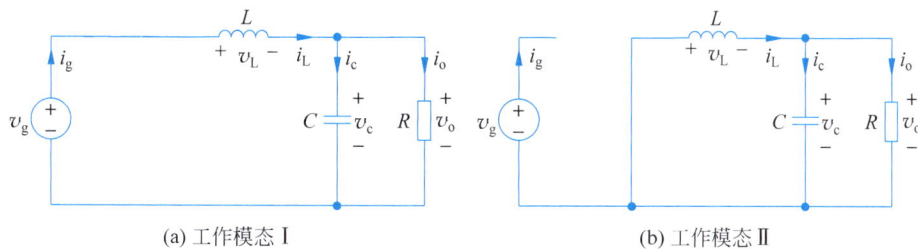

图 7.2　CCM Buck 变换器两种工作模态

**工作模态 Ⅰ** $[0, dT]$：如图 7.2(a)所示，开关管 S 导通、二极管 VD 关断。由 KVL 和 KCL 可得电感电压和电容电流分别为

$$\begin{cases} L\dfrac{di_L}{dt} = v_g - v_o \\ C\dfrac{dv_c}{dt} = i_L - \dfrac{v_o}{R} \end{cases} \tag{7.34}$$

其中，$v_o = v_c$。

输入电流 $i_g$ 和输出电压 $v_o$ 分别为

$$\begin{cases} i_g = i_L \\ v_o = v_c \end{cases} \tag{7.35}$$

由式(7.34)和式(7.35)得 CCM Buck 变换器工作模态 Ⅰ 的状态方程和输出方程为

$$\begin{cases} \dfrac{d\boldsymbol{x}(t)}{dt} = \boldsymbol{A}_1 \boldsymbol{x}(t) + \boldsymbol{B}_1 \boldsymbol{u}(t) \\ \boldsymbol{y}(t) = \boldsymbol{C}_1 \boldsymbol{x}(t) + \boldsymbol{E}_1 \boldsymbol{u}(t) \end{cases} \tag{7.36}$$

式中：$\boldsymbol{A}_1 = \begin{bmatrix} 0 & -\dfrac{1}{L} \\ \dfrac{1}{C} & -\dfrac{1}{RC} \end{bmatrix}$，$\boldsymbol{B}_1 = [1/L \quad 0]^T$，$\boldsymbol{C}_1 = \begin{bmatrix} 1 & 0 \\ 0 & 1 \end{bmatrix}$，$\boldsymbol{E}_1 = 0$。

**工作模态 Ⅱ** $[dT, T]$：如图 7.2(b)所示，开关管 S 关断、二极管 VD 导通。由 KVL 和 KCL 得电感电压和电容电流的表达式分别为

$$\begin{cases} L\dfrac{di_L}{dt} = -v_o \\ C\dfrac{dv_c}{dt} = i_L - \dfrac{v_o}{R} \end{cases} \tag{7.37}$$

其中，$v_o = v_c$。

输入电流 $i_g$ 和输出电压 $v_o$ 的表达式分别为

$$\begin{cases} i_g = 0 \\ v_o = v_c \end{cases} \tag{7.38}$$

由式(7.37)和式(7.38)得 CCM Buck 变换器工作模态 Ⅱ 的状态方程和输出方程为

$$\begin{cases} \dfrac{\mathrm{d}\boldsymbol{x}(t)}{\mathrm{d}t} = \boldsymbol{A}_2\boldsymbol{x}(t) + \boldsymbol{B}_2\boldsymbol{u}(t) \\ \boldsymbol{y}(t) = \boldsymbol{C}_2\boldsymbol{x}(t) + \boldsymbol{E}_2\boldsymbol{u}(t) \end{cases} \tag{7.39}$$

其中,$\boldsymbol{A}_2 = \boldsymbol{A}_1$,$\boldsymbol{B}_2 = \begin{bmatrix} 0 & 0 \end{bmatrix}^{\mathrm{T}}$,$\boldsymbol{C}_2 = \begin{bmatrix} 0 & 0 \\ 0 & 1 \end{bmatrix}$,$\boldsymbol{E}_2 = 0$。

### 1. 状态空间平均模型

联立式(7.36)和式(7.39),采用状态空间平均法,建立 CCM Buck 变换器的状态空间平均模型为

$$\begin{cases} \dfrac{\mathrm{d}\overline{\boldsymbol{x}}(t)}{\mathrm{d}t} = \boldsymbol{A}\overline{\boldsymbol{x}}(t) + \boldsymbol{B}\overline{\boldsymbol{u}}(t) \\ \overline{\boldsymbol{y}}(t) = \boldsymbol{C}\overline{\boldsymbol{x}}(t) \end{cases} \tag{7.40}$$

其中,$\boldsymbol{A} = \begin{bmatrix} 0 & -\dfrac{1}{L} \\ \dfrac{1}{C} & -\dfrac{1}{RC} \end{bmatrix}$,$\boldsymbol{B} = \begin{bmatrix} \dfrac{d}{L} & 0 \end{bmatrix}^{\mathrm{T}}$,$\boldsymbol{C} = \begin{bmatrix} d & 0 \\ 0 & 1 \end{bmatrix}$。

### 2. 直流稳态方程和交流小信号方程

联立式(7.14)和式(7.40),得 CCM Buck 变换器的稳态工作点为

$$\begin{bmatrix} I_{\mathrm{L}} \\ V_{\mathrm{c}} \end{bmatrix} = -\begin{bmatrix} 0 & -\dfrac{1}{L} \\ \dfrac{1}{C} & -\dfrac{1}{RC} \end{bmatrix}^{-1} \begin{bmatrix} \dfrac{D}{L} \\ 0 \end{bmatrix} V_{\mathrm{g}} \tag{7.41}$$

由式(7.41)得 CCM Buck 变换器的直流电压增益为

$$M = \frac{V_{\mathrm{o}}}{V_{\mathrm{g}}} = D \tag{7.42}$$

其中,$V_{\mathrm{o}} = V_{\mathrm{c}}$。

联立式(7.15)和式(7.40),可得 CCM Buck 变换器的交流小信号方程为

$$\begin{bmatrix} \dfrac{\mathrm{d}\hat{i}_{\mathrm{L}}(t)}{\mathrm{d}t} \\ \dfrac{\mathrm{d}\hat{v}_{\mathrm{c}}(t)}{\mathrm{d}t} \end{bmatrix} = \begin{bmatrix} 0 & -\dfrac{1}{L} \\ \dfrac{1}{C} & -\dfrac{1}{RC} \end{bmatrix} \begin{bmatrix} \hat{i}_{\mathrm{L}}(t) \\ \hat{v}_{\mathrm{c}}(t) \end{bmatrix} + \begin{bmatrix} \dfrac{D}{L} \\ 0 \end{bmatrix} \hat{v}_{\mathrm{g}}(t) + \begin{bmatrix} \dfrac{1}{L} \\ 0 \end{bmatrix} V_{\mathrm{g}}\hat{d}(t) \tag{7.43}$$

对式(7.43)进行拉普拉斯变换,可得

$$\begin{cases} s\hat{i}_{\mathrm{L}}(s) = -\dfrac{1}{L}\hat{v}_{\mathrm{c}}(s) + \dfrac{D}{L}\hat{v}_{\mathrm{g}}(s) + \dfrac{V_{\mathrm{g}}}{L}\hat{d}(s) \\ s\hat{v}_{\mathrm{c}}(s) = \dfrac{1}{C}\hat{i}_{\mathrm{L}}(s) - \dfrac{1}{RC}\hat{v}_{\mathrm{c}}(s) \end{cases} \tag{7.44}$$

基于式(7.44),可进一步推导 CCM Buck 变换器的小信号传递函数,分析其小信号特性。式(7.45)和式(7.46)分别给出了 CCM Buck 变换器的输入-输出传递函数和控制-输出

传递函数：

$$\left.\frac{\hat{v}_o(s)}{\hat{v}_g(s)}\right|_{\hat{d}(s)=0} = \frac{RD}{RLCs^2 + Ls + R} \tag{7.45}$$

$$\left.\frac{\hat{v}_o(s)}{\hat{d}(s)}\right|_{\hat{v}_g(s)=0} = \frac{RV_g}{RLCs^2 + Ls + R} \tag{7.46}$$

其中，$\hat{v}_o(s) = \hat{v}_c(s)$。

### 3. 状态空间平均等效电路模型

由式(7.40)可得采用受控电流源和受控电压源等效的 CCM Buck 变换器的状态空间平均等效电路模型，如图 7.3 所示，其中 $\bar{i}_s = \bar{i}_g = d\,\bar{i}_L$，$\bar{v}_s = d\,\bar{v}_g$。

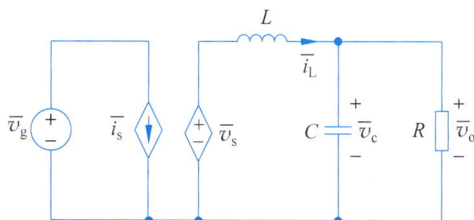

图 7.3　CCM Buck 变换器的状态空间平均等效电路模型 I

用变比为 1∶$d$ 的理想变压器模型代替图 7.3 中的受控电流源、受控电压源，可得 CCM Buck 变换器的另一种状态空间平均等效电路模型，如图 7.4 所示。当 CCM Buck 变换器工作于直流稳态时，将图 7.4 中的电感 $L$ 视为短路，电容 $C$ 视为开路，理想变压器的变比为 1∶$D$。此时，可从图 7.4 得到与式(7.42)相同的直流电压增益。

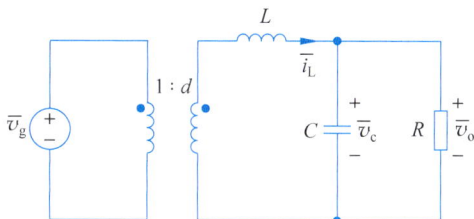

图 7.4　CCM Buck 变换器的状态空间平均等效电路模型 Ⅱ

### 4. 交流小信号等效电路模型

对图 7.3 中所有变量施加小信号扰动 $\bar{v}_g = V_g + \hat{v}_g$，$\bar{i}_L = I_L + \hat{i}_L$，$d = D + \hat{d}$，$\bar{v}_c = V_c + \hat{v}_c$，$\bar{v}_o = V_o + \hat{v}_o$，得到小信号扰动下 CCM Buck 变换器的非线性等效电路模型如图 7.5 所示。

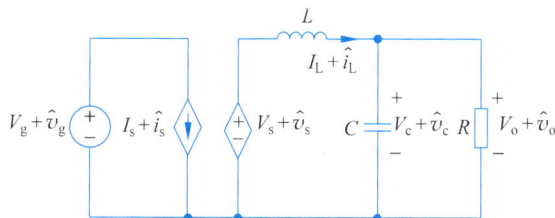

图 7.5　小信号扰动下 CCM Buck 变换器的非线性等效电路模型

当 $\hat{v}_g \ll V_g$，$\hat{i}_L \ll I_L$，$\hat{d} \ll D$，$\hat{v}_c \ll V_c$，$\hat{v}_o \ll V_o$ 时，通过小信号线性化近似可知，$\hat{i}_s = D\hat{i}_L + \hat{d}I_L$，$\hat{v}_s = D\hat{v}_g + \hat{d}V_g$，从而得到 CCM Buck 变换器的交流小信号等效电路模型，如图 7.6 所示。

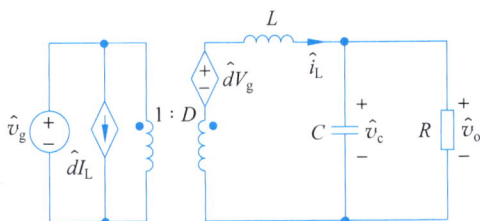

图 7.6　CCM Buck 变换器的交流小信号等效电路模型

## 7.3.2　DCM Buck 变换器状态空间平均建模

当如图 7.1 所示的 Buck 变换器工作于 DCM 时，一个开关周期 $T$ 内存在 3 种工作模态，如图 7.7 所示。状态向量、输出向量和输入向量分别为 $\boldsymbol{x}(t) = \begin{bmatrix} i_L & v_c \end{bmatrix}^T$、$\boldsymbol{y}(t) = \begin{bmatrix} i_g & v_o \end{bmatrix}^T$ 和 $\boldsymbol{u}(t) = v_g$。

(a) 工作模态 I

(b) 工作模态 II

(c) 工作模态 III

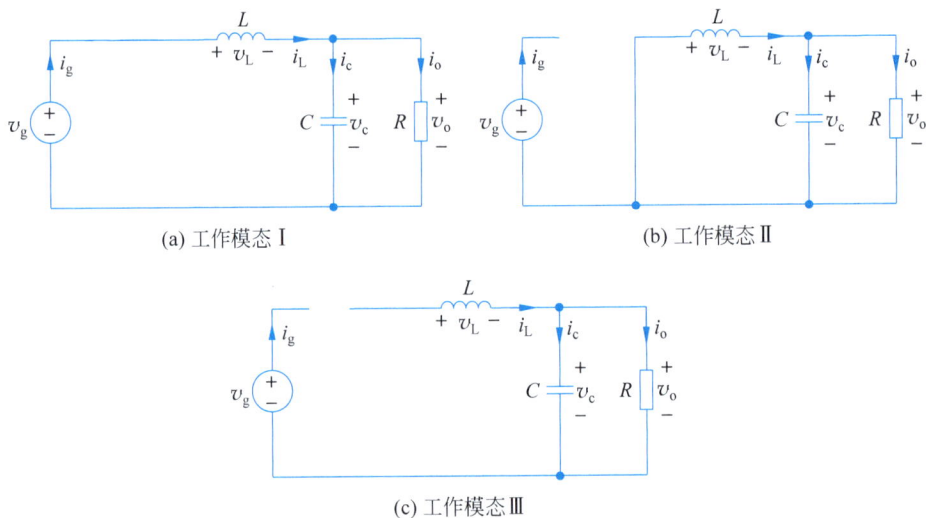

图 7.7　DCM Buck 变换器的 3 种工作模态

**工作模态 I** $[0, d_1 T]$：如图 7.7(a)所示，开关管 S 导通、二极管 VD 关断。

**工作模态 II** $[d_1 T, (d_1 + d_2)T]$：如图 7.7(b)所示，开关管 S 关断、二极管 VD 导通。两种工作模态对应的状态方程和输出方程分别同式(7.36)和式(7.39)。

**工作模态 III** $[(d_1 + d_2)T, T]$：如图 7.7(c)所示，开关管 S 关断、二极管 VD 关断。由 KVL 和 KCL 得电感电压和电容电流分别为

$$\begin{cases} L \dfrac{\mathrm{d}i_L}{\mathrm{d}t} = 0 \\ C \dfrac{\mathrm{d}v_c}{\mathrm{d}t} = -\dfrac{v_c}{R} \end{cases} \tag{7.47}$$

输入电流 $i_g$ 和输出电压 $v_o$ 分别为

$$\begin{cases} i_g = 0 \\ v_o = v_c \end{cases} \tag{7.48}$$

由式(7.47)和式(7.48)得 DCM Buck 变换器工作模式Ⅲ的状态方程和输出方程为

$$\begin{cases} \dfrac{\mathrm{d}\boldsymbol{x}(t)}{\mathrm{d}t} = \boldsymbol{A}_3 \boldsymbol{x}(t) + \boldsymbol{B}_3 \boldsymbol{u}(t) \\ \boldsymbol{y}(t) = \boldsymbol{C}_3 \boldsymbol{x}(t) + \boldsymbol{E}_3 \boldsymbol{u}(t) \end{cases} \tag{7.49}$$

其中，$\boldsymbol{A}_3 = \begin{bmatrix} 0 & 0 \\ 0 & -\dfrac{1}{RC} \end{bmatrix}$，$\boldsymbol{B}_3 = \begin{bmatrix} 0 & 0 \end{bmatrix}^{\mathrm{T}}$，$\boldsymbol{C}_3 = \begin{bmatrix} 0 & 0 \\ 0 & 1 \end{bmatrix}$，$\boldsymbol{E}_3 = 0$。

### 1. 状态空间平均模型

联立式(7.36)、式(7.39)和式(7.49)，采用状态空间平均法，建立 DCM Buck 变换器的状态空间平均模型为

$$\begin{cases} \dfrac{\mathrm{d}\bar{\boldsymbol{x}}(t)}{\mathrm{d}t} = \boldsymbol{A}\bar{\boldsymbol{x}}(t) + \boldsymbol{B}\bar{\boldsymbol{u}}(t) \\ \bar{\boldsymbol{y}}(t) = \boldsymbol{C}\bar{\boldsymbol{x}}(t) \end{cases} \tag{7.50}$$

其中，$\boldsymbol{A} = \begin{bmatrix} 0 & -\dfrac{d_1 + d_2}{L} \\ \dfrac{d_1 + d_2}{C} & -\dfrac{1}{RC} \end{bmatrix}$，$\boldsymbol{B} = \begin{bmatrix} \dfrac{d_1}{L} & 0 \end{bmatrix}^{\mathrm{T}}$，$\boldsymbol{C} = \begin{bmatrix} d_1 & 0 \\ 0 & 1 \end{bmatrix}$。

### 2. 直流稳态方程和交流小信号方程

联立式(7.14)和式(7.50)，得到 DCM Buck 变换器的稳态工作点为

$$\begin{bmatrix} I_L \\ V_c \end{bmatrix} = -\begin{bmatrix} 0 & -\dfrac{D_1 + D_2}{L} \\ \dfrac{D_1 + D_2}{C} & -\dfrac{1}{RC} \end{bmatrix}^{-1} \begin{bmatrix} \dfrac{D_1}{L} \\ 0 \end{bmatrix} V_g \tag{7.51}$$

由式(7.51)得到 DCM Buck 变换器的直流电压增益为

$$M = \frac{V_o}{V_g} = \frac{D_1}{D_1 + D_2} \tag{7.52}$$

联立式(7.31)和式(7.50)，可得 DCM Buck 变换器的交流小信号方程为

$$\begin{bmatrix} \dfrac{\mathrm{d}\hat{i}_L(t)}{\mathrm{d}t} \\ \dfrac{\mathrm{d}\hat{v}_c(t)}{\mathrm{d}t} \end{bmatrix} = \begin{bmatrix} 0 & -\dfrac{D_1 + D_2}{L} \\ \dfrac{D_1 + D_2}{C} & -\dfrac{1}{RC} \end{bmatrix} \begin{bmatrix} \hat{i}_L(t) \\ \hat{v}_c(t) \end{bmatrix} + \begin{bmatrix} \dfrac{D_1}{L} \\ 0 \end{bmatrix} \hat{v}_g(t) +$$

$$\begin{bmatrix} \dfrac{V_g - V_o}{L} \\ \dfrac{I_L}{C} \end{bmatrix} \hat{d}_1(t) + \begin{bmatrix} -\dfrac{V_o}{L} \\ \dfrac{I_L}{C} \end{bmatrix} \hat{d}_2(t) \tag{7.53}$$

对式(7.53)进行拉普拉斯变换,可进一步推导 DCM Buck 变换器的小信号传递函数,分析其小信号特性。

## 7.4 Boost 变换器状态空间平均建模

如图 7.8 所示为 Boost 变换器电路拓扑,采用状态空间平均法,建立 Boost 变换器的状态空间平均模型,得到其直流稳态方程和交流小信号方程,并建立其状态空间平均等效电路模型和交流小信号等效电路模型。

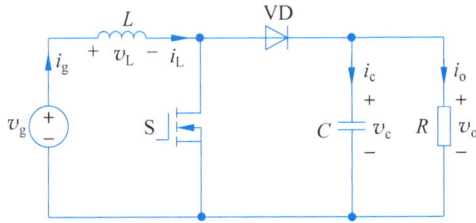

图 7.8  Boost 变换器电路拓扑

### 7.4.1  CCM Boost 变换器状态空间平均建模

当如图 7.8 所示的 Boost 变换器工作于 CCM 时,一个开关周期 $T$ 内存在两种工作模态,如图 7.9 所示。选取电感电流 $i_L$ 和电容电压 $v_c$ 为状态变量,构成状态向量 $\boldsymbol{x}(t)=\begin{bmatrix} i_L & v_c \end{bmatrix}^T$;选取输入电流 $i_g$ 和输出电压 $v_o$ 为输出变量,构成输出向量 $\boldsymbol{y}(t)=\begin{bmatrix} i_g & v_o \end{bmatrix}^T$;选取输入电压作为输入向量,即 $\boldsymbol{u}(t)=v_g$。

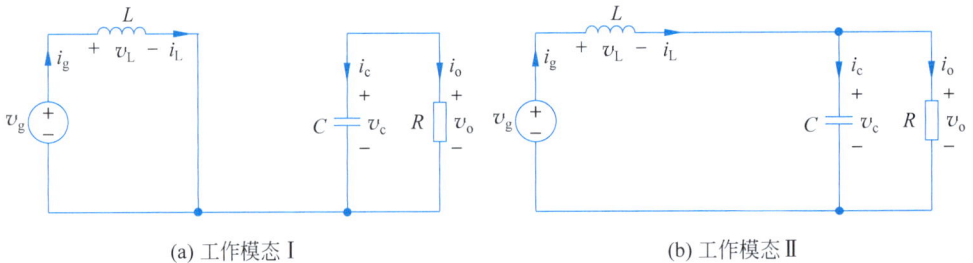

(a) 工作模态 I                    (b) 工作模态 II

图 7.9  CCM Boost 变换器两种工作模态

**工作模态 I** $[0,dT]$:如图 7.9(a)所示,开关管 S 导通、二极管 VD 关断。由 KVL 和 KCL 得到电感电压和电容电流分别为

$$\begin{cases} L\dfrac{\mathrm{d}i_L}{\mathrm{d}t}=v_g \\[3mm] C\dfrac{\mathrm{d}v_c}{\mathrm{d}t}=-\dfrac{v_c}{R} \end{cases} \tag{7.54}$$

输入电流 $i_g$ 和输出电压 $v_o$ 的表达式分别为

$$\begin{cases} i_g = i_L \\ v_o = v_c \end{cases} \tag{7.55}$$

由式(7.54)和式(7.55)得 CCM Boost 变换器的状态方程和输出方程分别为

$$\begin{cases} \dfrac{\mathrm{d}\boldsymbol{x}(t)}{\mathrm{d}t} = \boldsymbol{A}_1 \boldsymbol{x}(t) + \boldsymbol{B}_1 \boldsymbol{u}(t) \\ \boldsymbol{y}(t) = \boldsymbol{C}_1 \boldsymbol{x}(t) + \boldsymbol{E}_1 \boldsymbol{u}(t) \end{cases} \tag{7.56}$$

其中，$\boldsymbol{A}_1 = \begin{bmatrix} 0 & 0 \\ 0 & -\dfrac{1}{RC} \end{bmatrix}$，$\boldsymbol{B}_1 = \begin{bmatrix} 1/L & 0 \end{bmatrix}^{\mathrm{T}}$，$\boldsymbol{C}_1 = \begin{bmatrix} 1 & 0 \\ 0 & 1 \end{bmatrix}$，$\boldsymbol{E}_1 = 0$。

**工作模式 II** $[dT, T]$：如图 7.9(b)所示，开关管 S 关断、二极管 VD 导通。由 KVL 和 KCL 得电感电压和电容电流分别为

$$\begin{cases} L\dfrac{\mathrm{d}i_L}{\mathrm{d}t} = v_g - v_c \\ C\dfrac{\mathrm{d}v_c}{\mathrm{d}t} = i_L - \dfrac{v_c}{R} \end{cases} \tag{7.57}$$

输入电流 $i_g$ 和输出电压 $v_o$ 分别为

$$\begin{cases} i_g = i_L \\ v_o = v_c \end{cases} \tag{7.58}$$

由式(7.57)和式(7.58)得 CCM Boost 变换器的状态方程和输出方程为

$$\begin{cases} \dfrac{\mathrm{d}\boldsymbol{x}(t)}{\mathrm{d}t} = \boldsymbol{A}_2 \boldsymbol{x}(t) + \boldsymbol{B}_2 \boldsymbol{u}(t) \\ \boldsymbol{y}(t) = \boldsymbol{C}_2 \boldsymbol{x}(t) + \boldsymbol{E}_2 \boldsymbol{u}(t) \end{cases} \tag{7.59}$$

其中，$\boldsymbol{A}_2 = \begin{bmatrix} 0 & -\dfrac{1}{L} \\ \dfrac{1}{C} & -\dfrac{1}{RC} \end{bmatrix}$，$\boldsymbol{B}_2 = \boldsymbol{B}_1$，$\boldsymbol{C}_2 = \boldsymbol{C}_1$，$\boldsymbol{E}_2 = 0$。

### 1. 状态空间平均模型

联立式(7.56)和式(7.59)，采用状态空间平均法，建立 CCM Boost 变换器的状态空间平均模型为

$$\begin{cases} \dfrac{\mathrm{d}\overline{\boldsymbol{x}}(t)}{\mathrm{d}t} = \boldsymbol{A}\overline{\boldsymbol{x}}(t) + \boldsymbol{B}\overline{\boldsymbol{u}}(t) \\ \overline{\boldsymbol{y}}(t) = \boldsymbol{C}\overline{\boldsymbol{x}}(t) \end{cases} \tag{7.60}$$

其中，$\boldsymbol{A} = \begin{bmatrix} 0 & -\dfrac{1-D}{L} \\ \dfrac{1-D}{C} & -\dfrac{1}{RC} \end{bmatrix}$，$\boldsymbol{B} = \begin{bmatrix} \dfrac{1}{L} & 0 \end{bmatrix}^{\mathrm{T}}$，$\boldsymbol{C} = \begin{bmatrix} 1 & 0 \\ 0 & 1 \end{bmatrix}$。

### 2. 直流稳态方程和交流小信号方程

联立式(7.14)和式(7.60),得 CCM Boost 变换器的稳态工作点为

$$\begin{bmatrix} I_L \\ V_c \end{bmatrix} = -\begin{bmatrix} 0 & -\dfrac{1-D}{L} \\ \dfrac{1-D}{C} & -\dfrac{1}{RC} \end{bmatrix}^{-1} \begin{bmatrix} \dfrac{1}{L} \\ 0 \end{bmatrix} V_g \tag{7.61}$$

求解上式得 CCM Boost 变换器的直流电压增益为

$$M = \frac{V_o}{V_g} = \frac{1}{1-D} \tag{7.62}$$

其中,$V_o = V_c$。

联立式(7.15)和式(7.60),可得 CCM Boost 变换器的交流小信号方程为

$$\begin{bmatrix} \dfrac{d\hat{i}_L(t)}{dt} \\ \dfrac{d\hat{v}_c(t)}{dt} \end{bmatrix} = \begin{bmatrix} 0 & -\dfrac{1-D}{L} \\ \dfrac{1-D}{C} & -\dfrac{1}{RC} \end{bmatrix} \begin{bmatrix} \hat{i}_L(t) \\ \hat{v}_c(t) \end{bmatrix} + \begin{bmatrix} \dfrac{1}{L} \\ 0 \end{bmatrix} \hat{v}_g(t) + \begin{bmatrix} \dfrac{1-D}{L} \\ -\dfrac{1}{RC} \end{bmatrix} \frac{V_g}{(1-D)^2} \hat{d}(t)$$

$$\tag{7.63}$$

对式(7.63)进行拉普拉斯变换,可得

$$\begin{cases} s\hat{i}_L(s) = -\dfrac{1-D}{L}\hat{v}_c(s) + \dfrac{1}{L}\hat{v}_g(s) + \dfrac{V_g}{L(1-D)}\hat{d}(s) \\[3mm] s\hat{v}_c(s) = \dfrac{1-D}{C}\hat{i}_L(s) - \dfrac{1}{RC}\hat{v}_c(s) - \dfrac{V_g}{RC(1-D)^2}\hat{d}(s) \end{cases} \tag{7.64}$$

在此基础上,得到 Boost 变换器的输入-输出传递函数和控制-输出传递函数为

$$\frac{\hat{v}_o(s)}{\hat{v}_g(s)}\bigg|_{\hat{d}(s)=0} = \frac{1-D}{(1-D)^2 + \dfrac{sL}{R} + s^2LC} \tag{7.65}$$

$$\frac{\hat{v}_o(s)}{\hat{d}(s)}\bigg|_{\hat{v}_g(s)=0} = \frac{V_g\left[1 - \dfrac{sL}{R(1-D)^2}\right]}{(1-D)^2 + \dfrac{sL}{R} + s^2LC} \tag{7.66}$$

其中,$\hat{v}_o(s) = \hat{v}_c(s)$。

### 3. 状态空间平均等效电路模型

由式(7.60)可得采用受控电流源和受控电压源等效的 CCM Boost 变换器的状态空间平均等效电路模型,如图 7.10 所示,其中 $\bar{i}_s = d'\bar{i}_L$,$\bar{v}_s = d'\bar{v}_o$。

用变比为 $d'$ 的理想变压器模型代替图 7.10 中的受控电流源、受控电压源,可得 CCM Boost 变换器的另一种状态空间平均等效电路模型,如图 7.11 所示。当 CCM Boost 变换器工作于直流稳态时,将图 7.11 中的电感 $L$ 视为短路、电容 $C$ 视为开路,理想变压器的变比为 $d'$。此时,可从图 7.11 得到与式(7.62)相同的直流电压增益。

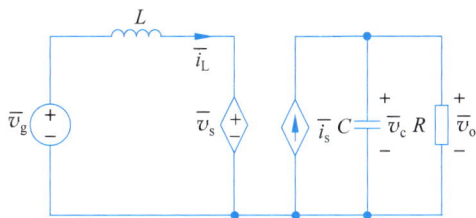

图 7.10　CCM Boost 变换器的状态空间平均等效电路模型 Ⅰ

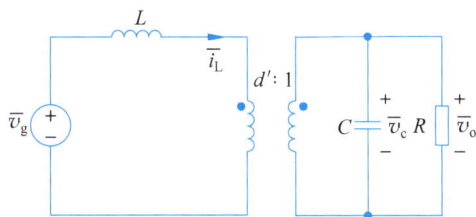

图 7.11　CCM Boost 变换器的状态空间平均等效电路模型 Ⅱ

### 4. 交流小信号等效电路模型

对图 7.10 中所有变量施加小信号扰动 $\bar{v}_g = V_g + \hat{v}_g$，$\bar{i}_L = I_L + \hat{i}_L$，$d' = D' - \hat{d}$，$\bar{v}_c = V_c + \hat{v}_c$，$\bar{v}_o = V_o + \hat{v}_o$，得到小信号扰动下 CCM Boost 变换器的非线性等效电路模型，如图 7.12 所示。

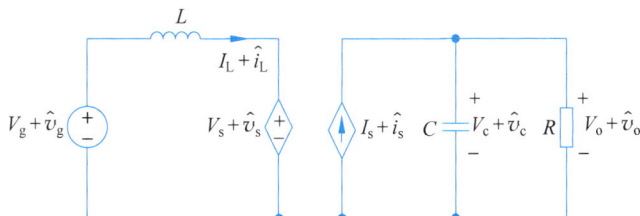

图 7.12　小信号扰动下 CCM Boost 变换器的非线性等效电路模型

当 $\hat{v}_g \ll V_g$，$\hat{i}_L \ll I_L$，$\hat{d} \ll D$，$\hat{v}_c \ll V_c$，$\hat{v}_o \ll V_o$ 时，通过小信号线性化近似可知，$\hat{i}_s = D'\hat{i}_L - \hat{d}I_L$，$\hat{v}_s = D'\hat{v}_o - \hat{d}V_o$，从而得到 CCM Boost 变换器的交流小信号等效电路模型，如图 7.13 所示。

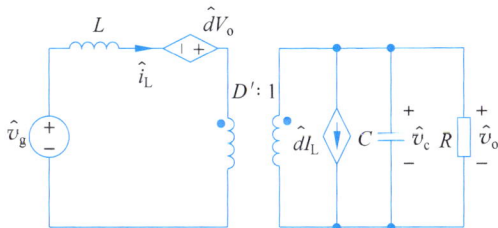

图 7.13　CCM Boost 变换器的交流小信号等效电路模型

159

## 7.4.2  DCM Boost 变换器状态空间平均建模

当如图 7.8 所示的 Boost 变换器工作于 DCM 时，一个开关周期 $T$ 内存在 3 种工作模态，如图 7.14 所示。状态向量、输出向量和输入向量分别为 $\boldsymbol{x}(t)=\begin{bmatrix} i_{\mathrm{L}} & v_{\mathrm{c}} \end{bmatrix}^{\mathrm{T}}$、$\boldsymbol{y}(t)=\begin{bmatrix} i_{\mathrm{g}} & v_{\mathrm{o}} \end{bmatrix}^{\mathrm{T}}$ 和 $\boldsymbol{u}(t)=v_{\mathrm{g}}$。

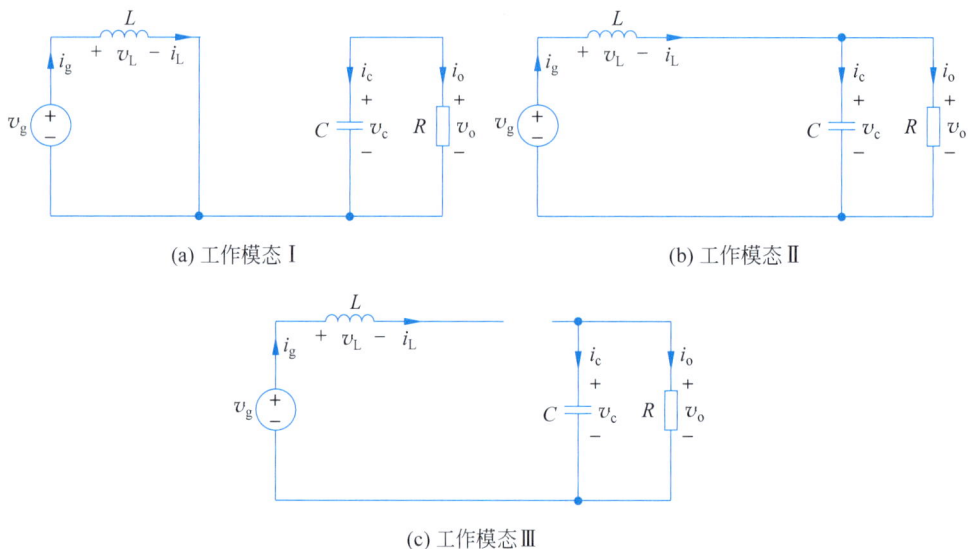

(a) 工作模态 I  (b) 工作模态 II

(c) 工作模态 III

图 7.14  DCM Boost 变换器 3 种工作模态

**工作模态 I** $[0,d_1 T]$：如图 7.14(a) 所示，开关管 S 导通、二极管 VD 关断。

**工作模态 II** $[d_1 T,(d_1+d_2)T]$：如图 7.14(b) 所示，开关管 S 关断、二极管 VD 导通。两种工作模态对应的状态方程和输出方程分别同式(7.56)和式(7.59)。

**工作模态 III** $[(d_1+d_2)T,T]$：如图 7.14(c) 所示，开关管 S 关断、二极管 VD 关断。由 KVL 和 KCL 得到电感电压和电容电流分别为

$$\begin{cases} L\dfrac{\mathrm{d}i_{\mathrm{L}}}{\mathrm{d}t}=0 \\ C\dfrac{\mathrm{d}v_{\mathrm{c}}}{\mathrm{d}t}=-\dfrac{v_{\mathrm{c}}}{R} \end{cases} \tag{7.67}$$

输入电流 $i_{\mathrm{g}}$ 和输出电压 $v_{\mathrm{o}}$ 分别为

$$\begin{cases} i_{\mathrm{g}}=i_{\mathrm{L}} \\ v_{\mathrm{o}}=v_{\mathrm{c}} \end{cases} \tag{7.68}$$

由式(7.67)和式(7.68)得 DCM Boost 变换器的状态方程和输出方程为

$$\begin{cases} \dfrac{\mathrm{d}\boldsymbol{x}(t)}{\mathrm{d}t}=\boldsymbol{A}_3\boldsymbol{x}(t)+\boldsymbol{B}_3\boldsymbol{u}(t) \\ \boldsymbol{y}(t)=\boldsymbol{C}_3\boldsymbol{x}(t)+\boldsymbol{E}_3\boldsymbol{u}(t) \end{cases} \tag{7.69}$$

其中，$\boldsymbol{A}_3=\begin{bmatrix} 0 & 0 \\ 0 & -\dfrac{1}{RC} \end{bmatrix}$，$\boldsymbol{B}_3=\begin{bmatrix} 0 & 0 \end{bmatrix}^{\mathrm{T}}$，$\boldsymbol{C}_3=\begin{bmatrix} 1 & 0 \\ 0 & 1 \end{bmatrix}$，$\boldsymbol{E}_3=0$。

### 1. 状态空间平均模型

联立式(7.56)、式(7.59)和式(7.69),采用状态空间平均法,建立 DCM Boost 变换器的状态空间平均模型为

$$\begin{cases} \dfrac{\mathrm{d}\bar{\boldsymbol{x}}(t)}{\mathrm{d}t} = \boldsymbol{A}\bar{\boldsymbol{x}}(t) + \boldsymbol{B}\bar{\boldsymbol{u}}(t) \\ \bar{\boldsymbol{y}}(t) = \boldsymbol{C}\bar{\boldsymbol{x}}(t) \end{cases} \tag{7.70}$$

其中,$\boldsymbol{A} = \begin{bmatrix} 0 & -\dfrac{d_2}{L} \\ \dfrac{d_2}{C} & -\dfrac{1}{RC} \end{bmatrix}$,$\boldsymbol{B} = \begin{bmatrix} \dfrac{d_1+d_2}{L} & 0 \end{bmatrix}^{\mathrm{T}}$,$\boldsymbol{C} = \begin{bmatrix} 1 & 0 \\ 0 & 1 \end{bmatrix}$。

### 2. 直流稳态方程和交流小信号方程

联立式(7.14)和式(7.70),得 DCM Boost 变换器的稳态工作点为

$$\begin{bmatrix} I_L \\ V_c \end{bmatrix} = -\begin{bmatrix} 0 & -\dfrac{D_2}{L} \\ \dfrac{D_2}{C} & -\dfrac{1}{RC} \end{bmatrix}^{-1} \begin{bmatrix} \dfrac{D_1+D_2}{L} \\ 0 \end{bmatrix} V_g \tag{7.71}$$

求解上式得 DCM Boost 变换器的直流电压增益为

$$M = \frac{V_o}{V_g} = \frac{D_1+D_2}{D_2} \tag{7.72}$$

联立式(7.31)和式(7.70),可得 DCM Boost 变换器的交流小信号方程为

$$\begin{bmatrix} \dfrac{\mathrm{d}\hat{i}_L(t)}{\mathrm{d}t} \\ \dfrac{\mathrm{d}\hat{v}_c(t)}{\mathrm{d}t} \end{bmatrix} = \begin{bmatrix} 0 & -\dfrac{D_2}{L} \\ \dfrac{D_2}{C} & -\dfrac{1}{RC} \end{bmatrix} \begin{bmatrix} \hat{i}_L(t) \\ \hat{v}_c(t) \end{bmatrix} + \begin{bmatrix} \dfrac{D_1+D_2}{L} \\ 0 \end{bmatrix} \hat{v}_g(t) + $$

$$\begin{bmatrix} \dfrac{V_g}{L} \\ 0 \end{bmatrix} \hat{d}_1(t) + \begin{bmatrix} \dfrac{V_g-V_o}{L} \\ \dfrac{V_o}{RC(1-D)} \end{bmatrix} \hat{d}_2(t) \tag{7.73}$$

对式(7.73)进行拉普拉斯变换,可进一步推导 DCM Boost 变换器的小信号传递函数,分析其小信号特性。

## 7.5 Buck-Boost 变换器状态空间平均建模

图 7.15 所示为 Buck-Boost 变换器电路拓扑,采用状态空间平均法,建立 Buck-Boost 变换器的状态空间平均模型,得到其直流稳态方程和交流小信号方程,并建立其状态空间平均等效电路模型和交流小信号等效电路模型。

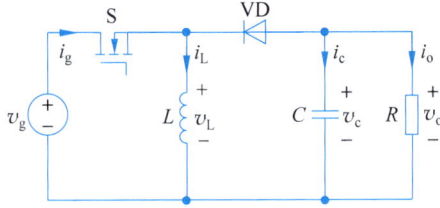

**图 7.15　Buck-Boost 变换器电路拓扑**

### 7.5.1　CCM Buck-Boost 变换器状态空间平均建模

当如图 7.15 所示的 Buck-Boost 变换器工作于 CCM 时,一个开关周期 $T$ 内存在两种工作模态,如图 7.16 所示。选取电感电流 $i_L$ 和电容电压 $v_c$ 为状态变量,构成状态向量 $\boldsymbol{x}(t)=\begin{bmatrix}i_L & v_c\end{bmatrix}^T$;选取输入电流 $i_g$ 和输出电压 $v_o$ 为输出变量,构成输出向量 $\boldsymbol{y}(t)=\begin{bmatrix}i_g & v_o\end{bmatrix}^T$;选取输入电压作为输入向量,即 $\boldsymbol{u}(t)=v_g$。

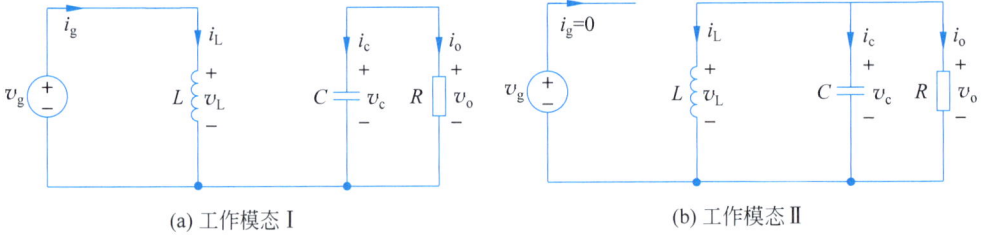

(a) 工作模态 I                                    (b) 工作模态 II

**图 7.16　CCM Buck-Boost 变换器两种工作模态**

**工作模态 I$[0,dT]$**:如图 7.16(a)所示,开关管 S 导通、二极管 VD 关断。由 KVL 和 KCL 得到电感电压和电容电流分别为

$$\begin{cases} L\,\dfrac{\mathrm{d}i_L}{\mathrm{d}t}=v_g \\[2mm] C\,\dfrac{\mathrm{d}v_c}{\mathrm{d}t}=-\dfrac{v_c}{R} \end{cases} \tag{7.74}$$

输入电流 $i_g$ 和输出电压 $v_o$ 分别为

$$\begin{cases} i_g=i_L \\[1mm] v_o=v_c \end{cases} \tag{7.75}$$

由式(7.74)和式(7.75)得 CCM Buck-Boost 变换器的状态方程和输出方程为

$$\begin{cases} \dfrac{\mathrm{d}\boldsymbol{x}(t)}{\mathrm{d}t}=\boldsymbol{A}_1\boldsymbol{x}(t)+\boldsymbol{B}_1\boldsymbol{u}(t) \\[2mm] \boldsymbol{y}(t)=\boldsymbol{C}_1\boldsymbol{x}(t)+\boldsymbol{E}_1\boldsymbol{u}(t) \end{cases} \tag{7.76}$$

其中,$\boldsymbol{A}_1=\begin{bmatrix}0 & 0 \\ 0 & -\dfrac{1}{RC}\end{bmatrix}$,$\boldsymbol{B}_1=\begin{bmatrix}1/L & 0\end{bmatrix}^T$,$\boldsymbol{C}_1=\begin{bmatrix}1 & 0 \\ 0 & 1\end{bmatrix}$,$\boldsymbol{E}_1=0$。

**工作模态 II$[dT,T]$**:如图 7.16(b)所示,开关管 S 关断、二极管 VD 导通。由 KVL 和 KCL 得到电感电压和电容电流分别为

$$\begin{cases} L\dfrac{\mathrm{d}i_{\mathrm{L}}}{\mathrm{d}t}=v_{\mathrm{c}} \\[2mm] C\dfrac{\mathrm{d}v_{\mathrm{c}}}{\mathrm{d}t}=-i_{\mathrm{L}}-\dfrac{v_{\mathrm{c}}}{R} \end{cases} \tag{7.77}$$

输入电流 $i_{\mathrm{g}}$ 和输出电压 $v_{\mathrm{o}}$ 分别为

$$\begin{cases} i_{\mathrm{g}}=0 \\ v_{\mathrm{o}}=v_{\mathrm{c}} \end{cases} \tag{7.78}$$

由式(7.77)和式(7.78)得 CCM Buck-Boost 变换器的状态方程和输出方程分别为

$$\begin{cases} \dfrac{\mathrm{d}\boldsymbol{x}(t)}{\mathrm{d}t}=\boldsymbol{A}_2\boldsymbol{x}(t)+\boldsymbol{B}_2\boldsymbol{u}(t) \\[2mm] \boldsymbol{y}(t)=\boldsymbol{C}_2\boldsymbol{x}(t)+\boldsymbol{E}_2\boldsymbol{u}(t) \end{cases} \tag{7.79}$$

其中，$\boldsymbol{A}_2=\begin{bmatrix} 0 & \dfrac{1}{L} \\[2mm] -\dfrac{1}{C} & -\dfrac{1}{RC} \end{bmatrix}$，$\boldsymbol{B}_2=0$，$\boldsymbol{C}_2=\begin{bmatrix} 0 & 0 \\ 0 & 1 \end{bmatrix}$，$\boldsymbol{E}_2=0$。

### 1. 状态空间平均模型

联立式(7.76)和式(7.79)，采用状态空间平均法，建立 CCM Buck-Boost 变换器的状态空间平均模型为

$$\begin{cases} \dfrac{\mathrm{d}\bar{\boldsymbol{x}}(t)}{\mathrm{d}t}=\boldsymbol{A}\bar{\boldsymbol{x}}(t)+\boldsymbol{B}\bar{\boldsymbol{u}}(t) \\[2mm] \bar{\boldsymbol{y}}(t)=\boldsymbol{C}\bar{\boldsymbol{x}}(t) \end{cases} \tag{7.80}$$

其中，$\boldsymbol{A}=\begin{bmatrix} 0 & \dfrac{1-D}{L} \\[2mm] -\dfrac{1-D}{C} & -\dfrac{1}{RC} \end{bmatrix}$，$\boldsymbol{B}=\begin{bmatrix} \dfrac{D}{L} & 0 \end{bmatrix}^{\mathrm{T}}$，$\boldsymbol{C}=\begin{bmatrix} D & 0 \\ 0 & 1 \end{bmatrix}$。

### 2. 直流稳态方程和交流小信号方程

联立式(7.14)和式(7.80)，得 CCM Buck-Boost 变换器的稳态工作点为

$$\begin{bmatrix} I_{\mathrm{L}} \\ V_{\mathrm{c}} \end{bmatrix}=-\begin{bmatrix} 0 & \dfrac{1-D}{L} \\[2mm] -\dfrac{1-D}{C} & -\dfrac{1}{RC} \end{bmatrix}^{-1}\begin{bmatrix} \dfrac{D}{L} \\ 0 \end{bmatrix}V_{\mathrm{g}} \tag{7.81}$$

求解式(7.81)得 CCM Buck-Boost 变换器的直流电压增益为

$$M=\frac{V_{\mathrm{o}}}{V_{\mathrm{g}}}=-\frac{D}{1-D} \tag{7.82}$$

其中，$V_{\mathrm{o}}=V_{\mathrm{c}}$。

由式(7.15)和式(7.80)得 CCM Buck-Boost 变换器的交流小信号方程为

$$\begin{bmatrix} \dfrac{d\hat{i}_L(t)}{dt} \\[3mm] \dfrac{d\hat{v}_c(t)}{dt} \end{bmatrix} = \begin{bmatrix} 0 & \dfrac{1-D}{L} \\[3mm] -\dfrac{1-D}{C} & -\dfrac{1}{RC} \end{bmatrix} \begin{bmatrix} \hat{i}_L(t) \\[3mm] \hat{v}_c(t) \end{bmatrix} + \begin{bmatrix} \dfrac{D}{L} \\[3mm] 0 \end{bmatrix} \hat{v}_g(t) + \begin{bmatrix} \dfrac{V_g - V_o}{L} \\[3mm] \dfrac{V_o}{RC(1-D)} \end{bmatrix} \hat{d}(t) \quad (7.83)$$

对式(7.83)进行拉普拉斯变换,可得

$$\begin{cases} s\hat{i}_L(s) = \dfrac{1-D}{L}\hat{v}_c(s) + \dfrac{D}{L}\hat{v}_g(s) + \dfrac{V_g - V_o}{L}\hat{d}(s) \\[4mm] s\hat{v}_c(s) = -\dfrac{1-D}{C}\hat{i}_L(s) - \dfrac{1}{RC}\hat{v}_c(s) + \dfrac{V_o}{RC(1-D)}\hat{d}(s) \end{cases} \quad (7.84)$$

基于式(7.84),得到 CCM Buck-Boost 变换器的输入-输出传递函数和控制-输出传递函数为

$$\left.\frac{\hat{v}_o(s)}{\hat{v}_g(s)}\right|_{\hat{d}(s)=0} = -\frac{D}{D'}\,\frac{1}{1 + \dfrac{sL}{RD'^2} + \dfrac{s^2 LC}{D'^2}} \quad (7.85)$$

$$\left.\frac{\hat{v}_o(s)}{\hat{d}(s)}\right|_{\hat{v}_g(s)=0} = -\frac{V_g}{D'^2}\,\frac{1 - \dfrac{sLD}{RD'^2}}{1 + \dfrac{sL}{RD'^2} + \dfrac{s^2 LC}{D'^2}} \quad (7.86)$$

其中,$\hat{v}_o(s) = \hat{v}_c(s)$。

### 3. 状态空间平均等效电路模型

由式(7.80)可得采用受控电流源和受控电压源等效的 CCM Buck-Boost 变换器的状态空间平均等效电路模型,如图 7.17 所示,其中 $\bar{i}_{s1} = d\bar{i}_L$,$\bar{v}_{s2} = d\bar{v}_g$,$\bar{v}_{s3} = d'\bar{v}_o$,$\bar{i}_{s4} = d'\bar{i}_L$。

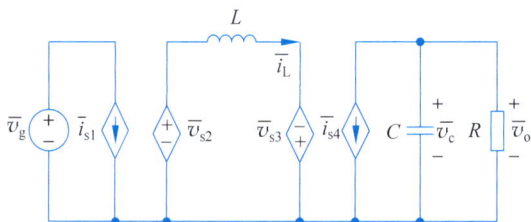

图 7.17　CCM Buck-Boost 变换器的状态空间平均等效电路模型 I

用变比为 $d$ 和 $d'$ 的理想变压器模型代替图 7.17 中的受控电流源、受控电压源,可得 CCM Buck-Boost 变换器的另一种状态空间平均等效电路模型,如图 7.18 所示。当 CCM Buck-Boost 变换器工作于直流稳态时,将图 7.18 中的电感 $L$ 视为短路,电容 $C$ 视为开路,理想变压器的变比为 $d'$。此时,可从图 7.18 得到与式(7.82)相同的直流电压增益。

### 4. 交流小信号等效电路模型

对图 7.17 中所有变量施加小信号扰动 $\bar{v}_g = V_g + \hat{v}_g$,$\bar{i}_L = I_L + \hat{i}_L$,$d = D + \hat{d}$,$d' = D' - \hat{d}$,$\bar{v}_c = V_c + \hat{v}_c$,$\bar{v}_o = V_o + \hat{v}_o$,得到小信号扰动下 CCM Buck-Boost 变换器的非线性等效电路模型,如图 7.19 所示。

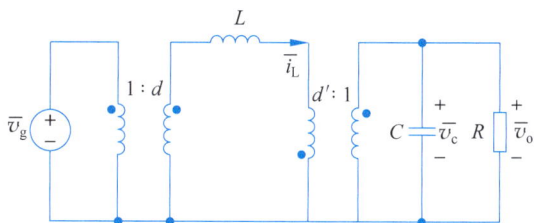

图 7.18　CCM Buck-Boost 变换器的状态空间平均等效电路模型 Ⅱ

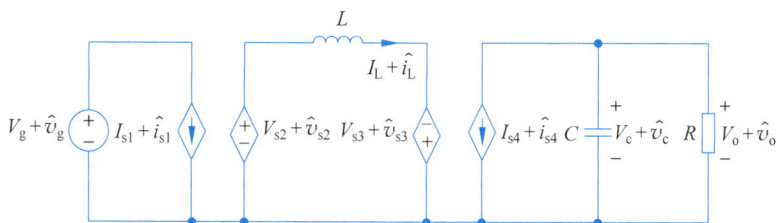

图 7.19　小信号扰动下 CCM Buck-Boost 变换器的非线性等效电路模型

当 $\hat{v}_g \ll V_g, \hat{i}_L \ll I_L, \hat{d} \ll D, \hat{v}_c \ll V_c, \hat{v}_o \ll V_o$ 时,由小信号线性化近似可知: $\hat{i}_{s1} = D\hat{i}_L + \hat{d}I_L, \hat{v}_{s2} = D\hat{v}_g + \hat{d}V_g, \hat{v}_{s3} = D'\hat{v}_o - \hat{d}V_o, \hat{i}_{s4} = D'\hat{i}_L - \hat{d}I_L$。从而得到 CCM Buck-Boost 变换器的交流小信号等效电路模型,如图 7.20 所示。

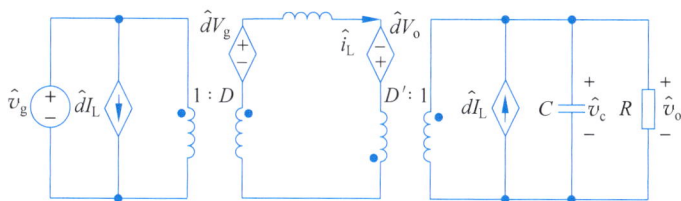

图 7.20　CCM Buck-Boost 变换器的交流小信号等效电路模型

## 7.5.2　DCM Buck-Boost 变换器状态空间平均建模

当 Buck-Boost 变换器工作于 DCM 时,一个开关周期 $T$ 内存在 3 种工作模态,如图 7.21 所示。状态向量、输出向量和输入向量分别为 $\boldsymbol{x}(t) = \begin{bmatrix} i_L & v_c \end{bmatrix}^T$、$\boldsymbol{y}(t) = \begin{bmatrix} i_g & v_o \end{bmatrix}^T$ 和 $\boldsymbol{u}(t) = v_g$。

**工作模态 Ⅰ** $[0, d_1 T]$:如图 7.21(a)所示,开关管 S 导通、二极管 VD 关断。

**工作模态 Ⅱ** $[d_1 T, (d_1 + d_2)T]$:如图 7.21(b)所示,开关管 S 关断、二极管 VD 导通。两种工作模态对应的状态方程和输出方程分别同式(7.76)和式(7.79)。

**工作模态 Ⅲ** $[(d_1 + d_2)T, T]$:如图 7.21(c)所示,开关管 S 关断、二极管 VD 关断。由 KVL 和 KCL 得电感电压和电容电流为

$$\begin{cases} L \dfrac{\mathrm{d}i_L}{\mathrm{d}t} = 0 \\ C \dfrac{\mathrm{d}v_c}{\mathrm{d}t} = -\dfrac{v_c}{R} \end{cases} \tag{7.87}$$

165

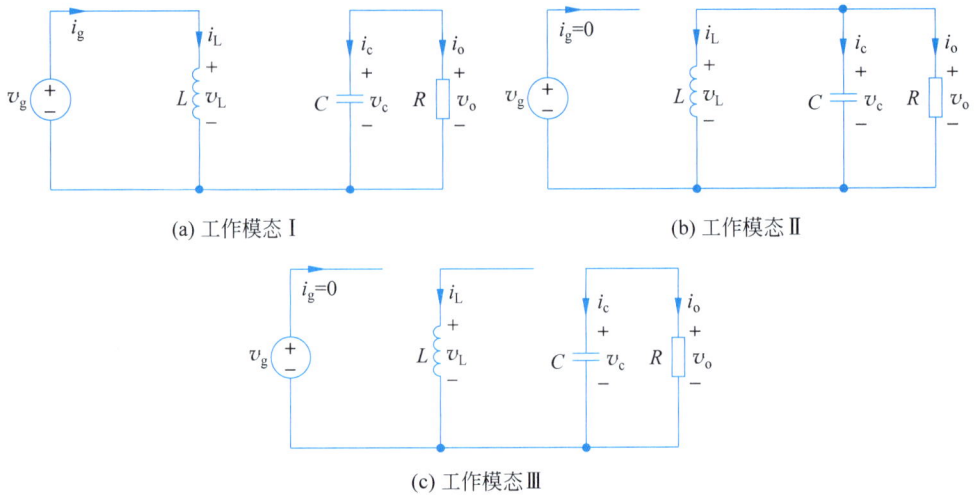

(a) 工作模态 I            (b) 工作模态 II

(c) 工作模态 III

**图 7.21　DCM Buck-Boost 变换器 3 种工作模态**

输入电流 $i_g$ 和输出电压 $v_o$ 分别为

$$\begin{cases} i_g = 0 \\ v_o = v_c \end{cases} \tag{7.88}$$

由式(7.87)和式(7.88)得 DCM Buck-Boost 变换器的状态方程和输出方程为

$$\begin{cases} \dfrac{\mathrm{d}\boldsymbol{x}(t)}{\mathrm{d}t} = \boldsymbol{A}_3\boldsymbol{x}(t) + \boldsymbol{B}_3\boldsymbol{u}(t) \\ \boldsymbol{y}(t) = \boldsymbol{C}_3\boldsymbol{x}(t) + \boldsymbol{E}_3\boldsymbol{u}(t) \end{cases} \tag{7.89}$$

其中，$\boldsymbol{A}_3 = \begin{bmatrix} 0 & 0 \\ 0 & -\dfrac{1}{RC} \end{bmatrix}$，$\boldsymbol{B}_3 = \begin{bmatrix} 0 & 0 \end{bmatrix}^{\mathrm{T}}$，$\boldsymbol{C}_3 = \begin{bmatrix} 0 & 0 \\ 0 & 1 \end{bmatrix}$，$\boldsymbol{E}_3 = 0$。

### 1. 状态空间平均模型

联立式(7.76)、式(7.79)和式(7.89)，采用状态空间平均法，建立 DCM Buck-Boost 变换器的状态空间平均模型为

$$\begin{cases} \dfrac{\mathrm{d}\overline{\boldsymbol{x}}(t)}{\mathrm{d}t} = \boldsymbol{A}\overline{\boldsymbol{x}}(t) + \boldsymbol{B}\overline{\boldsymbol{u}}(t) \\ \overline{\boldsymbol{y}}(t) = \boldsymbol{C}\overline{\boldsymbol{x}}(t) \end{cases} \tag{7.90}$$

其中，$\boldsymbol{A} = \begin{bmatrix} 0 & \dfrac{d_2}{L} \\ -\dfrac{d_2}{C} & -\dfrac{1}{RC} \end{bmatrix}$，$\boldsymbol{B} = \begin{bmatrix} \dfrac{d_1}{L} & 0 \end{bmatrix}^{\mathrm{T}}$，$\boldsymbol{C} = \begin{bmatrix} d_1 & 0 \\ 0 & 1 \end{bmatrix}$。

### 2. 直流稳态方程和交流小信号方程

联立式(7.14)和式(7.90)，得 DCM Buck-Boost 变换器的稳态工作点为

$$\begin{bmatrix} I_\mathrm{L} \\ V_\mathrm{c} \end{bmatrix} = - \begin{bmatrix} 0 & -\dfrac{D_2}{L} \\ \dfrac{D_2}{C} & -\dfrac{1}{RC} \end{bmatrix}^{-1} \begin{bmatrix} \dfrac{D_1}{L} \\ 0 \end{bmatrix} V_\mathrm{g} \tag{7.91}$$

求解式(7.91)得 DCM Buck-Boost 变换器的直流电压增益为

$$M = \frac{V_\mathrm{o}}{V_\mathrm{g}} = -\frac{D_1}{D_2} \tag{7.92}$$

联立式(7.31)和式(7.90),可得 DCM Buck-Boost 变换器的交流小信号方程为

$$\begin{bmatrix} \dfrac{\mathrm{d}\hat{i}_\mathrm{L}(t)}{\mathrm{d}t} \\ \dfrac{\mathrm{d}\hat{v}_\mathrm{c}(t)}{\mathrm{d}t} \end{bmatrix} = \begin{bmatrix} 0 & \dfrac{D_2}{L} \\ -\dfrac{D_2}{C} & -\dfrac{1}{RC} \end{bmatrix} \begin{bmatrix} \hat{i}_\mathrm{L}(t) \\ \hat{v}_\mathrm{c}(t) \end{bmatrix} + \begin{bmatrix} \dfrac{D_1}{L} \\ 0 \end{bmatrix} \hat{v}_\mathrm{g}(t) + \begin{bmatrix} \dfrac{V_\mathrm{g}}{L} \\ 0 \end{bmatrix} \hat{d}_1(t) + \begin{bmatrix} \dfrac{V_\mathrm{o}}{L} \\ -\dfrac{V_\mathrm{o}}{RC(1-D)} \end{bmatrix} \hat{d}_2(t) \tag{7.93}$$

基于式(7.93),可进一步推导 DCM Buck-Boost 变换器的小信号传递函数,分析其小信号特性。

# 第8章

# 开关DC-DC变换器时间平均等效电路建模

本章介绍开关 DC-DC 变换器时间平均等效电路（Time Averaging Equivalent Circuit，TAEC）建模方法，该方法能够有效简化开关 DC-DC 变换器的建模与分析过程。开关 DC-DC 变换器时间平均等效电路建模方法的关键点是：采用受控电压源或者受控电流源等效替代开关 DC-DC 变换器中的开关器件，得到电路结构不变的等效电路。从而能简便地使用基本电路分析方法进行开关 DC-DC 变换器的直流稳态和交流小信号特性分析。本章将介绍 CCM 和 DCM 开关 DC-DC 变换器的时间平均等效电路建模分析方法。

## 8.1 开关 DC-DC 变换器时间平均等效电路原理

采用开关 DC-DC 变换器时间平均等效电路建模方法之前，需要先做如下假定：

（1）开关 DC-DC 变换器是唯一可解的；

（2）开关 DC-DC 变换器工作于周期稳态；

（3）开关 DC-DC 变换器的开关频率 $f_s$ 远大于开关 DC-DC 变换器的特征频率 $f_0$，即 $f_s \gg f_0$。

在上述假设条件下，可以对开关 DC-DC 变换器进行时间平均等效电路变换。

开关 DC-DC 变换器时间平均等效电路建模方法的基本思想：将开关 DC-DC 变换器中所有开关元器件分离出来，形成线性时不变动态子网络 $N_C$ 和开关子网络 $N_S$，如图 8.1(a) 所示。当开关 DC-DC 变换器满足上述假设条件时，可以分别采用受控电压源或受控电流源代替开关子网络 $N_S$ 中的开关元器件，得到由受控电压源和受控电流源构成的等效开关子网络 $N_S'$，如图 8.1(b) 所示。当受控电压源或受控电流源的值分别是一个开关周期内它所代替的开关器件两端的平均电压或流过该开关器件的平均电流，且在等效变换过程中没有

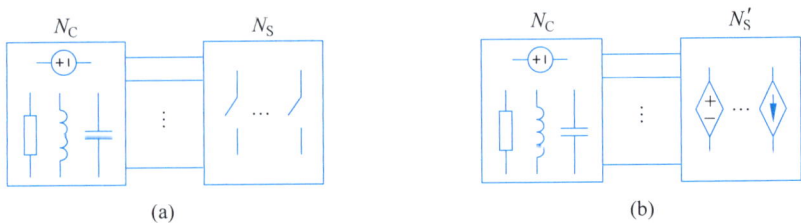

图 8.1 开关 DC-DC 变换器及其时间平均等效

形成电流源-电感割集和电压源-电容回路时,则在时间平均意义下,开关 DC-DC 变换器可等效为由线性时不变动态子网络 $N_C$ 和等效开关子网络 $N_S'$ 构成的时间平均等效电路。

# 8.2 Buck 变换器时间平均等效电路建模

以如图 8.2 所示的 Buck 变换器为例,采用时间平均等效电路建模方法,建立 Buck 变换器时间平均等效电路,并分析其直流稳态和交流小信号方程。

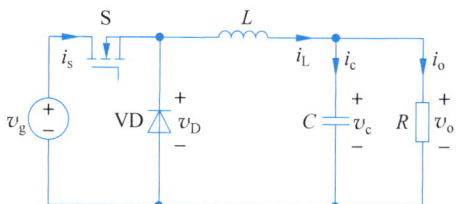

图 8.2 Buck 变换器电路

## 8.2.1 CCM Buck 变换器时间平均等效电路建模

### 1. CCM Buck 变换器时间平均等效电路

当如图 8.2 所示的 Buck 变换器工作于 CCM 时,一个开关周期 $T$ 内存在两种工作模态:当 $t_0 < t < t_0 + dT$ 时,开关管 S 导通,二极管 VD 关断,工作模态电路如图 8.3(a)所示;当 $t_0 + dT < t < t_0 + T$ 时,开关管 S 关断,二极管 VD 导通,工作模态电路如图 8.3(b)所示;其中,$t_0$ 为开关周期的起始时刻,$d$ 为开关管的导通占空比。

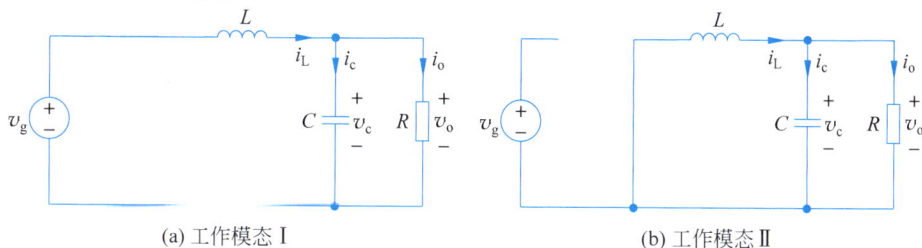

(a) 工作模态 I　　　　　(b) 工作模态 II

图 8.3 CCM Buck 变换器两种工作模态

当 CCM Buck 变换器的 $f_s \gg f_0$ 时,在一个开关周期内,可以认为电路的状态变量保持不变,即电容电压和电感电流保持恒定。因此,将电感看作电流为电感电流平均值 $\bar{i}_L$ 的电流源,将电容看作电压为电容电压平均值 $\bar{v}_c$ 的电压源。假定电路工作于直流稳态,不存在小信号扰动,由开关 DC-DC 变换器的时间平均等效电路原理,可将开关管等效成电流为 $\bar{i}_s$ 的受控电流源,二极管等效成电压为 $\bar{v}_D$ 的受控电压源。从而得到 CCM Buck 变换器时间平均等效电路 I,如图 8.4 所示,其中,

$$\bar{i}_s = \frac{1}{T}\int_{t_0}^{t_0+T} i_s(t)\mathrm{d}t = \frac{1}{T}\int_{t_0}^{t_0+dT} i_L(t)\mathrm{d}t = d\bar{i}_L \tag{8.1}$$

$$\bar{v}_{\mathrm{D}}=\frac{1}{T}\int_{t_0}^{t_0+T}v_{\mathrm{D}}(t)\,\mathrm{d}t=\frac{1}{T}\int_{t_0}^{t_0+dT}v_{\mathrm{g}}(t)\,\mathrm{d}t=d\bar{v}_{\mathrm{g}} \tag{8.2}$$

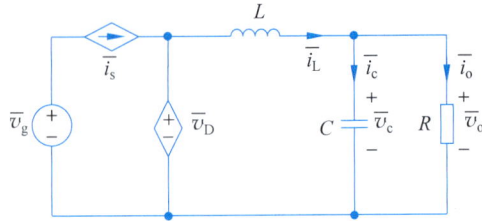

图 8.4　CCM Buck 变换器时间平均等效电路 I

当输入电压平均分量 $\bar{v}_{\mathrm{g}}$ 和控制变量 $d$ 存在小信号扰动时,即

$$\bar{v}_{\mathrm{g}}=V_{\mathrm{g}}+\hat{v}_{\mathrm{g}}, \quad d=D+\hat{d} \tag{8.3}$$

同时引起电路中的其他状态变量及等效受控源、输出电压的小信号扰动,即

$$\bar{i}_{\mathrm{L}}=I_{\mathrm{L}}+\hat{i}_{\mathrm{L}},\quad \bar{v}_{\mathrm{c}}=V_{\mathrm{c}}+\hat{v}_{\mathrm{c}},\quad \bar{v}_{\mathrm{o}}=V_{\mathrm{o}}+\hat{v}_{\mathrm{o}},\quad \bar{i}_{\mathrm{s}}=I_{\mathrm{s}}+\hat{i}_{\mathrm{s}},\quad \bar{v}_{\mathrm{D}}=V_{\mathrm{D}}+\hat{v}_{\mathrm{D}} \tag{8.4}$$

其中,$\bar{v}_{\mathrm{g}}$、$d$、$\bar{i}_{\mathrm{L}}$、$\bar{v}_{\mathrm{c}}$、$\bar{v}_{\mathrm{o}}$、$\bar{i}_{\mathrm{s}}$ 和 $\bar{v}_{\mathrm{D}}$ 代表各变量的时间平均分量,$V_{\mathrm{g}}$、$D$、$I_{\mathrm{L}}$、$V_{\mathrm{c}}$、$V_{\mathrm{o}}$、$I_{\mathrm{s}}$ 和 $V_{\mathrm{D}}$ 代表各变量的直流分量,$\hat{v}_{\mathrm{g}}$、$\hat{d}$、$\hat{i}_{\mathrm{L}}$、$\hat{v}_{\mathrm{c}}$、$\hat{v}_{\mathrm{o}}$、$\hat{i}_{\mathrm{s}}$ 和 $\hat{v}_{\mathrm{D}}$ 代表各变量的小信号扰动分量。

对于小信号扰动,有 $\hat{v}_{\mathrm{g}}\ll V_{\mathrm{g}}$、$\hat{d}\ll D$、$\hat{i}_{\mathrm{L}}\ll I_{\mathrm{L}}$、$\hat{v}_{\mathrm{c}}\ll V_{\mathrm{c}}$、$\hat{v}_{\mathrm{o}}\ll V_{\mathrm{o}}$、$\hat{i}_{\mathrm{s}}\ll I_{\mathrm{s}}$ 和 $\hat{v}_{\mathrm{D}}\ll V_{\mathrm{D}}$,将式(8.3)和式(8.4)代入式(8.1)和式(8.2),并忽略二次及以上小信号扰动项,得到

$$\bar{i}_{\mathrm{s}}=I_{\mathrm{s}}+\hat{i}_{\mathrm{s}}=d\bar{i}_{\mathrm{L}}=(D+\hat{d})(I_{\mathrm{L}}+\hat{i}_{\mathrm{L}})=DI_{\mathrm{L}}+\hat{d}I_{\mathrm{L}}+D\hat{i}_{\mathrm{L}} \tag{8.5}$$

$$\bar{v}_{\mathrm{D}}=V_{\mathrm{D}}+\hat{v}_{\mathrm{D}}=d\bar{v}_{\mathrm{g}}=(D+\hat{d})(V_{\mathrm{g}}+\hat{v}_{\mathrm{g}})=DV_{\mathrm{g}}+D\hat{v}_{\mathrm{g}}+\hat{d}V_{\mathrm{g}} \tag{8.6}$$

分离式(8.5)和式(8.6)中的直流稳态和交流小信号分量,得到 CCM Buck 变换器的直流稳态等效电路和交流小信号等效电路,分别如图 8.5 和图 8.6 所示。其中,$I_{\mathrm{s}}=DI_{\mathrm{L}}$,$V_{\mathrm{D}}=DV_{\mathrm{g}}$;$\hat{i}_{\mathrm{s}}=\hat{d}I_{\mathrm{L}}+D\hat{i}_{\mathrm{L}}$,$\hat{v}_{\mathrm{D}}=D\hat{v}_{\mathrm{g}}+\hat{d}V_{\mathrm{g}}$。在此基础上,对 CCM Buck 变换器进行直流稳态和交流小信号分析。

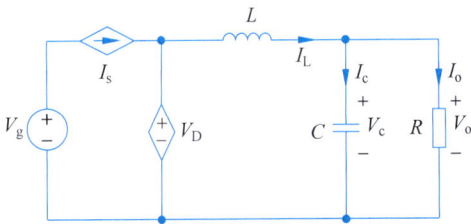

图 8.5　CCM Buck 变换器直流稳态等效电路　　图 8.6　CCM Buck 变换器交流小信号等效电路

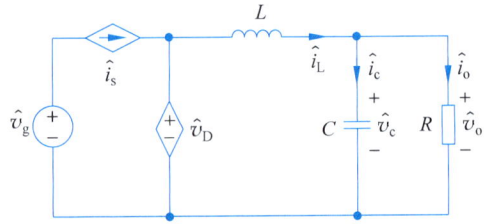

### 2. CCM Buck 变换器直流稳态分析

在进行直流稳态分析时,将电容看作开路,电感看作短路。由图 8.5 可得

$$\begin{cases} I_{\mathrm{L}}=\dfrac{V_{\mathrm{o}}}{R} \\[2mm] V_{\mathrm{D}}=V_{\mathrm{o}} \end{cases} \tag{8.7}$$

又因为 $V_{\mathrm{D}}=DV_{\mathrm{g}}$,则由式(8.7)得到 CCM Buck 变换器的直流电压增益 $M$ 为

$$M = \frac{V_o}{V_g} = D \tag{8.8}$$

### 3. CCM Buck 变换器交流小信号分析

对如图 8.6 所示的 CCM Buck 变换器的交流小信号等效电路,采用常规的电路分析方法进行时域或频域特性分析。由图 8.6 可得

$$\begin{cases} \hat{i}_L = \left( \frac{1}{R} + sC \right) \hat{v}_o \\ \hat{v}_D = sL\hat{i}_L + \hat{v}_o \end{cases} \tag{8.9}$$

式(8.9)与 $\hat{v}_D = D\hat{v}_g + \hat{d}V_g$ 联立,令 $\hat{d} = 0$,可得 CCM Buck 变换器的输入-输出传递函数为

$$\frac{\hat{v}_o}{\hat{v}_g} = \frac{RD}{RLCs^2 + Ls + R} \tag{8.10}$$

令 $\hat{v}_g = 0$,得到 CCM Buck 变换器的控制-输出传递函数为

$$\frac{\hat{v}_o}{\hat{d}} = \frac{RV_g}{RLCs^2 + Ls + R} \tag{8.11}$$

令 $\hat{v}_g = 0$ 和 $\hat{d} = 0$,可得 CCM Buck 变换器的输出阻抗电路,如图 8.7 所示。由图 8.7 得到输出阻抗传递函数为

$$\frac{\hat{v}_o}{\hat{i}_o} = SL // \frac{1}{SC} // R = \frac{RLs}{RLCs^2 + Ls + R} \tag{8.12}$$

此外,根据开关 DC-DC 变换器的时间平均等效电路原理,还可建立 CCM Buck 变换器的另一种时间平均等效电路,如图 8.8 所示。

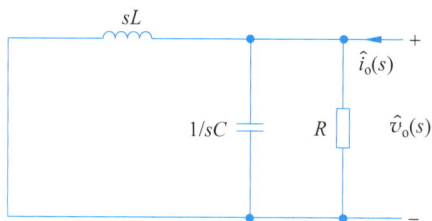

图 8.7　CCM Buck 变换器输出阻抗电路

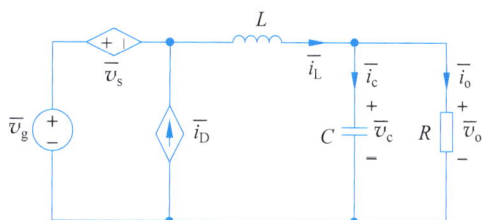

图 8.8　CCM Buck 变换器时间平均等效电路 Ⅱ

在图 8.8 中,有

$$\bar{v}_s = \frac{1}{T}\int_{t_0}^{t_0+T} v_s(t)\,dt = \frac{1}{T}\int_{t_0+dT}^{t_0+T} v_g\,dt = d'\bar{v}_g \tag{8.13}$$

$$\bar{i}_D = \frac{1}{T}\int_{t_0}^{t_0+T} i_D(t)\,dt = \frac{1}{T}\int_{t_0+dT}^{t_0+T} i_L(t)\,dt = d'\bar{i}_L \tag{8.14}$$

其中,$d' = 1 - d$。

注意,开关管、二极管均可采用受控电压源和受控电流源代替;但对于如图 8.2 所示的 Buck 变换器,不能同时采用受控电压源或受控电流源代替开关管和二极管,否则将形成电压源-电容回路或电流源-电感割集。

171

### 8.2.2　DCM Buck 变换器时间平均等效电路建模

#### 1. DCM Buck 变换器时间平均等效电路

在一个开关周期内,DCM Buck 变换器存在 3 种工作模态:当 $t_0 < t < t_0 + d_1 T$ 时,S 导通、VD 断开,等效电路如图 8.9(a)所示;当 $t_0 + d_1 T < t < t_0 + d_1 T + d_2 T$ 时,S 断开、VD 导通,等效电路如图 8.9(b)所示;当 $t_0 + d_1 T + d_2 T < t < t_0 + T$ 时,S 和 VD 均断开,等效电路如图 8.9(c)所示。对应的电感电流波形 $i_L(t)$、开关管电流波形 $i_s(t)$ 和二极管电压波形 $v_D(t)$,如图 8.10 所示;其中,$d_1 + d_2 + d_3 = 1$。

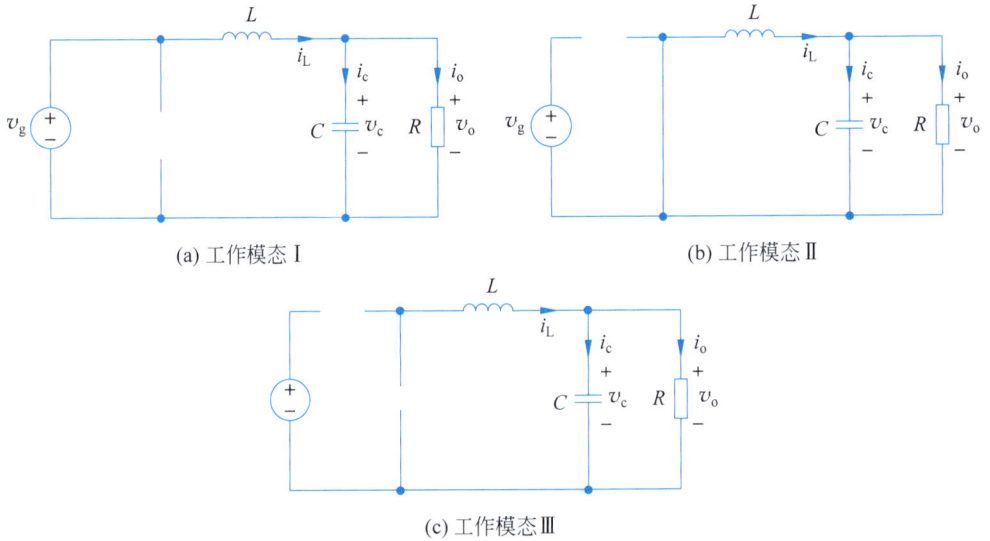

(a) 工作模态 Ⅰ

(b) 工作模态 Ⅱ

(c) 工作模态 Ⅲ

图 8.9　DCM Buck 变换器 3 种工作模态

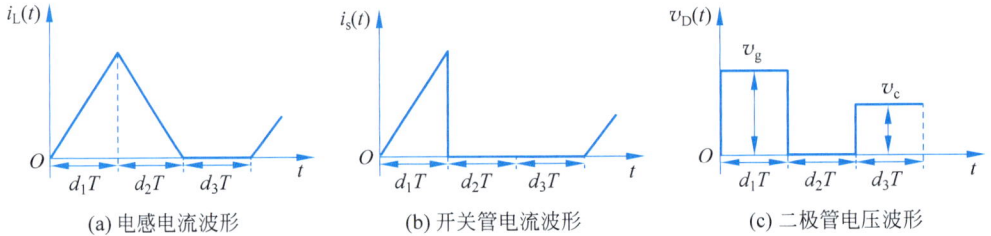

(a) 电感电流波形

(b) 开关管电流波形

(c) 二极管电压波形

图 8.10　DCM Buck 变换器主要工作波形

对如图 8.10 所示的波形采用面积平均法,可得一个开关周期内,电感电流、开关管电流和二极管电压平均值分别为

$$\bar{i}_L = \frac{(\bar{v}_g - \bar{v}_c)T}{2L} d_1(d_1 + d_2) \tag{8.15}$$

$$\bar{i}_s = \frac{(\bar{v}_g - \bar{v}_c)T}{2L} d_1^2 \tag{8.16}$$

$$\bar{v}_D = d_1 \bar{v}_g + d_3 \bar{v}_c \tag{8.17}$$

其中，$\bar{i}_s$ 和 $\bar{v}_D$ 分别表示为受控电流源和受控电压源形式，根据开关 DC-DC 变换器时间平均等效电路原理，可得 DCM Buck 变换器时间平均等效电路，如图 8.11 所示。

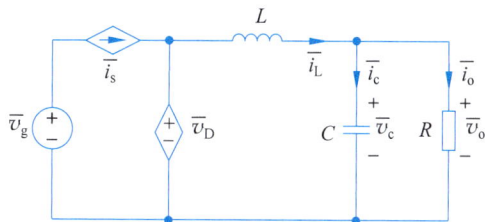

图 8.11　DCM Buck 变换器时间平均等效电路

当存在小信号扰动时，忽略二次及以上小信号扰动项，可得图 8.11 中受控电流源、受控电压源和平均电感电流的值分别为

$$\bar{i}_s = I_s + \hat{i}_s = \frac{(V_g - V_c)TD_1^2}{2L} + \frac{TD_1^2}{2L}(\hat{v}_g - \hat{v}_c) + \frac{(V_g - V_c)D_1T}{L}\hat{d}_1 \tag{8.18}$$

$$\bar{v}_D = V_D + \hat{v}_D = D_1V_g + D_3V_c + D_1\hat{v}_g + V_g\hat{d}_1 + D_3\hat{v}_c + V_c\hat{d}_3 \tag{8.19}$$

$$\bar{i}_L = I_L + \hat{i}_L = \frac{D_1(D_1 + D_2)(V_g - V_c)T}{2L} +$$

$$= \frac{T}{2L}[D_1(D_1 + D_2)(\hat{v}_g - \hat{v}_c) + D_1(V_g - V_c)(\hat{d}_1 + \hat{d}_2) + (D_1 + D_2)(V_g - V_c)\hat{d}_1] \tag{8.20}$$

其中，$D_1 + D_2 + D_3 = 1$，$\hat{d}_1 + \hat{d}_2 + \hat{d}_3 = 0$。

分离式(8.18)～式(8.20)中的直流稳态和交流小信号分量，得到 DCM Buck 变换器直流稳态等效电路和交流小信号等效电路，分别如图 8.12 和图 8.13 所示。令式(8.18)～式(8.20)中的交流小信号分量等于 0，得到图 8.12 中受控电流源、受控电压源和电感电流的直流稳态值为

$$\begin{cases} I_s = \dfrac{(V_g - V_c)TD_1^2}{2L} \\[2mm] V_D = D_1V_g + D_3V_c \\[2mm] I_L = \dfrac{D_1(D_1 + D_2)(V_g - V_c)T}{2L} \end{cases} \tag{8.21}$$

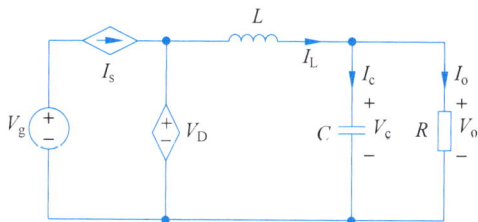 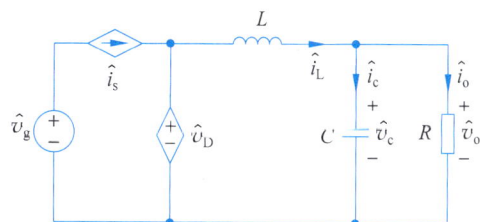

图 8.12　DCM Buck 变换器直流稳态等效电路　　　图 8.13　DCM Buck 变换器交流小信号等效电路

当仅考虑式(8.18)～式(8.20)中的小信号扰动项时，得到图 8.13 中受控电流源、受控电压源和电感电流的交流小信号值为

$$
\begin{cases}
\hat{i}_s = \dfrac{TD_1^2}{2L}(\hat{v}_g - \hat{v}_c) + \dfrac{(V_g - V_c)D_1 T}{L}\hat{d}_1 \\[2mm]
\hat{v}_D = D_1 \hat{v}_g + V_g \hat{d}_1 + D_3 \hat{v}_c + V_c \hat{d}_3 \\[2mm]
\hat{i}_L = \dfrac{T}{2L}\left[ D_1(D_1 + D_2)(\hat{v}_g - \hat{v}_c) + D_1(V_g - V_c)(\hat{d}_1 + \hat{d}_2) + (D_1 + D_2)(V_g - V_c)\hat{d}_1 \right]
\end{cases}
\tag{8.22}
$$

在此基础上，对 DCM Buck 变换器进行直流稳态和交流小信号分析。

### 2. DCM Buck 变换器直流稳态分析

直流稳态分析时，依旧将电容看作开路，电感看作短路。由图 8.12 可得

$$
\begin{cases}
I_L = \dfrac{V_o}{R} \\[2mm]
V_D = V_o \\[2mm]
V_D = D_1 V_g + D_3 V_c
\end{cases}
\tag{8.23}
$$

由式(8.23)得到 DCM Buck 变换器的直流电压增益 $M$ 为

$$
M = \frac{V_o}{V_g} = \frac{D_1}{D_1 + D_2}
\tag{8.24}
$$

### 3. DCM Buck 变换器交流小信号分析

对如图 8.13 所示的 DCM Buck 变换器交流小信号等效电路，采用常规的电路分析方法进行时域或频域特性分析。由图 8.13 可得

$$
\begin{cases}
\hat{i}_L = \hat{v}_o \left( \dfrac{1}{R} + sC \right) \\[2mm]
\hat{v}_D = sL \hat{i}_L + \hat{v}_o
\end{cases}
\tag{8.25}
$$

式(8.25)与式(8.22)中 $\hat{v}_D$ 和 $\hat{i}_L$ 的表达式联立，令 $\hat{d}_1 = 0$，得到 DCM Buck 变换器的输入-输出传递函数为

$$
\frac{\hat{v}_o}{\hat{v}_g} = \frac{D_1\left(2 + \dfrac{D_1}{D_2}\right)}{s^2 LC + s\left(\dfrac{L}{R} + \dfrac{2LC}{D_2 T}\right) + 2D_1 + D_2 + \dfrac{D_1^2}{D_2} + \dfrac{2L}{D_2 RT}}
\tag{8.26}
$$

令 $\hat{v}_g = 0$，得到 DCM Buck 变换器的控制-输出传递函数为

$$
\frac{\hat{v}_o}{\hat{d}_1} = \frac{2V_g}{s^2 LC + s\left(\dfrac{L}{R} + \dfrac{2LC}{D_2 T}\right) + 2D_1 + D_2 + \dfrac{D_1^2}{D_2} + \dfrac{2L}{D_2 RT}}
\tag{8.27}
$$

## 8.3 Boost 变换器时间平均等效电路建模

以如图 8.14 所示的 Boost 变换器为例，采用时间平均等效电路建模方法，建立 Boost 变换器时间平均等效电路，并分析其直流稳态和交流小信号方程。

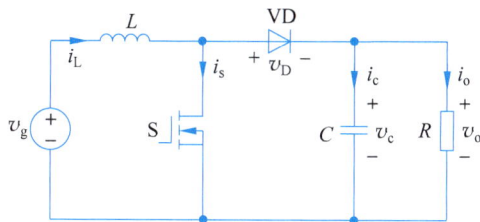

图 8.14 Boost 变换器电路拓扑

## 8.3.1 CCM Boost 变换器时间平均等效电路建模

### 1. CCM Boost 变换器时间平均等效电路

当如图 8.14 所示 Boost 变换器工作于 CCM 时,一个开关周期 $T$ 内存在两种工作模态:当 $t_0 < t < t_0 + dT$ 时,开关管 S 导通,二极管 VD 关断,工作模态电路如图 8.15(a)所示;当 $t_0 + dT < t < t_0 + T$ 时,开关管 S 关断,二极管 VD 导通,工作模态电路如图 8.15(b)所示;其中,$t_0$ 为开关周期的起始时刻,$d$ 为开关管的导通占空比。

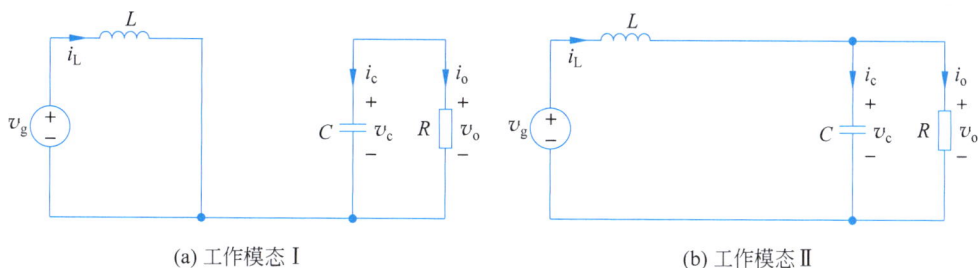

(a) 工作模态Ⅰ      (b) 工作模态Ⅱ

图 8.15 CCM Boost 变换器两种工作模态

由开关 DC-DC 变换器时间平均等效电路原理,可得 CCM Boost 变换器时间平均等效电路Ⅰ,如图 8.16 所示,其中,

$$\bar{i}_s = \frac{1}{T}\int_{t_0}^{t_0+T} i_s(t)\mathrm{d}t = \frac{1}{T}\int_{t_0}^{t_0+dT} i_L(t)\mathrm{d}t = d\bar{i}_L \tag{8.28}$$

$$\bar{v}_D = \frac{1}{T}\int_{t_0}^{t_0+T} v_D(t)\mathrm{d}t = \frac{1}{T}\int_{t_0}^{t_0+dT} v_c(t)\mathrm{d}t = d\bar{v}_c \tag{8.29}$$

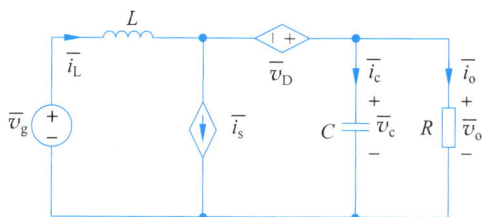

图 8.16 CCM Boost 变换器时间平均等效电路Ⅰ

当存在小信号扰动时,忽略二次及以上小信号扰动项,图 8.16 中 CCM Boost 变换器时间平均等效电路中受控电压源和受控电流源的值为

$$\bar{i}_s = I_s + \hat{i}_s = DI_L + \hat{d}I_L + D\hat{i}_L \tag{8.30}$$

$$\bar{v}_D = V_D + \hat{v}_D = DV_c + D\hat{v}_c + \hat{d}V_c \tag{8.31}$$

分离式(8.30)和式(8.31)中的直流稳态和交流小信号分量,得到 CCM Boost 变换器的直流稳态等效电路和交流小信号等效电路,分别如图 8.17 和图 8.18 所示。其中,$I_s = DI_L$,$V_D = DV_c$;$\hat{i}_s = \hat{d}I_L + D\hat{i}_L$,$\hat{v}_D = D\hat{v}_c + \hat{d}V_c$。在此基础上,对 CCM Boost 变换器进行直流稳态和交流小信号分析。

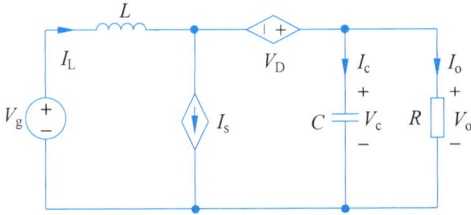

图 8.17　CCM Boost 变换器直流稳态等效电路　　图 8.18　CCM Boost 变换器交流小信号等效电路

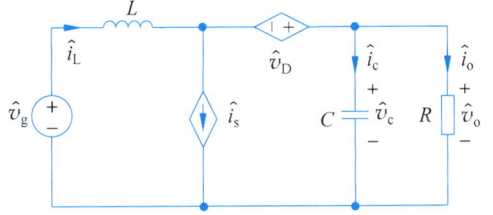

### 2. CCM Boost 变换器直流稳态分析

将图 8.17 中的电容看作开路,电感看作短路。由图 8.17 可得

$$\begin{cases} I_L = I_s + \dfrac{V_o}{R} \\ V_g + V_D = V_o \end{cases} \tag{8.32}$$

式(8.32)与 $V_D = DV_c$ 和 $V_o = V_c$ 联立,得到 CCM Boost 变换器的直流电压增益 $M$ 为

$$M = \frac{V_o}{V_g} = \frac{1}{1-D} \tag{8.33}$$

### 3. CCM Boost 变换器交流小信号分析

对如图 8.18 所示的 CCM Boost 变换器的交流小信号等效电路,列写 KCL 和 KVL 方程得

$$\begin{cases} \hat{i}_L = \hat{i}_s + \left(sC + \dfrac{1}{R}\right)\hat{v}_o \\ \hat{v}_g = sL\hat{i}_L - \hat{v}_D + \hat{v}_o \end{cases} \tag{8.34}$$

由式(8.30)和式(8.31)可知,式(8.34)中 $\hat{i}_s = \hat{d}I_L + D\hat{i}_L$,$\hat{v}_D = D\hat{v}_c + \hat{d}V_c$。

令 $\hat{d} = 0$,得到 CCM Boost 变换器的输入-输出传递函数为

$$\frac{\hat{v}_o}{\hat{v}_g} = \frac{R(1-D)}{RLCs^2 + Ls + R(1-D)^2} \tag{8.35}$$

令 $\hat{v}_g = 0$,得到 CCM Boost 变换器的控制-输出传递函数为

$$\frac{\hat{v}_o}{\hat{d}} = \frac{V_g\left[1 - \dfrac{sL}{R(1-D)^2}\right]}{(1-D)^2 + \dfrac{sL}{R} + s^2LC} \tag{8.36}$$

令式(8.34)中 $\hat{v}_g = 0$ 和 $\hat{d} = 0$,可得 CCM Boost 变换器的输出阻抗电路,如图 8.19 所

示。由图 8.19 得到输出阻抗传递函数为

$$\frac{\hat{v}_o}{\hat{i}_o} = \frac{sL}{(1-D)^2} // \frac{1}{sC} // R = \frac{sRL}{(1-D)^2(sRC+1)} \tag{8.37}$$

此外,根据开关 DC-DC 变换器时间平均等效电路原理,还可建立 CCM Boost 变换器的另一种时间平均等效电路,如图 8.20 所示。

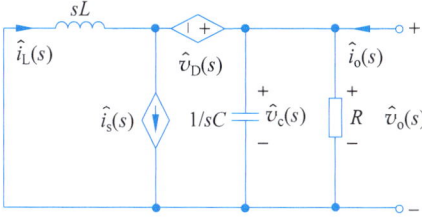

图 8.19　CCM Boost 变换器输出阻抗电路　　图 8.20　CCM Boost 变换器时间平均等效电路Ⅱ

在图 8.20 中,有

$$\overline{v}_s = \frac{1}{T}\int_{t_0}^{t_0+T} v_s(t)\mathrm{d}t = \frac{1}{T}\int_{t_0+dT}^{t_0+T} v_c\mathrm{d}t = (1-d)\overline{v}_c \tag{8.38}$$

$$\overline{i}_D = \frac{1}{T}\int_{t_0}^{t_0+T} i_D(t)\mathrm{d}t = \frac{1}{T}\int_{t_0+dT}^{t_0+T} i_L(t)\mathrm{d}t = (1-d)\overline{i}_L \tag{8.39}$$

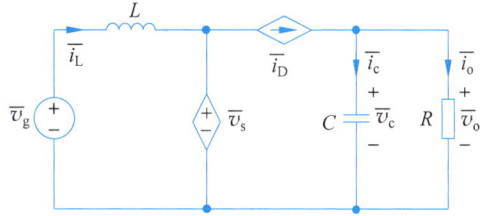

## 8.3.2　DCM Boost 变换器时间平均等效电路建模

### 1. DCM Boost 变换器时间平均等效电路

在一个开关周期内,DCM Boost 变换器存在 3 种工作模态:当 $t_0 < t < t_0 + d_1 T$ 时,S 导通、VD 关断,等效电路如图 8.21(a)所示;当 $t_0 + d_1 T < t < t_0 + d_1 T + d_2 T$ 时,S 关断、VD 导通,等效电路如图 8.21(b)所示;当 $t_0 + d_1 T + d_2 T < t < t_0 + T$ 时,S 和 VD 均

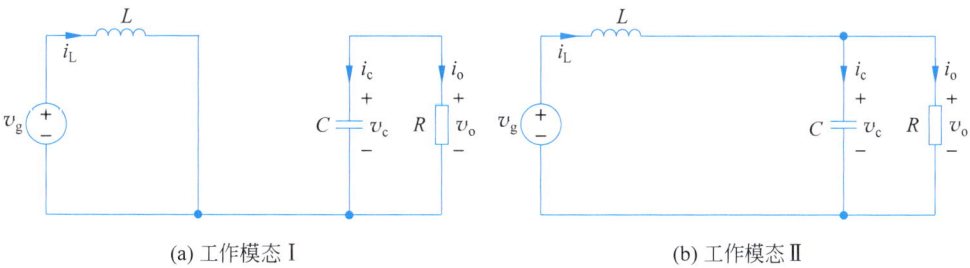

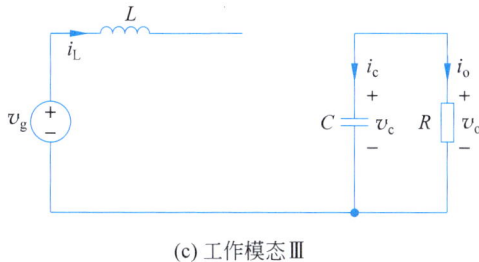

(a) 工作模态Ⅰ　　　　　　　　　　　　(b) 工作模态Ⅱ

(c) 工作模态Ⅲ

图 8.21　DCM Boost 变换器 3 种工作模态

关断,等效电路如图 8.21(c)所示。对应的电感电流波形 $i_L(t)$、开关管电流波形 $i_s(t)$ 和二极管电压波形 $v_D(t)$,如图 8.22 所示;其中,$d_1 + d_2 + d_3 = 1$。

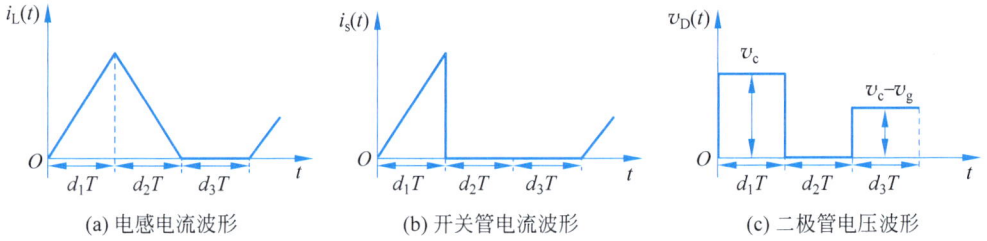

(a) 电感电流波形    (b) 开关管电流波形    (c) 二极管电压波形

图 8.22　DCM Boost 变换器主要工作波形

对如图 8.22 所示的波形采用面积平均法,可得电感电流、开关管电流和二极管电压平均值分别为

$$\bar{i}_L = \frac{\bar{v}_g T}{2L} d_1 (d_1 + d_2) \tag{8.40}$$

$$\bar{i}_s = \frac{\bar{v}_g T}{2L} d_1^2 \tag{8.41}$$

$$\bar{v}_D = \bar{v}_c (d_1 + d_3) - \bar{v}_g d_3 \tag{8.42}$$

其中,$\bar{i}_s$ 和 $\bar{v}_D$ 分别表示为受控电流源和受控电压源形式,根据开关 DC-DC 变换器时间平均等效电路原理,可得 DCM Boost 变换器时间平均等效电路,如图 8.23 所示。

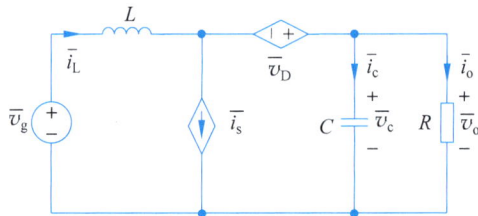

图 8.23　DCM Boost 变换器时间平均等效电路

当存在小信号扰动时,忽略二次及以上小信号扰动项,得到图 8.23 中受控电流源、受控电压源、平均电感电流的值分别为

$$\bar{i}_s = I_s + \hat{i}_s = \frac{V_g T D_1^2}{2L} + \frac{T D_1^2}{2L} \hat{v}_g + \frac{V_g D_1 T}{L} \hat{d}_1 \tag{8.43}$$

$$\bar{v}_D = V_D + \hat{v}_D = V_c (D_1 + D_3) - V_g D_3 + V_c (\hat{d}_1 + \hat{d}_3) + \\ (D_1 + D_3) \hat{v}_c - (V_g \hat{d}_3 + D_3 \hat{v}_g) \tag{8.44}$$

$$\bar{i}_L = I_L + \hat{i}_L = \frac{D_1 (D_1 + D_2) V_g T}{2L} + \\ \frac{T}{2L} [D_1 (D_1 + D_2) \hat{v}_g + D_1 V_g (\hat{d}_1 + \hat{d}_2) + V_g (D_1 + D_2) \hat{d}_1] \tag{8.45}$$

其中,$D_1 + D_2 + D_3 = 1$ 和 $\hat{d}_1 + \hat{d}_2 + \hat{d}_3 = 0$。

分离式(8.43)~式(8.45)中的直流稳态和交流小信号分量,得到 DCM Boost 变换器的直流稳态等效电路和交流小信号等效电路,分别如图 8.24 和图 8.25 所示。令式(8.43)~

式(8.45)中的交流小信号分量等于 0,得到图 8.24 中受控电流源、受控电压源和电感电流的直流稳态值为

$$\begin{cases} I_{s}=\dfrac{V_{g}TD_{1}^{2}}{2L} \\[2mm] V_{D}=V_{c}(D_{1}+D_{3})-V_{g}D_{3} \\[2mm] I_{L}=\dfrac{D_{1}(D_{1}+D_{2})V_{g}T}{2L} \end{cases} \tag{8.46}$$

当仅考虑式(8.43)~式(8.45)中的小信号扰动项时,得到图 8.25 中受控电流源、受控电压源和电感电流的交流小信号值为

$$\begin{cases} \hat{i}_{s}=\dfrac{TD_{1}^{2}}{2L}\hat{v}_{g}+\dfrac{V_{g}D_{1}T}{L}\hat{d}_{1} \\[2mm] \hat{v}_{D}=V_{c}(\hat{d}_{1}+\hat{d}_{3})+(D_{1}+D_{3})\hat{v}_{c}-(V_{g}\hat{d}_{3}+D_{3}\hat{v}_{g}) \\[2mm] \hat{i}_{L}=\dfrac{T}{2L}\left[D_{1}(D_{1}+D_{2})\hat{v}_{g}+D_{1}V_{g}(\hat{d}_{1}+\hat{d}_{2})+V_{g}(D_{1}+D_{2})\hat{d}_{1}\right] \end{cases} \tag{8.47}$$

在此基础上,对 DCM Boost 变换器进行直流稳态和交流小信号分析。

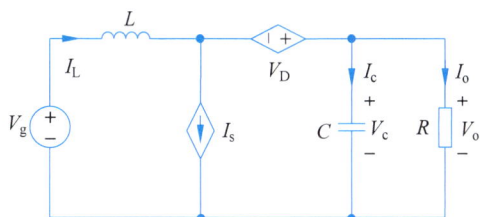

图 8.24　DCM Boost 变换器直流稳态等效电路　　图 8.25　DCM Boost 变换器交流小信号等效电路

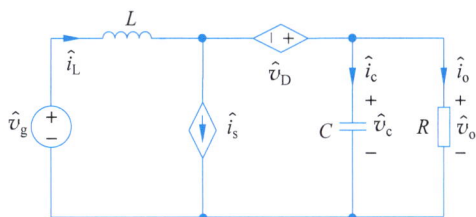

### 2. DCM Boost 变换器直流稳态分析

在图 8.24 中,将电容看作开路,电感看作短路。由图 8.24 可得

$$\begin{cases} I_{L}=I_{s}+\dfrac{V_{o}}{R} \\[2mm] V_{D}=V_{o}-V_{g} \end{cases} \tag{8.48}$$

式(8.48)与式(8.46)中的 $V_{D}=V_{c}(D_{1}+D_{3})-V_{g}D_{3}$ 联立,可得 DCM Boost 变换器的直流电压增益 $M$ 为

$$M=\frac{V_{o}}{V_{g}}=\frac{D_{1}+D_{2}}{D_{2}} \tag{8.49}$$

### 3. DCM Boost 变换器交流小信号分析

对如图 8.25 所示的 DCM Boost 变换器的交流小信号等效电路,列写 KCL 和 KVL 方程得

$$\begin{cases} \hat{i}_{L}=\hat{i}_{s}+\hat{v}_{o}\left(\dfrac{1}{R}+sC\right) \\[2mm] \hat{v}_{D}=\hat{v}_{o}-\hat{v}_{g}+sL\hat{i}_{L} \end{cases} \tag{8.50}$$

联立式(8.50)和式(8.47),并令 $\hat{d}_1=0$,得到 DCM Boost 变换器的输入-输出传递函数为

$$\frac{\hat{v}_o}{\hat{v}_g}=\frac{-\dfrac{D_1^3 T}{2}s+D_1 D_2+2D_1^2}{CLD_1 s^2+\left(\dfrac{2CLD_1}{TD_2}+\dfrac{LD_1}{R}\right)s+\dfrac{2LD_1}{RTD_2}+D_1 D_2} \tag{8.51}$$

令 $\hat{v}_g=0$,得到 DCM Boost 变换器的控制-输出传递函数为

$$\frac{\hat{v}_o}{\hat{d}_1}=\frac{V_g D_1(1-D_1 s)+D_2(V_o-V_g)}{CLD_1 s^2+\left[\dfrac{2CL}{T}\left(\dfrac{V_C}{V_g}-1\right)+\dfrac{LD_1}{R}\right]s+\dfrac{2LD_1}{RTD_2}+D_1 D_2} \tag{8.52}$$

# 8.4 Buck-Boost 变换器时间平均等效电路建模

以如图 8.26 所示的 Buck-Boost 变换器为例,采用时间平均等效电路建模方法,建立 Buck-Boost 变换器时间平均等效电路,并分析其直流稳态和交流小信号方程。

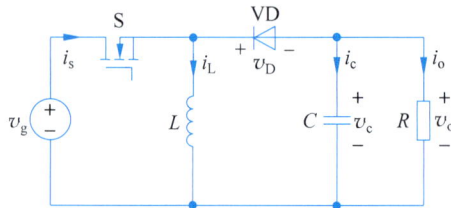

图 8.26　Buck-Boost 变换器电路拓扑

## 8.4.1 CCM Buck-Boost 变换器时间平均等效电路建模

### 1. CCM Buck-Boost 变换器时间平均等效电路

当如图 8.26 所示的 Buck-Boost 变换器工作于 CCM 时,一个开关周期 $T$ 内存在两种工作模式:当 $t_0<t<t_0+dT$ 时,开关管 S 导通,二极管 VD 关断,工作模式电路如图 8.27(a)所示;当 $t_0+dT<t<t_0+T$ 时,开关管 S 关断,二极管 VD 导通,工作模式电路如图 8.27(b)所示;其中,$t_0$ 为开关周期的起始时刻,$d$ 为开关管的导通占空比。

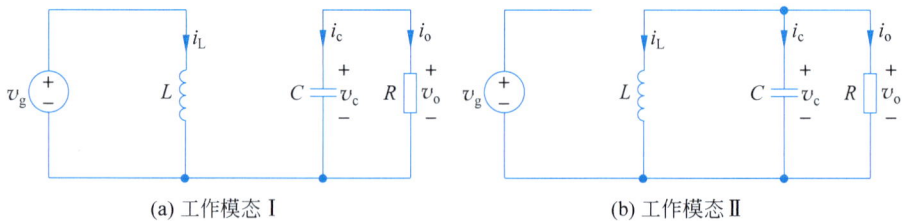

(a) 工作模式 I　　　　　　　　　　　　(b) 工作模式 II

图 8.27　CCM Buck-Boost 变换器两种工作模式

由开关 DC-DC 变换器时间平均等效电路原理,可得 CCM Buck-Boost 变换器时间平均等效电路,如图 8.28 所示,其中,

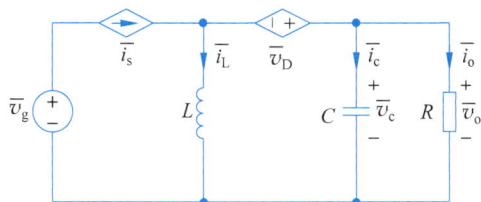

**图 8.28** CCM Buck-Boost 变换器时间平均等效电路 I

$$\bar{i}_s = \frac{1}{T}\int_{t_0}^{t_0+T} i_s(t)\mathrm{d}t = \frac{1}{T}\int_{t_0}^{t_0+dT} i_L(t)\mathrm{d}t = d\bar{i}_L \tag{8.53}$$

$$\bar{v}_D = \frac{1}{T}\int_{t_0}^{t_0+T} v_D(t)\mathrm{d}t = \frac{1}{T}\int_{t_0}^{t_0+dT}(v_c(t)-v_g(t))\,\mathrm{d}t = d(\bar{v}_c - \bar{v}_g) \tag{8.54}$$

当存在小信号扰动时,忽略二次及以上小信号扰动项,可得图 8.28 中 CCM Buck-Boost 变换器时间平均等效电路中受控电流源和受控电压源的值为

$$\bar{i}_s = I_s + \hat{i}_s = DI_L + \hat{d}I_L + D\hat{i}_L \tag{8.55}$$

$$\bar{v}_D = V_D + \hat{v}_D = (DV_c - DV_g) + [(D\hat{v}_c + \hat{d}V_c) - (D\hat{v}_g + V_g\hat{d})] \tag{8.56}$$

分离式(8.55)和式(8.56)中的直流稳态和交流小信号分量,得到 CCM Buck-Boost 变换器的直流稳态等效电路和交流小信号等效电路,分别如图 8.29 和图 8.30 所示。其中,$I_s = DI_L$,$V_D = DV_c - DV_g$;$\hat{i}_s = \hat{d}I_L + D\hat{i}_L$,$\hat{v}_D = (D\hat{v}_c + \hat{d}V_c) - (D\hat{v}_g + V_g\hat{d})$。在此基础上,对 CCM Buck-Boost 变换器进行直流稳态和交流小信号分析。

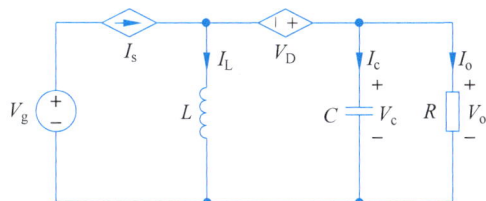

**图 8.29** CCM Buck-Boost 变换器直流稳态等效电路

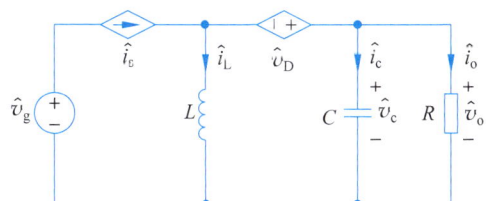

**图 8.30** CCM Buck-Boost 变换器交流小信号等效电路

## 2. CCM Buck-Boost 变换器直流稳态分析

在图 8.29 中,将电容看作开路,电感看作短路。由图 8.29 可得

$$\begin{cases} I_s = DI_L = I_L + \dfrac{V_o}{R} \\ V_D = V_o \end{cases} \tag{8.57}$$

式(8.57)与 $V_D = DV_c - DV_g$ 联立,可得 CCM Buck-Boost 变换器的直流电压增益 $M$ 为

$$M = \frac{V_o}{V_g} = -\frac{D}{1-D} \tag{8.58}$$

### 3. CCM Buck-Boost 变换器交流小信号分析

对如图 8.30 所示的 CCM Buck-Boost 变换器的交流小信号等效电路,列写 KCL 和 KVL 方程得

$$\begin{cases} \hat{i}_s = \hat{i}_L + \left(sC + \dfrac{1}{R}\right)\hat{v}_o \\ 0 = sL\hat{i}_L + \hat{v}_D - \hat{v}_o \end{cases} \tag{8.59}$$

式(8.59)与 $\hat{i}_s = \hat{d}I_L + D\hat{i}_L$ 和 $\hat{v}_D = (D\hat{v}_c + \hat{d}V_c) - (D\hat{v}_g + V_g\hat{d})$ 联立,令 $\hat{d} = 0$,得到 CCM Buck-Boost 变换器的输入-输出传递函数为

$$\frac{\hat{v}_o}{\hat{v}_g} = \frac{D(1-D)}{-LCs^2 - \dfrac{L}{R}s - (1-D)^2} \tag{8.60}$$

令 $\hat{v}_g = 0$,得到 CCM Buck-Boost 变换器的控制-输出传递函数为

$$\frac{\hat{v}_o}{\hat{d}} = \frac{-\dfrac{LV_o}{R(1-D)}s + V_g}{-LCs^2 - \dfrac{L}{R}s - (1-D)^2} \tag{8.61}$$

此外,根据开关 DC-DC 变换器时间平均等效电路原理,还可得到 CCM Buck-Boost 变换器的另一种时间平均等效电路,如图 8.31 所示。

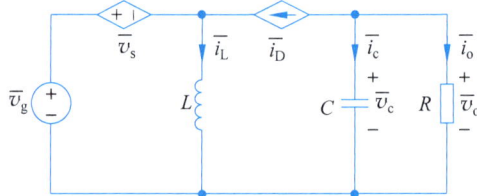

图 8.31　CCM Buck-Boost 变换器时间平均等效电路Ⅱ

在图 8.31 中,有

$$\bar{v}_s = \frac{1}{T}\int_{t_0}^{t_0+T} v_s(t)\mathrm{d}t = \frac{1}{T}\int_{t_0+dT}^{t_0+T}(v_g(t) - v_c(t))\mathrm{d}t = (1-d)(\bar{v}_g - \bar{v}_c) \tag{8.62}$$

$$\bar{i}_D = \frac{1}{T}\int_{t_0}^{t_0+T} i_D(t)\mathrm{d}t = \frac{1}{T}\int_{t_0+dT}^{t_0+T} i_L(t)\mathrm{d}t = (1-d)\bar{i}_L \tag{8.63}$$

## 8.4.2　DCM Buck-Boost 变换器时间平均等效电路建模

### 1. DCM Buck-Boost 变换器时间平均等效电路

在一个开关周期内,DCM Buck-Boost 变换器存在 3 种工作模式:当 $t_0 < t < t_0 + d_1T$ 时,S 导通、VD 关断,等效电路如图 8.32(a)所示;当 $t_0 + d_1T < t < t_0 + d_1T + d_2T$ 时,

S 关断、VD 导通,等效电路如图 8.32(b)所示;当 $t_0 + d_1 T + d_2 T < t < t_0 + T$ 时,S 和 VD 均关断,等效电路如图 8.32(c)所示。此时,对应的电感电流波形 $i_L(t)$、开关管电流波形 $i_s(t)$ 和二极管电压波形 $v_D(t)$,如图 8.33 所示;其中,$d_1 + d_2 + d_3 = 1$。

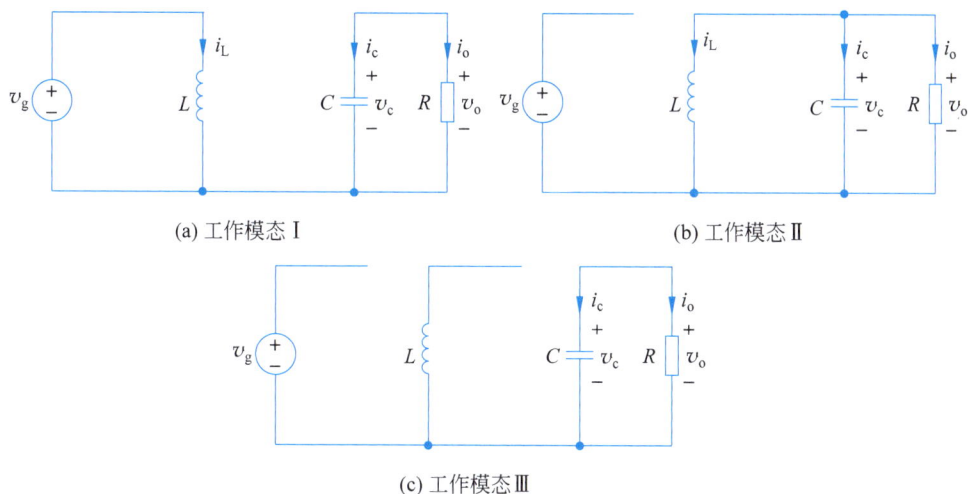

(a) 工作模态 I

(b) 工作模态 II

(c) 工作模态 III

图 8.32　DCM Buck-Boost 变换器 3 种工作模态

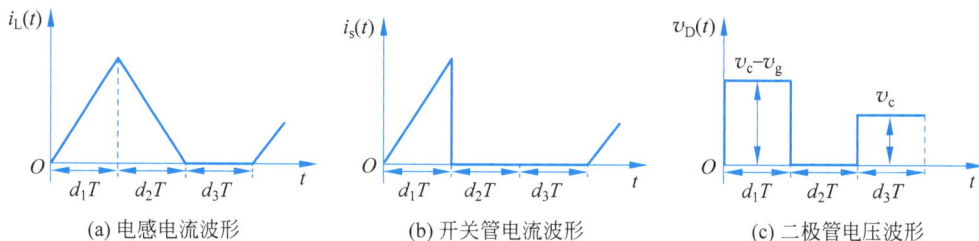

(a) 电感电流波形　(b) 开关管电流波形　(c) 二极管电压波形

图 8.33　DCM Buck-Boost 变换器主要工作波形

对如图 8.33 所示的波形采用面积平均法,可得电感电流、开关管电流和二极管电压平均值分别为

$$\bar{i}_L = \frac{\bar{v}_g T}{2L} d_1 (d_1 + d_2) \tag{8.64}$$

$$\bar{i}_s = \frac{\bar{v}_g T}{2L} d_1^2 \tag{8.65}$$

$$\bar{v}_D = d_1 (\bar{v}_c - \bar{v}_g) + d_3 \bar{v}_c \tag{8.66}$$

其中,$\bar{i}_s$ 和 $\bar{v}_D$ 分别表示为受控电流源和受控电压源形式,根据开关 DC-DC 变换器时间平均等效电路原理,可得 DCM Buck-Boost 变换器的时间平均等效电路,如图 8.34 所示。

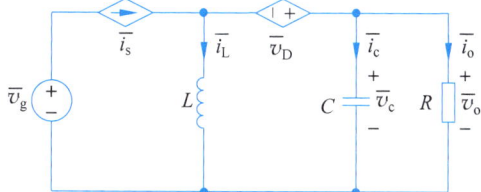

图 8.34　DCM Buck-Boost 变换器时间平均等效电路

当存在小信号扰动时,忽略二次及以上小信号扰动项,可得图 8.34 中受控电流源、受控电压源、平均电感电流的值分别为

$$\bar{i}_s = I_s + \hat{i}_s = \frac{V_g T D_1^2}{2L} + \frac{T D_1^2}{2L}\hat{v}_g + \frac{V_g D_1 T}{L}\hat{d}_1 \tag{8.67}$$

$$\bar{v}_D = V_D + \hat{v}_D = V_c(D_1 + D_3) - V_g D_1 + V_c(\hat{d}_1 + \hat{d}_3) + (D_1 + D_3)\hat{v}_c - (V_g \hat{d}_1 + D_1 \hat{v}_g) \tag{8.68}$$

$$\bar{i}_L = I_L + \hat{i}_L = \frac{D_1(D_1 + D_2)V_g T}{2L} +$$

$$\frac{T}{2L}[D_1(D_1 + D_2)\hat{v}_g + D_1 V_g(\hat{d}_1 + \hat{d}_2) + V_g(D_1 + D_2)\hat{d}_1] \tag{8.69}$$

其中,$D_1 + D_2 + D_3 = 1$ 和 $\hat{d}_1 + \hat{d}_2 + \hat{d}_3 = 0$。

分离式(8.67)~式(8.69)中的直流稳态和交流小信号分量,得到 DCM Buck-Boost 变换器的直流稳态等效电路和交流小信号等效电路,分别如图 8.35 和图 8.36 所示。令式(8.67)~式(8.69)中的交流小信号分量等于 0,得到图 8.35 中受控电流源、受控电压源和电感电流的直流稳态值分别为

$$\begin{cases} I_s = \dfrac{V_g T D_1^2}{2L} \\[2mm] V_D = V_c(D_1 + D_3) - V_g D_1 \\[2mm] I_L = \dfrac{D_1(D_1 + D_2)V_g T}{2L} \end{cases} \tag{8.70}$$

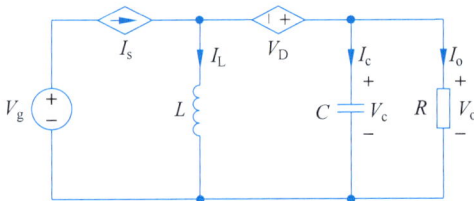

图 8.35　DCM Buck-Boost 变换器直流
稳态等效电路

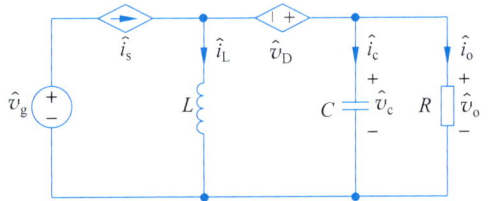

图 8.36　DCM Buck-Boost 变换器交流小信号
等效电路

当仅考虑式(8.67)~式(8.69)中的小信号扰动项时,得到图 8.36 中受控电流源、受控电压源和电感电流的交流小信号值为

$$\begin{cases} \hat{i}_s = \dfrac{T D_1^2}{2L}\hat{v}_g + \dfrac{V_g D_1 T}{L}\hat{d}_1 \\[2mm] \hat{v}_D = V_c(\hat{d}_1 + \hat{d}_3) + (D_1 + D_3)\hat{v}_c - (V_g \hat{d}_1 + D_1 \hat{v}_g) \\[2mm] \hat{i}_L = \dfrac{T}{2L}[D_1(D_1 + D_2)\hat{v}_g + D_1 V_g(\hat{d}_1 + \hat{d}_2) + V_g(D_1 + D_2)\hat{d}_1] \end{cases} \tag{8.71}$$

在此基础上,对 DCM Buck-Boost 变换器进行直流稳态和交流小信号分析。

### 2. DCM Buck-Boost 变换器直流稳态分析

在图 8.35 中,将电容看作开路,电感看作短路。由图 8.35 可得

$$\begin{cases} I_{\rm L} = I_{\rm s} - \dfrac{V_{\rm o}}{R} \\ V_{\rm D} = V_{\rm o} \end{cases} \tag{8.72}$$

式(8.72)与式(8.70)中的 $V_{\rm D} = V_{\rm c}(D_1 + D_3) - V_{\rm g}D_1$ 联立,可得 DCM Buck-Boost 变换器的直流电压增益 $M$ 为

$$M = \frac{V_{\rm o}}{V_{\rm g}} = -\frac{D_1}{D_2} \tag{8.73}$$

### 3. DCM Buck-Boost 变换器交流小信号分析

对如图 8.36 所示的 DCM Buck-Boost 变换器的交流小信号等效电路,列写 KCL 和 KVL 方程得

$$\begin{cases} \hat{i}_{\rm L} = \hat{i}_{\rm s} - \hat{v}_{\rm o}\left(\dfrac{1}{R} + sC\right) \\ \hat{v}_{\rm D} = \hat{v}_{\rm o} - sL\hat{i}_{\rm L} \end{cases} \tag{8.74}$$

式(8.74)与式(8.71)联立,令 $\hat{d}_1 = 0$,得到 DCM Buck-Boost 变换器的输入-输出传递函数为

$$\frac{\hat{v}_{\rm o}}{\hat{v}_{\rm g}} = \frac{\dfrac{sD_1^2 T}{2} - 2D_1}{s^2 LC + s\left(\dfrac{L}{R} + \dfrac{2LC}{D_2 T}\right) + D_2 + \dfrac{2L}{D_2 RT}} \tag{8.75}$$

令 $\hat{v}_{\rm g} = 0$,得到 DCM Buck-Boost 变换器的控制-输出传递函数为

$$\frac{\hat{v}_{\rm o}}{\hat{d}_1} = \frac{(sD_1 T - 2)V_{\rm g}}{s^2 LC + s\left(\dfrac{L}{R} + \dfrac{2LC}{D_2 T}\right) + D_2 + \dfrac{2L}{D_2 RT}} \tag{8.76}$$

# 参 考 文 献

［1］ 周国华,许建平,吴松荣.开关变换器建模、分析与控制［M］.北京:科学出版社,2016.
［2］ Erickson R W. Fundamentals of Power Electronics［M］. 2nd ed. Secaucus,NJ: Kluwer Academic Publishers, 2000.
［3］ 裴云庆,杨旭,王兆安.开关稳压电源的设计和应用［M］.北京:机械工业出版社,2010.
［4］ 刘树林.开关变换器分析与设计［M］.北京:机械工业出版社,2011.
［5］ 文天祥.隔离式直流-直流变换器软开关技术［M］.北京:电子工业出版社,2021.
［6］ 阚加荣,叶远茂,吴冬春.开关电源技术［M］.北京:清华大学出版社,2020.
［7］ 刘凤君.开关电源设计与应用［M］.北京:电子工业出版社,2014.
［8］ 杜少武.现代电源技术［M］.合肥:合肥工业大学出版社,2010.
［9］ 周志敏,周纪海,纪爱华.开关电源功率因数校正电路设计与应用［M］.北京:人民邮电出版社,2001.
［10］ 张卫平,张晓强,毛鹏.开关电源技术［M］.北京:机械工业出版社,2021.
［11］ 夏冰.LCC谐振变换器在大功率高输出电压场合的应用研究［D］.南京:南京航空航天大学,2008.
［12］ ［芬］Suntio T.开关变换器动态特性:建模、分析与控制［M］.许建平,等译.北京:机械工业出版社,2012.
［13］ 徐德鸿.电力电子系统建模及控制［M］.北京:机械工业出版社,2005.
［14］ 张卫平.开关变换器的建模与控制［M］.北京:中国电力出版社,2006.